絵でわかる
An Illustrated Guide to Tree Maintenance
樹木の育て方

堀 大才 著
Taisai Hori

講談社

ブックデザイン　安田あたる
本文図版　堀　大才

はじめに

主に樹木で構成されている森林や樹林は陸上生態系の主役であり，生態的にも，環境保全的にも，景観的にも，さらに生物種の多様性・遺伝子の多様性と保存の面でも極めて重要な位置を占めている。また，樹木は人々の生活に必要な木材資源などを供給する役割ももっており，樹木の存在なくしては人々の生活が成り立たないほど重要な役割を担っている。森林およびその主要な構成員である樹木は，人々の生活を守る環境保全機能をもつとともに再生可能な自然資源であり，適正に育成管理すれば森林樹木のもつ機能を低下させずに永続的に利用することが可能である。公園，街路樹，社寺境内林のような人々の生活と密接に存在する緑地においても，これらの機能は重要であり，その機能を十分に果たせるか否かは管理の良否にかかっている。

しかし，現在一般的に行われている森林や樹木に対する管理は，生態的，環境保全的な機能や樹木の生理・構造に関する理解が不十分なままに，伝統的・習慣的に，あるいは人間の身勝手な都合によって行われている。このような森林・樹木の管理の中には，高等生物である樹木の立場や樹木の生理，構造をまったく無視した方法も多く含まれている。そのような管理の結果，樹木が本来的にもつ諸機能は著しく損なわれ，人間の生活に与える影響という観点からも大きな損失と思える状態が恒常的となっており，さらに樹木の健康を著しく損ね，かえって危険な状態を生み出す原因となっている。その典型的な例が，街路樹や公園緑地の樹木に対して行われている，大量の枝条を定期的に切り詰めたり，甚だしいときは断幹をしたりする“剪定”管理である。

そこで，樹木の生育・育成と管理に関わる科学と技術について図解によって説明するとともに，森林樹木に関心をもつ一般の人々，農林学系の学生，業務として森林樹木に関わる専門家等の理解度を高め，樹木の育成管理法に関する理念と技術の改善，およびその普及を図り，さらには人々の生活に密着して存在する樹林・樹木の状態を改善し，人々と樹木が真の意味で共存できる社会の実現に資するために本書を執筆した。なお，本書の内容は樹木の管理に関わる事項を網羅的に書いたものではなく，筆者が業務上関わったり，問題意識をもって研究したり考察したりした課題に限定していることを断っておく。いわば「樹木管理に関する問題提起の書」と考えていただいてさしつかえない。

本書の執筆にあたり，多くの方々から提供されたたくさんの情報を利用させていただいた。ひとりひとりのお名前を記すことができないのが残念であるが，この場をお借りして厚く御礼申し上げる。また，講談社サイエンティフィクの堀恭子さんからは，企画段階から出版に至るまでのすべてに渡って絶大なる御協力と多大な示唆を賜った。ここに記して深甚なる感謝の意を表する。

2015 年 3 月

堀　大才

絵でわかる樹木の育て方　目次

第10章 海岸林と海岸林再生 178

第11章 草刈りと除草 205

第1章 序論

京都市内の禅寺などにある日本庭園の多くは，庭に配置された野趣に富んだ石組み，地表を隙間なく覆う苔類，低く横に長く伸びた下枝をもち，秋には見事な紅黄葉を呈するカエデなどの落葉広葉樹，海や川を象徴する池泉，背丈は低いが古木の風格をもつ池泉周囲のマツ，借景として利用する背後の山並みなど，多様な主題によって作庭が行われている。これらの庭園に入ってさまざまな地点から園内を眺めると，特に建物内の座敷に座ったときに最も趣のある風情が提供されるようにつくられていることに気付く。座敷内からは鴨居や庇(ひさし)に遮られて上方は見えないが，地面に置かれた石，低く垂れ下がった枝，地表を覆う苔，池の水面などはよく見え，鴨居と柱と床や縁側によって構成された"額縁の中の絵画"（**図1.1**）は実に見事である。しかし，その低い位置の枝が枯れずに鮮やかな紅黄葉を呈するためには，低い枝にも光が当たらなければならない。そこで上部の大枝や幹を切り詰めたり枝を透かしたりして光を透過させる管理が行われている。土壌表面に落葉が積み重なり土壌が膨軟で肥沃であると，草は生えても苔は生えにくいので，苔寺のように地面全体を苔で覆う場合は土壌表面を締め固め，また常に草や落葉を除去しつづけなければならない。草や落葉の恒常的な除去によって土壌はますます締め固まってくる。池泉をつくるには水が漏れないように池の底や周囲を粘土で固めなければならないが，必然的に池泉の脇の樹木の根系成長には不適な状態となる。遠くの山並みを借景としてとり入れるには庭園を囲む樹木の高さを制限しなければならず，幹や大枝の切断がしばしば行われているが，幹や大枝を切断すれば必然的に幹材に胴枯れ病や腐朽が進行する。マツなどの樹木の丈を低い状態に維持して古木の風格を出すには，長く伸びようとする枝幹を絶えず剪定して活力を低下させ，しかも枯死させない盆栽のような綱渡り的管理を長期にわたってしつづけなければならない。

京都における庭園の歴史は極めて長いが，庭園内に大木・古木をあまり見かけないのは，常時行われるこのような作業と土壌条件の劣悪さにより，樹勢が衰え，根株や

図1.1　座敷から見た日本庭園

幹の腐朽が進み，長く生きられないからであろうと思われる。伝統的な日本庭園の管理は，当初の設計意図を忠実に守ろうとするために，樹木の成長を極限にまで抑制し，枯れるのを前提として行っている作業であるといえよう。樹木が枯れても植え替えればすむと考えているのかもしれない。実際，個々の樹木を間近に見ると，梢や枝の枯れ下がり，樹皮の壊死や腐朽，空洞化などが目立ち，健康的な樹木はほとんど存在しないが，このような樹木の状態も“古木の風格”を表すものとして意図的に行われているのかもしれない。

山間にある社寺の境内林には背の高い杉の巨木群が存在することが多い（**図1.2**）。人の出入りの多い部分では，枯れたり折れたりした下枝は切断されており，参詣者の出入りする部分のスギは梢端も切断されて樹高が低くなっているところもあるが，全

図1.2　深山幽谷の寺院の情景

体的には自然樹形がほぼ維持されているので，樹高 50 m前後に達する巨木の連なっている境内林もある。前述の京都の庭園とはまったく異なる思想のもとに境内林が造営・管理されていることがわかる。植栽の目的や育成・管理技法が異なるので，どちらが良いとか悪いとかをいうことはできないが，文字どおりの「叢林」としての趣と機能を備えているのは深山幽谷の社寺境内林であろう。このような樹木の高さを支えているのは基本的に豊かな水である。

現時点で，日本国内のほぼ正確に樹高が計測された樹木の中で最も樹高の高い木と

図1.3　平野部でのスギの梢端枯れ

考えられているのは，秋田県能代市の仁鮒水沢スギ植物群落保護林内にある「きみまち杉」(1996年計測）と，愛知県新城市の鳳来寺山にある「傘杉」(2013年計測）の樹高約58 mである。きみまち杉の保護林や日本海側山間部の社寺林の代表的存在である福井県永平寺町の永平寺境内林は豪雪地帯で豊富な雪解け水が絶えず流れており，傘杉のある鳳来寺山や神奈川県南足柄市の箱根外輪山中腹にある最乗寺の境内林（樹高50 m以上のスギが林立）は，降水量は日本海側ほど多くないが，太平洋から吹いてくる湿った南風が山にあたって頻繁に雲が生じる“雲霧林”的な地域である。

近年，日本の標高200 m以下の平野部でスギの梢端枯れ（**図1.3**）が目立っている。その原因として酸性雨説，オキシダント説などいくつかの説が提唱されてきたが，現在最も有力と考えられているのが，都市とその周辺地域における著しい気温上昇（ヒートアイランド現象）に伴う大気の乾燥化によって，他の樹種と比べて水分要求量の多いスギが梢端にまで水を上げにくい状態になり，“梢端枯れ”を生じているという説である。東京都八王子市の高尾山薬王院有喜寺は標高500 m前後のところにあり，その周辺には数多くのスギが並木や樹群として存在するが，それらの多くは梢端が枯れている。なかには落雷が原因と思われるものもあるが，多くは乾燥害と考えられる。以前は雲のたなびく標高200 m以上では起きにくいとされていたこのようなスギの梢端枯れも，最近はそれより高いところでも発生しているようである。スギは谷間の水分豊富な場所が植林の一等地で，乾燥した尾根筋は地上部の成長が著しく遅くなるので，普通はスギの植林は行われず，ヒノキが植栽されるか，アカマツ林や広葉樹林と

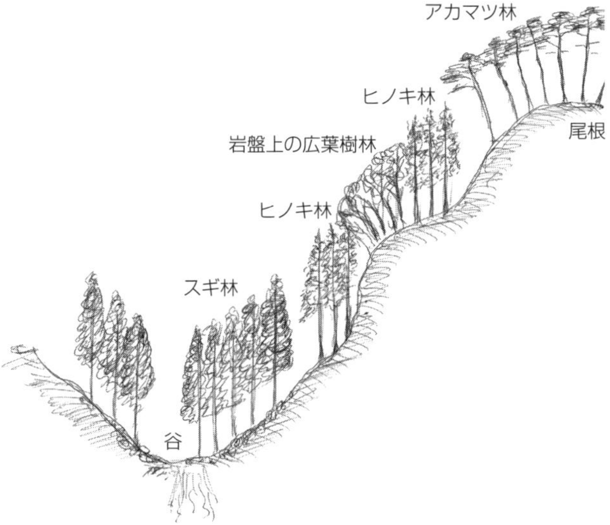

図1.4　地形による植林樹種の違い

なっている（**図1.4**）。

現在，東京都23区内およびその近辺には背の高いスギはほとんどなく，わずかに皇居，明治神宮など数か所のみにやや背の高いスギが見られる。しかし，その多くが溝腐れ症状を呈して（**図1.5**）樹勢衰退を来し，時折，倒伏も発生している。栃木県日光市にある「日光杉並木」は同一樹種の並木としては世界一の規模を誇っているが，近年梢端枯れが目立っている。主な原因は落雷あるいは道路整備等の土木工事による根系切断と考えられるものが多いが，なかには大気の乾燥化と根元土壌の固結化が原因ではないかと思われるものもある。

緑地の少ない都会では，一本の樹木の存在が生態学的に大きな意味をもつ。平面的には小さな点や細い線でし

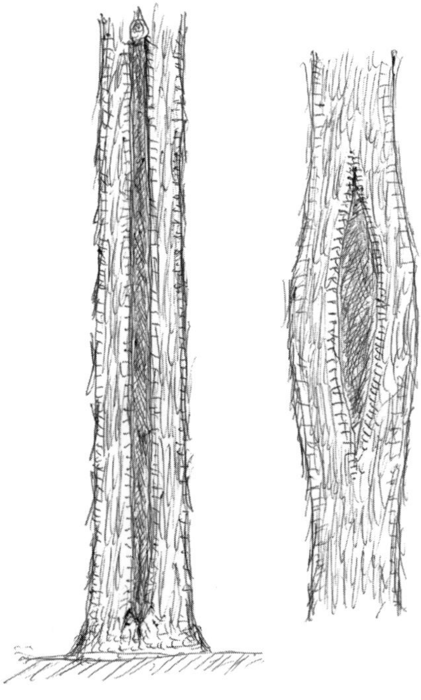

図1.5　スギの溝腐れ症状

図1.6　樹木の大きさの差による生態系の豊かさの差

かない一本の樹木あるいは一筋の並木が，野鳥やコウモリなどの移動の中継点，ねぐら，営巣場所，採餌場所となり，また多様な生物の棲息場所となる。そして，同じ種類の樹木でも，樹形が大きく豊かな樹冠をもつ樹木ほど，その木に依存する動物，着生植物，地衣類，藻類，菌類などの種類数，個体数も多くなる（**図1.6**）。それが並木や樹林・森林の場合も，構成要素である樹木の高さが高ければ高いほど，樹冠が大きければ大きいほど，生態的にも環境保全的にも機能が大きくなる。

前述のような樹高の著しく高い古木が林立する状況は，極めて高い生態学的機能があると考えられる。樹木の空洞にはムササビ，フクロウなどが営巣するが，例えばムササビの場合，主に高さ 15 ～ 20 m前後から上の樹洞に多く営巣しており，それより低い部分には巣があまり見られないようである。つまり，ムササビが営巣するには高さ 15 m以上のところに，太い枝が枯れて腐朽した痕に大きな洞ができるほど高く太い樹木が存在する必要があるということになる。

このような大木・古木にはさらに別の存在意義がある。それは遺伝資源として極めて高い可能性をもっているという点である。多くの樹木が数百年もの長命を保ち，ときには屋久島の屋久杉のように樹齢1000 年以上を誇るものもある。長命でさらに生理的な健康を保っている場合，立地環境に恵まれていることも考えられるが，病害虫や気象害に対して非常に優れた抵抗性をもっている可能性の高いことも考えられる。このような遺伝資源は将来の森林の健全性のためにも保存されなければならないであろう。

平面的には同じ緑地面積でも，背丈の低いツツジ類で埋め尽くされた緑地と，樹高30 mにもなる木で覆われたナラ林やカシ林とでは，生態的・環境保全的な機能がまったく異なっている。樹木を育てるということは，単にそこに植物があればすむというものではなく，大きく健全に育てて，樹木のもつ多様な機能を最大限に，しかも長期に発揮させようとすることであろう。

第2章 樹木の育成管理に関わる基礎

1 樹林・樹木の環境保全機能

森林・樹林・樹木のもつ機能は次に示すように極めて多様であり，人々はこれらの機能から多大なる恩恵を享受している。

- 二酸化炭素固定機能：大気中の二酸化炭素（CO_2）をとり込んで光合成を行い，幹や枝や根に木材や樹皮として長期に固定している。また，土壌中には落枝落葉中の炭素が腐植として長期間貯蔵される。このような機能はすべての森林・樹木に存在する基本的な機能であるが，近年この機能が注目されているのは，急速な地球温暖化への危機意識からである。
- 水源涵養機能：山地・丘陵地に降った雨や解けた雪を河川に一度に流入させずに地下に浸透させて地下水を涵養するとともに徐々に河川に流し，また土砂の河川への流入を防いで水質を保全する。洪水を防ぐことにもつながる。
- 防風機能：強風を弱め，作物等の収穫を可能とし，人の体感温度の低下を防ぐ。特に春の植物の芽出し時期における防風機能は極めて大きな意味をもつ。**図2.1**は北海道の十勝平野で大規模に見られる，農地を囲む防風林の典型的なかたちである。海岸林の場合は幅が広く樹林密度が高くなっているので，樹林内の風の透過性は低くなっている。
- 防塵機能：畑の土埃や市街地の塵埃をしずめる。大陸から飛んでくる黄砂などの微小な浮遊塵埃を落下させ吸着する。都市内の店舗などでは，街路樹のある場所とない場所とでは陳列棚の商品の汚れ方が異なっていることが観察されている。
- 飛砂防止機能：近くの田畑や市街地に砂塵が強風によって流入するのを防ぐ機能で，海岸林に求められる機能としては最も重要である。飛砂が林内に堆積するに従って根系は次第に深植え状態になるが，このような状態に耐えて根系の形を変化させることのできる樹種が適している（**図2.2**）。

上層の高木と下層の低木
により構成

格子状の樹林

図2.1　農地を囲む防風林の形

堆積砂に不定根が発達

図2.2　砂の堆積に従って変化する根系

- 防潮機能：海岸林に求められる機能で，果樹園などの木を潮風（塩分を含んだ海風）から防ぐ。早春から春の開芽展葉時期，樹木は塩害に弱い（**図2.3**）ので，海岸林はこの機能が強く求められる。
- 防霧機能：海岸林と田畑を囲む防風林に求められる機能で，濃霧で視界不良になったり日射が遮られて低温になり作物が育たなくなったりするのを防ぐ。北海道釧路地方の沿岸部では濃霧が特に発生しやすいが，海岸林樹木の枝葉が霧（空中浮遊水滴）を捕捉する機能によって濃霧が著しく軽減される。この場合は葉の耐陰性が高く単位容積あたりの茎葉表面積の大きい針葉樹が適している。臨海部の空港では，空港の周囲を囲む樹林が濃霧による視界不良の影響をかなり軽減している。

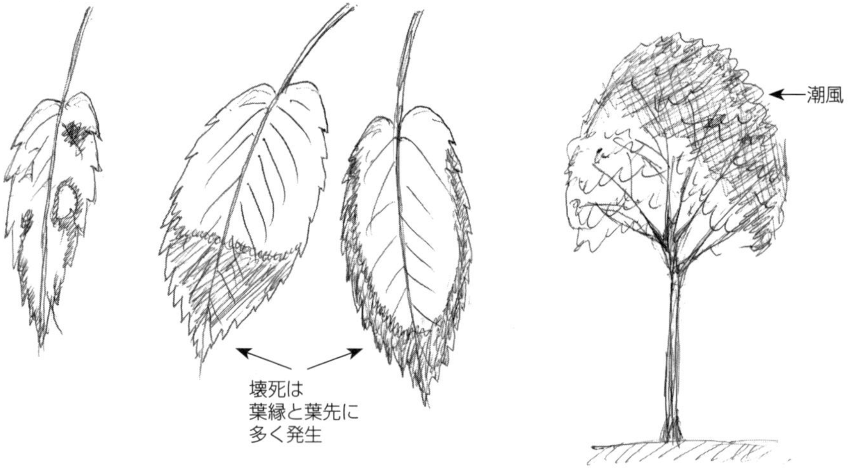

図2.3 塩害による樹木の葉の壊死

- 防雪機能：ブリザード時に雪が線路や道路に堆積するのを防ぐ。北海道には大規模な鉄道防雪林（**図2.4**）があるが，強風によって移動する雪を林内に降下させ，線路への堆積を防ぐ役割を果たしている。
- 魚付き機能：海や河川，湖沼の魚介類が健全に生息できるように，水系の水質と生態系を保全する。土砂流出防止機能と深い関係がある。

線路の両側の高木林により
地表を這う吹雪が林内に落下する

図2.4 鉄道防雪林

- 波浪津波被害防止機能：波の破壊力を著しく低下させる。津波被害防止機能は海岸林に求められる重要な機能ではなかったが，インド洋スマトラ島沖大地震や東日本大震災以降，大きな注目を浴びている。
- 土砂流出防止機能：土壌や砂礫が降水等で一度に大量に流出してダム湖などが埋まってしまうのを防ぐ。

図2.5　森林構造の違いによる森林生態系の豊かさの差

- 生態系保全機能：哺乳類，鳥類，昆虫類，着生植物など多様な生物が複雑な生態系を形成しながら健全な生活ができる環境を形成する。生態系保全機能は林冠構成樹木の種類，林冠の高さ，階層構造，立木密度，林床植物の種類などによって変わってくるが，林冠構成樹種が落葉性あるいはマツ類のような光線透過率が高く林床植生が多様で繁茂しているときに高い傾向がある（**図2.5**）。
- 生物多様性保全機能：多様な種，品種の永続的な生存を可能とする。生態系保全機能と密接に関連しているが，種の豊かさは基本的に林分構成種の豊かさと林床植生の豊かさが多様な生物種の永続的な生存を可能とする。種的多様性の豊かさは自然度の高さとイコールではなく，人によって適度に利用されたり森林樹木の倒伏や枯死が適度にあったりすることによって維持されることが多い。
- 気温上昇緩和機能：茎葉から蒸散される水分の気化熱すなわち蒸発熱によって気温上昇を緩和する。都市のヒートアイランド現象の緩和には樹林のもつこの機能が大きく貢献する。
- 大気汚染物質吸着機能：硫黄酸化物，窒素酸化物，オキシダントなどの大気汚染物質を吸着したり降下させたりする。この機能は工業団地周辺や道路わきの街路樹・並木に強く求められるが，単位容積あたりの茎葉の表面積の大きい樹種が大きいという傾向がある。しかし，汚染がひどい場合は機能の高い樹種ほど枯れやすいという傾向もうかがわれる。

- 防音機能：道路や工場から発生する騒音を緩和する。特に枝葉の密度が高い樹種でこの機能が大きい。地上にいる人間の耳に入る騒音を遮るには，地表から高さ3mぐらいまでの粗度を高める低灌木が効果的である。
- 防臭機能：畜産施設，屎尿処理施設，下水処理施設，工場・事業所などから発生する臭気を緩和する。特に枝葉の密度が高く葉面積の大きい樹種でこの機能が大きい。
- 遮蔽機能：人の視線を遮り見えにくくする。
- 庇陰提供機能：日陰をつくって人や動物を強い日射から守る。街路樹や公園木，海岸林にこの機能が強く求められる。
- 防火・類焼防止機能：葉に含まれる水分によって熱を遮り，火災の延焼を防ぎ，人の逃げ道を確保する。
- 林産物生産・供給機能：建築用材，家具材，樽・桶の材，薪炭，キノコ，薬用植物（キハダ，オウレン，ゲンノショウコなど），果実，松脂，漆，木蝋（ハゼノキ，ナンキンハゼ），線香（スギの葉），桧皮葺（ひわだぶき）・杉皮葺きのための樹皮（ヒノキ，スギ），蜜源（ニセアカシア，シナノキ，トチノキの花）などを供給する。
- 景観形成機能：景観を向上させる。
- ランドマーク機能：移動する人間の目標となり，位置を明らかにする（航行目標）。
- 森林浴の場：樹木から発散されるさまざまな物質（主にテルペン類）や葉の緑色が人の健康を増進し，精神を安定させ，疲労を回復させるといわれている。
- レクリェーションの場：森林を利用したレクリェーションの場や休憩場所となる。キャンプ，ツリーハウス，フォレストアドベンチャーなど
- 研究や学習の場：科学的・文化的な研究・学習の場の提供。
- 有用微生物の棲息場所：抗生物質など重要な医薬品の多くは森林土壌に棲息する微生物に関する研究をもとにして製造されている。

人が山や海岸に植林したり公園緑地や街路樹に樹木を植栽したりするのは，これらの機能のどれかを期待してのことであろう。これらの諸機能は人工的施設や資材では，ほとんどあるいはまったく代替できないからである。しかし，これらの諸機能の大きさや量は樹木の状態によって著しく変化する。一般的には樹木の状態がよく健康で大きく育っていれば機能が大きいといえよう。だが，樹木管理が適正でない場合，例えば過度の剪定，土壌踏圧等による根系衰退，建物等による被圧による樹冠の衰退などはこれらの機能を著しく低減させてしまうことになる。ゆえに，いかにこれらの機能を保持しながら管理を行っていくかが極めて重要な課題である。

2 樹木の生理と構造

1）茎（幹と枝）の構造

樹木は根，枝幹（茎），葉の３つから構成される。根は樹体（幹と樹冠）を支えるとともに，根端と幹の間の通導を行い，光合成産物の貯蔵も行う。枝幹は葉を高く支えるとともに，根と葉の間の通導を行い，また光合成産物の貯蔵も行う。葉は光合成を行って，最初はブドウ糖を生産し，それをさまざまな有機物に変えて体中に供給する。

茎の先端には分裂組織（頂芽）があり，また茎の途中にある節にも分裂組織（側芽）があって，新たなシュートを形成する。シュートは各年に伸びた茎，葉，芽から構成される（**図2.6**）。

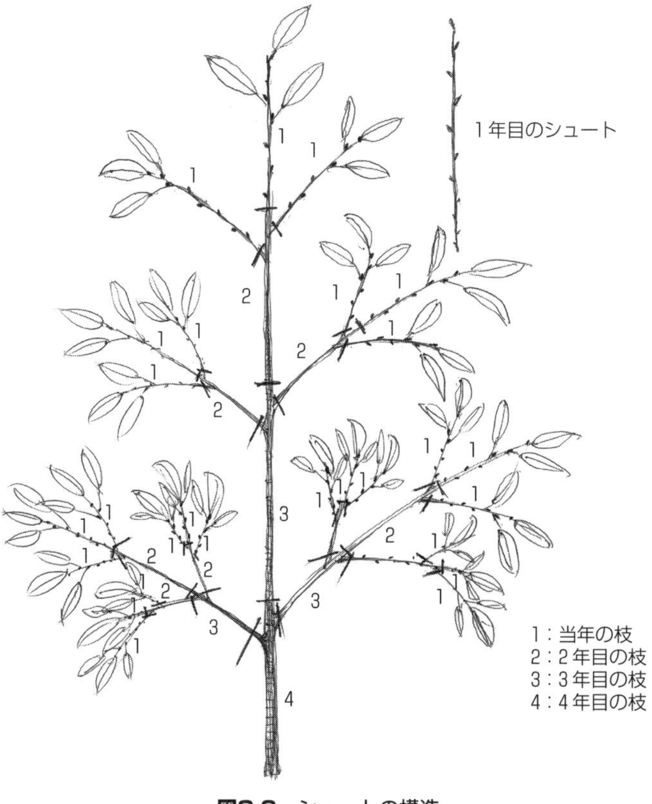

図2.6　シュートの構造

当年生の茎の断面は**図2.7**のようになっており，基本的には双子葉草本と同じであるが，草本と異なる点は，2年目に維管束と維管束の間に束間形成層が形成されて維管束内の束内形成層とつながり，維管束形成層が茎（枝幹）を一周するように形成され，二次的な細胞分裂を盛んに行って内側に木部，外側に篩部を形成することである（**図2.8**）。

木部の細胞は，針葉樹の軸方向では仮導管細胞と柔細胞，正常樹脂道をもつ樹種ではエピセリウム細胞（**図2.9**）という樹脂細胞も加わって構成され，放射方向では放射仮導管と放射柔細胞，正常樹脂道をもつ樹種ではエピセリウム細胞に囲まれた放射樹脂道もある。広葉樹では，軸方向は導管要素，仮導管細胞，繊維細胞，柔細胞で構成されている（**図2.10**）。

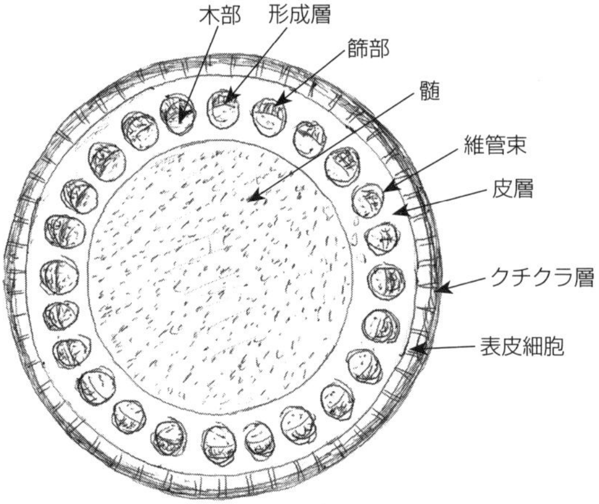

図2.7　当年生の茎の横断面

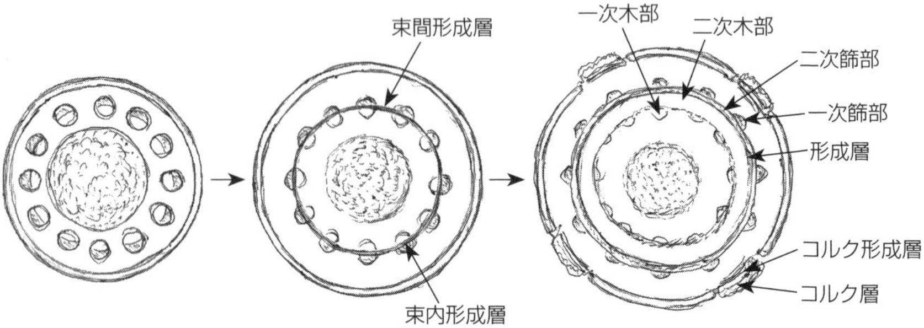

図2.8　茎の二次的肥大成長

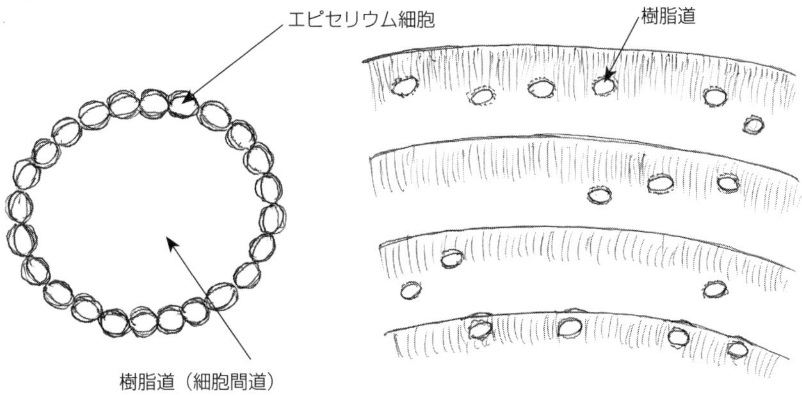

図2.9　マツ科樹種の材に見られる軸方向正常樹脂道の断面

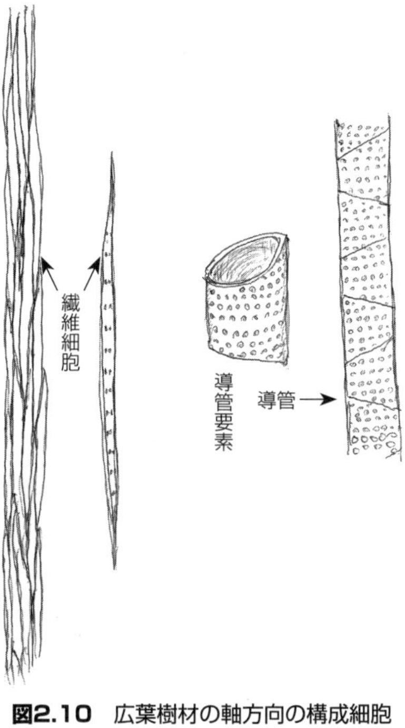

図2.10　広葉樹材の軸方向の構成細胞

2）樹木の生理

樹木は茎葉で二酸化炭素と水の水素を結合させて糖などを合成する光合成を行っている。その化学式をごく簡単に表すと次のようになる。

$$12\,H_2O + 6\,CO_2 \xrightarrow{\text{光エネルギー 688 kcal}} C_6H_{12}O_6 + 6\,O_2 + 6\,H_2O$$

モル関係　12 mol ＋ 6 mol → 1 mol ＋ 6 mol ＋ 6 mol

（216 g）（264 g）（180 g）（192 g）（108 g）

樹木にとって水は光合成を行っていくうえで絶対に必要な物質であるが，茎葉から蒸散される水の量は光合成に直接必要な量の 50 倍から 100 倍以上にも達する。なぜそのような大量の水を蒸散させるのかというと，直射日光による葉面温度の上昇を防ぐとともに，物質の生産に必要な窒素や各種ミネラルを葉面に集める必要があるからであるが，これについては後述する。

枝幹はその葉を力学的に支えるとともに，根から吸収した養水分や葉で合成した同化産物の通り道となる。根は地上部の樹体を力学的に支えるとともに，水や窒素，ミネラルなどの肥料成分を吸収し茎葉に供給している。植物組織のどの部分が欠けても植物の生活は成り立たない。根を切れば枝葉への水分供給能力が低下して樹冠の維持が困難になり，枝葉を切れば光合成機能が低下して枝幹や根の成長が阻害される。

3）植物の必須元素

植物の生育に欠かせない元素を必須元素という。必須元素は，現時点では次の 17 種類が認められている。

- 炭素（C），水素（H），酸素（O）
- 窒素（N），リン（P），カリウム（K）
- カルシウム（Ca），マグネシウム（Mg），硫黄（S）
- 鉄（Fe），マンガン（Mn），ホウ素（B），亜鉛（Zn），銅（Cu），塩素（Cl），モリブデン（Mo），ニッケル（Ni）

炭素，水素，酸素の 3 元素は大気中からあるいは水として吸収され，それ以外の 14 元素はイオンのかたちで土壌水に溶けている元素が肥料成分として根から吸収される。

土壌水に溶存しているかたちで吸収される 14 元素のうち，窒素，リン，カリウムの 3 元素は植物体が多量に必要とし，また自然界では植物が吸収しにくいかたちとなっているため多量元素という。

カルシウム，マグネシウム，硫黄の３元素は比較的要求量が多いので中量元素と呼ばれている。

鉄，マンガン，ホウ素，亜鉛，銅，塩素，モリブデン，ニッケルの８元素は植物体中での必要量がわずかであるので微量元素と呼ばれている。そのうち鉄は，近年の研究で要求量がかなり多いことがわかり，中量元素に分類する研究者もいる。ニッケルは近年になって必須元素と認められた元素であり，多くのテキストにはまだ必須元素として扱われていない。

このほか，イネ科植物にとってのケイ素（Si），マメ科植物にとってのコバルト（Co），ススキなどにとってのアルミニウム（Al），マメ科植物やアカザ科植物にとってのセレン（Se），多くの植物にとってのカリウム代用としてのナトリウム（Na）が生理的に重要な元素となっており，これらを有用元素といっている。

次に多量元素と中量元素について説明するが，硫黄は土壌中に多く含まれており，一般的には肥料として施与する必要がないので，窒素，リン，カリウム，カルシウム，マグネシウムの５元素を肥料の５要素といっている。また，微量要素はほとんど施与する必要がないが，アルカリ性の土壌では鉄，銅などの金属元素は不溶化しやすく欠乏症が生じやすいので，アルカリ土壌の多い地域では肥料として施与する必要がある。

（1）窒素

植物細胞が蛋白質（アミノ酸），葉緑素，植物ホルモン，核酸等を生成するのに欠かせない成分である。大気中には大量の窒素が存在するが，植物はそれを利用することができず，土壌中からアンモニアあるいは硝酸のかたちで吸収する。大気中の窒素をアンモニアや硝酸に変えるのに窒素固定作用をもつ土壌微生物が大きな役割を果たしている。肥料成分のうち最も要求量の大きな成分である。

（2）リン

DNAや細胞膜の構成元素で，またエネルギー代謝で重要な役割を果たしているATP（アデノシン三リン酸）などの構成成分である。土壌中のリンはリン酸（H_3PO_4，オルトリン酸）となっている。土壌中にリン酸はかなり含まれているが，鉄やカルシウム，アルミニウムなどと化合してリン酸鉄，リン酸カルシウム，リン酸アルミニウムなどの水に不溶の物質となっており，植物体はほとんど吸収できない。植物のリン酸吸収には菌根菌が重要な役割を担っている。

（3）カリウム

植物体の構成成分ではないが，光合成における光－リン酸化反応におけるATPの合成・転流の促進，植物体内の浸透圧調節，水や各種元素の吸収・体内移動・蒸散，澱粉・蛋白質の生成・移動・蓄積に極めて大きな役割を担っている。植物体から抜けやすいので，肥料の3要素のひとつとなっている。

（4）カルシウム

細胞膜の主要な成分であり，細胞膜による細胞壁形成に重要な役割を果たしている。また，植物体内で生成される有機酸の中和，糖類の移動，根系発達などの役割も担っている。

（5）マグネシウム

葉緑体の構成元素で，光合成には絶対に必要な物質である。また，蛋白質や脂肪の生成に必要である。リン酸と結びついてリン酸マグネシウムとなり，植物体中におけるリン酸の移動を助けている。

（6）硫黄

植物の生成するアミノ酸や各種有機物の構成元素である。植物体内では有機硫黄のかたちで存在する。また葉緑体の生成にも関与している。火山が多く，火山灰土壌の多い日本では，普通は肥料として意識されていない。

4）根の生態

植物体のある部分が他の部分よりも重要ということはなく，すべての組織器官が等しく重要であるが，一般的には最も見えにくく理解されていない組織が根である。そこで，根の生態について少し詳しく説明する。

一般的に思われている樹冠の広がりと根の広がりの関係は，枝張り（樹冠幅）と根張り（根系幅）の範囲が等しい，すなわち根系の水平方向の範囲とドリップラインはおおむね一致するというものである。しかし実際には，根系切断や障害物がなければ**図2.11**に示すように，根系のほうがはるかに広く伸びるのが普通である。伸びる方向も，平坦で一方向からの卓越風がなく，幹が傾斜せず樹冠の成長にも偏りのない場合，つまり力学的にまったく偏りがなくバランスが保たれている場合は，あらゆる方向に均等に伸びようとする。Claus Mattheckによると，ドイツではヨーロッパナラ（*Quercus robul*）の根が40 m離れた煉瓦造りの壁を壊した例があるという。壁を壊すような根系による大きな成長圧力は細い根では生じないので，この木の場合，もし壁がなければさらに10 m以上も伸長していた可能性がある。仮に，この木が反対方向にも同様の距離まで根を伸ばしていたとすると，この木の根張り範囲の直径は80～100 m以上にもなる計算である。普通，土壌が乾いているところでは根は深く広く伸長し，湿潤なところではあまり伸びない。また，土層に硬い部分があると深く潜ることができず，地表近くのごく浅い層を長く横に伸びる傾向がある（**図2.12**）。地下水や宙水（土層中にある停滞水）がごく浅いところにある場合，根は深く潜ることができず，また地表近くには水分が豊富にあるので水平方向に広く伸びることもしない。おそ

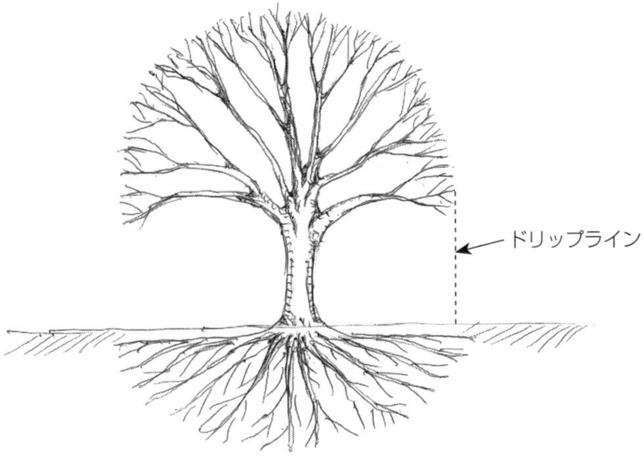

一般的な根系の概念

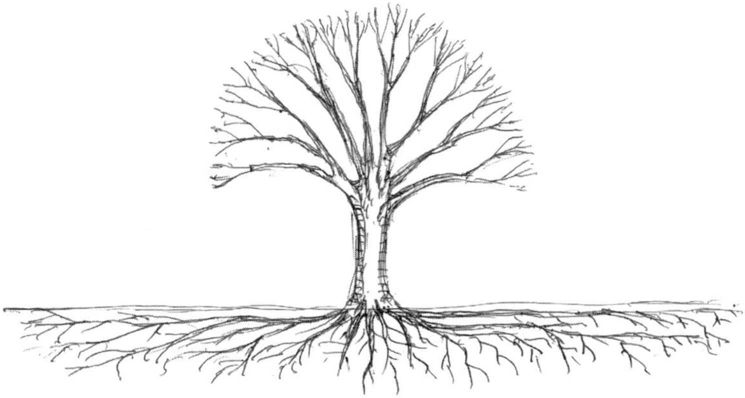

実際の根系

図2.11　樹木の根系形態の一般的なイメージと実際の根系の概念図

らく前述のヨーロッパナラの立地は硬く乾燥しやすい土壌状態だったのであろう。

このような形態的現象が起きる生理学的理由の詳細については不明であるが，個体生態学的には次のように考えることができる。

密な林冠をもつ森林・樹林や大きな樹冠をもつ木の下では，少量の雨が降った場合，林冠・樹冠の枝葉に大部分が付着してそのまま蒸発してしまい，林冠・樹冠の下では土壌表面の降水量は林外に比べると少ない。また，林内土壌や個体の根元土壌まで到達する雨水は，ほとんどが林冠・樹冠が十分に濡れた後に滴となって落下する林冠雨（林内雨）・樹冠雨か，樹幹を伝わって流下する樹幹流のどちらかであって，直

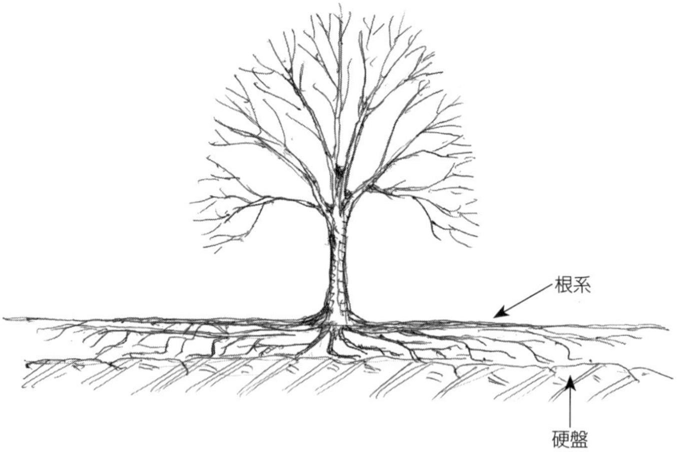

図2.12　浅い層に硬盤のある土壌を伸びる根系の模式図

接地面に達する雨滴は少ない。樹幹流は根元から根系を伝わって細根にまで到達するので，林冠・樹冠の遮蔽によって降水量が少なくなっている樹木の生育に大きな働きをしている。しかし，樹冠の下は細根の密度も高く，根系の水分吸収量は降水量よりも多く，土壌は乾燥しているのが普通である。ゆえに，樹木の根は樹冠下に留まっていたのでは十分な水が得られないので，外へ外へと放射状に伸びていこうとするのであろうと考えられる。

冬期に土壌が深層まで完全に凍結する極寒の地でない限り，樹木の根は完全な休眠をしない。気温が零下になる厳冬期でも，根の先端は少しずつ伸びて水を吸収している。もし真冬の休眠期に根が完全に休眠して水分吸収をまったくしなくなると，樹体地上部は強風に曝されて少しずつ水分が抜けていくので，樹木は乾燥枯死してしまう可能性が高くなる。

樹木の根が最も盛んに成長し側根の分岐をくり返すのは，日本では８月頃の暑く乾燥している盛夏期である。盛夏期には，樹木はすでに枝先に越冬芽を形成して枝幹の上長成長をほぼ止めているが，光合成と蒸散は盛んに行っているので，光合成産物の多くを根の成長と枝幹の肥大成長に向け，残りを越冬に備えて柔細胞に蓄える。

樹木は秋の落葉期までに樹体の篩部や木部柔細胞の糖分濃度を上げて耐凍性を高めてから休眠に入り，翌春，蓄積した糖のエネルギーを使って発芽と枝葉・根の伸長を行い，さらに肥大成長も行う。展開した葉でつくられる糖分は蓄積されず，すぐに成長に使われるので，例えば関東地方南部では，５月下旬頃から７月中旬までは樹体内糖分濃度が極めて低い状態となっている。盛夏期となり高温と乾燥が続くようになる

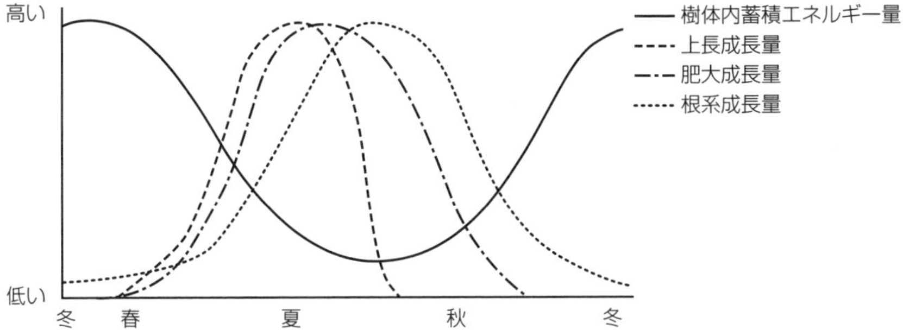

図2.13　樹体の成長と蓄積エネルギーの季節的変化の模式図

と，地上部の上長成長はほとんど停止するが，光合成は盛んに行っており，その光合成でつくられた糖分は，高温状態での生活による消耗を補うことと，幹および根を成長させることにあてられる。秋になると見かけの成長は停止し，糖分エネルギーは越冬芽を充実させるとともに体内に蓄積される。このようなエネルギーと成長のサイクルを模式的に表すと**図2.13**のようになる。

5）根の構造と機能

（1）樹体を支える根

樹木が傾斜地で成長したり，幹が傾斜していたり，樹冠が一方に偏った“片枝”だったり，一方向から強い風を受けつづけていたりした場合，幹に“あて材”が形成される。針葉樹では谷側や傾斜した幹の下向き側あるいは風下側に“圧縮あて材”が形成され，それに対応するように樹体を下から支える根が発達する。一方，広葉樹では山側や幹の上向き側あるいは風上側に“引張りあて材”が形成されるが，それに対応して樹体を引張り起こそうとする根が発達する（**図2.14**）。しかし，圧縮あて材，引張りあて材のいずれも，それを支える根が形成できない状態にある場合は，根元近くの幹にあて材を形成することができない。例えば，切り通しの肩にあるスギの場合，しばしば**図2.15**のような根系状況になっていることがあるが，そのようなとき，根元近くの幹の年輪は引張りあて材のような分布を示していることがある。一方，傾斜地に生えている広葉樹でも，山側に岩盤などがあって根を伸ばせないときは**図2.16**のような年輪分布になることがある。根元近くで本来のあて材を形成できない場合，針葉樹でも広葉樹でも，本来のあて材は幹の少し上部に形成される。針葉樹と広葉樹におけるあて材形成の違いは遺伝的なものであるが，根元近くの幹でのあて材発現には対応する根の形成が不可欠であると考えられる。

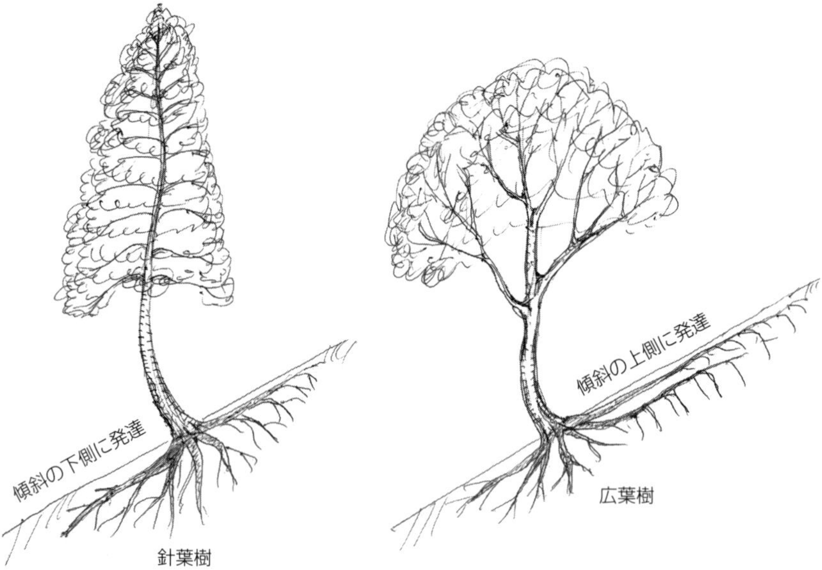

図2.14　あて材形成に対応する根の形態

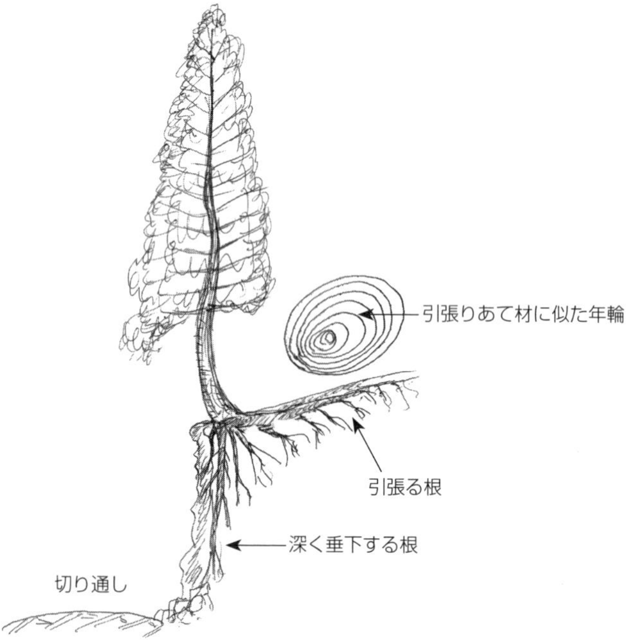

図2.15　圧縮あて材に対応する根を発達させることができないときの根系と材の年輪

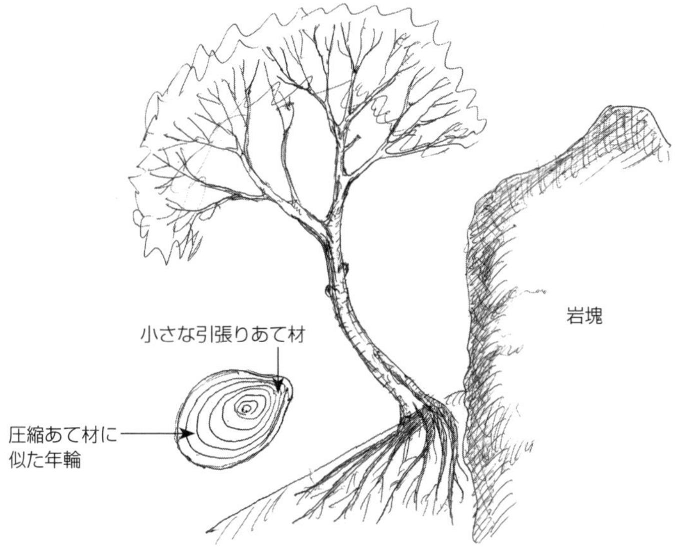

図2.16　引張りあて材に対応する根を発達させることができないときの根系と材の年輪

（2）茎と根の組織構造の違い

一般的に茎（枝幹）や葉は樹種間の差異が大きく外観から樹種の区別が容易であるが，根は樹種間の形態的な差異が少なく，区別の困難なことが多い。このことから，根は地上部ほどには分化が進んでなく，原始的な形態を保持していると考えられている。その理由のひとつとして，土壌中の環境が地上の環境に比べて変化の少ないことが挙げられている。

当年生の茎と根は**図2.17**のように維管束の配列が異なり，幹には髄があるが根にはない。また幹には節があるが根にはない（**図2.18**）。茎では先端に成長点があり，その上を覆う組織はないが，根の成長点である根端分裂組織の上には根冠が被さっている。茎では皮層の最内層に内皮がなく，皮層と中心柱の境界が不明瞭で，内鞘もほとんど存在しないが，根では環状の内皮と内鞘が明瞭に認められる。裸子植物の根では内鞘は複数層であるが，被子植物の根では基本的に１層である。

太い幹から発生する胴吹き枝のほとんどは，長期間休眠状態にある定芽すなわち潜伏芽から発生するシュートで，発生する場所はあらかじめ決まっている。癒傷組織から発生する枝（カルスから形成される不定芽から伸びるシュート）は普通，極めて少ない。一方，根には節がなく側根はどこからでも発生する可能性がある。定芽は茎の先端部にある成長点が盛んに細胞分裂して茎葉を形成していくなかでつくられ，茎の途中に形成された定芽（側芽）は，休眠状態となってもその後の茎の肥大成長時にも

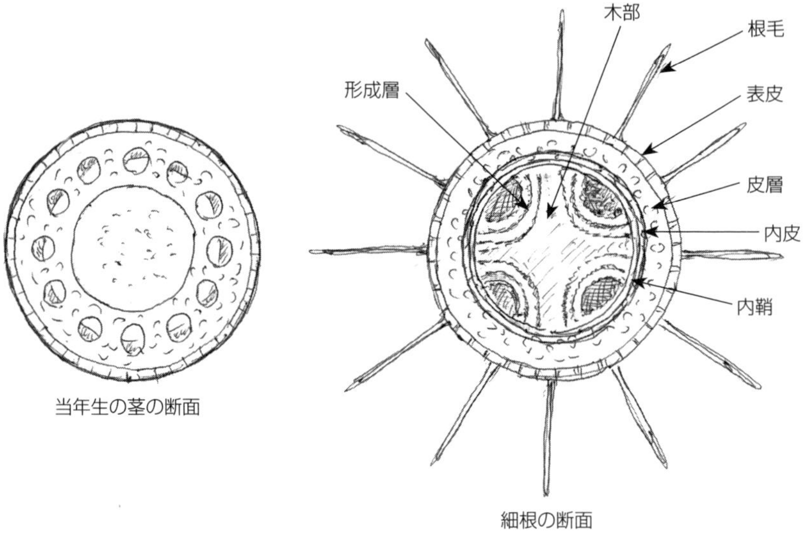

図2.17　当年生の茎と細根の横断面の違い

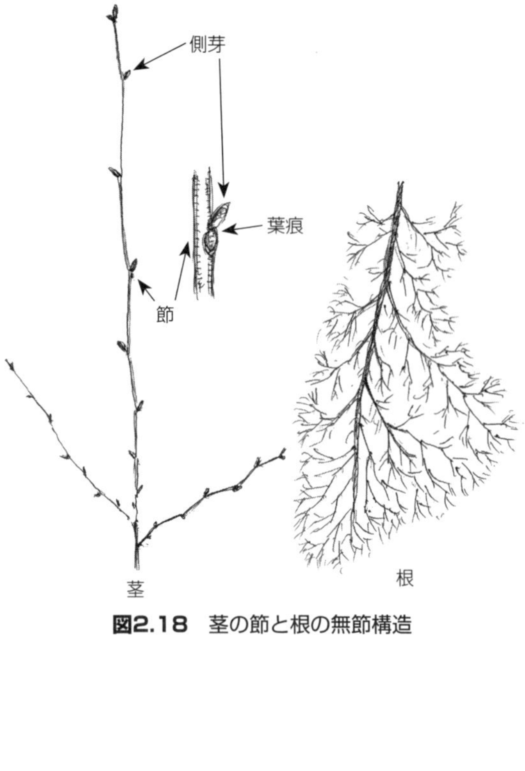

図2.18　茎の節と根の無節構造

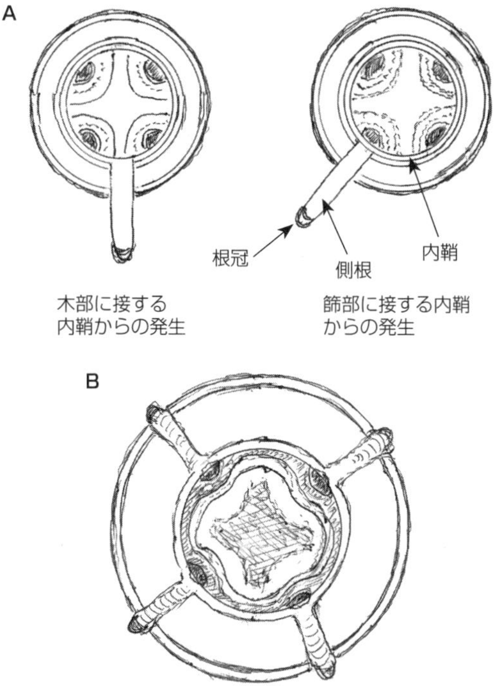

図2.19　内鞘からの側根とコルク形成層の発生

年輪成長に合わせてわずかずつ伸びつづけるが，側根は細根が成熟する過程で内鞘から発生する（**図2.19A**）。形成層の細胞分裂による肥大成長によって太くなった根では，一次的な表皮・皮層・内皮・内鞘はいずれも破壊されてしまうが，根における最初のコルク層は内鞘がコルク形成層に変わることによって生じる（**図2.19B**）。太くなった根が傷ついたときなどに樹皮を突き破って発生する側根は，局部的に残っている内鞘から発生することが多いが，放射組織柔細胞，形成層あるいは癒傷組織（カルス）からも発生すると考えられる。枝幹は重い樹冠を空中高く支え，しかも強風によって大きく揺さぶられるので，折れないように細胞壁を厚くし，その細胞壁にリグニンを大量に詰め込んで体を硬くし，さらに若い茎では髄を発達させて少ない材料で直径を大きくしてパイプのような強さを与えているが，根は揺れることがないので細胞壁は薄く，リグニンも少なく，枝に比べてはるかに軟らかく，圧縮強さは小さい。しかしセルロース含量は多く，引張り強さはとても大きい。通導組織としての導管や仮導管も，枝幹より根系のほうが直径は大きく，水が通りやすくなっている。枝幹には

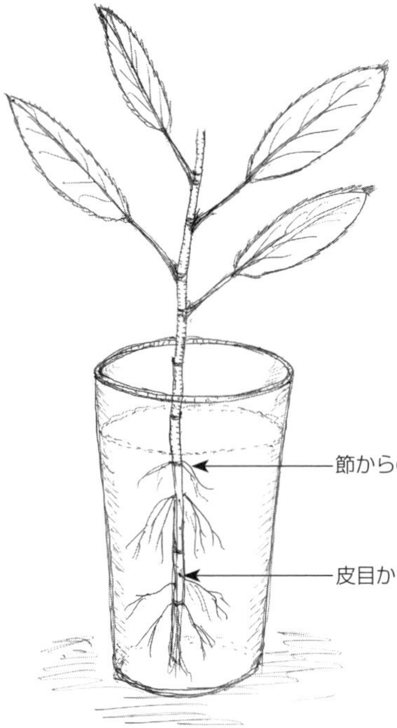

図2.20　水差しに活けた枝の皮目から発生する不定根

周皮（コルク層，コルク形成層およびコルク皮層）がよく発達するが，根では周皮の発達は弱く，コルク層は薄い。しかし，地上部のコルク層はときどき脱落するが，根では脱落しないので，樹種によってはコルク層が幾重にも重なって厚くなっていることがある。ただし，外側のコルク層が腐朽し，コルク層は薄いままのことがある。

なお，枝幹に形成される「不定根」は基本的には茎の節から発生するようであるが，節間の形成層，篩部からも発生し，また癒傷組織や，ときには放射組織柔細胞からも発生するようである。水差しに切りとった枝を活けておくと，水につかった部分や切り口近くから白い根が発生してくる。これらの根を見るとしばしば節や皮目から発生しているのが認められる（**図2.20**）が，皮目の近辺は不定根の出やすい条件を備えているのかもしれない。ヤナギ類は枝幹が太くなっても痕跡的な内鞘が篩部に接して存在し，挿し木をするとそれが不定根の原基になることが多いと考えられている。つまり，常に茎内に根の原基をもっている状態にあり，それが挿し木の容易な一因となっているのであろう。

（3）細根部分の構造

根系の伸長成長の先端（根端）にある細根（吸収根）の縦断面構造の模式図を**図**

2.21に示す。先端部分にある根端分裂組織は盛んに細胞分裂を行って根を伸長させ，表皮，皮層，内皮，内鞘，中心柱等の組織を順次形成するが，根端分裂組織を覆っている根冠は石礫や土壌粒子とぶつかって絶えず磨り潰されるため，根端分裂組織は根冠細胞を内側から補充する。根毛は表皮細胞が突起状に膨れ出したものであるが，表皮細胞が不等分裂してできた微小な“根毛形成細胞”から発生することもあるといわれている。普通，根毛の寿命は短く数日から数週間であるが，1年以上も長生きするものもあるようである。細根の横断面の模式的構造を**図2.22**に示す。外側から内側に向かって順に表皮・皮層・内皮・内鞘・中心柱と続いている。中心柱は篩部・形成層・木部に分かれるが，成熟するにつれて形成層が全体につながり，その外側に篩部，内側に木部を形成し，枝幹と同様の年輪形成を行うようになる。

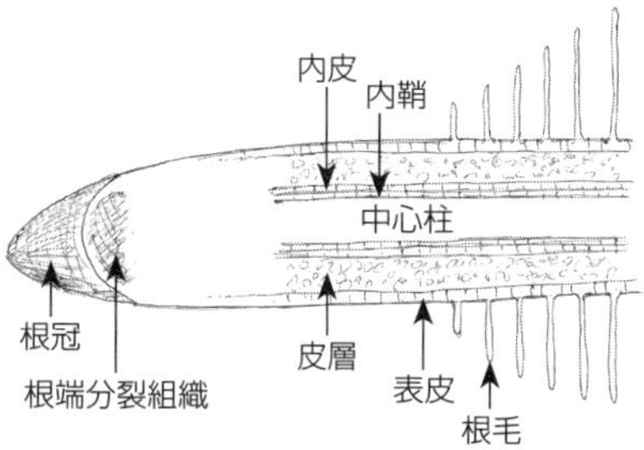

図2.21　細根の縦断面構造模式図

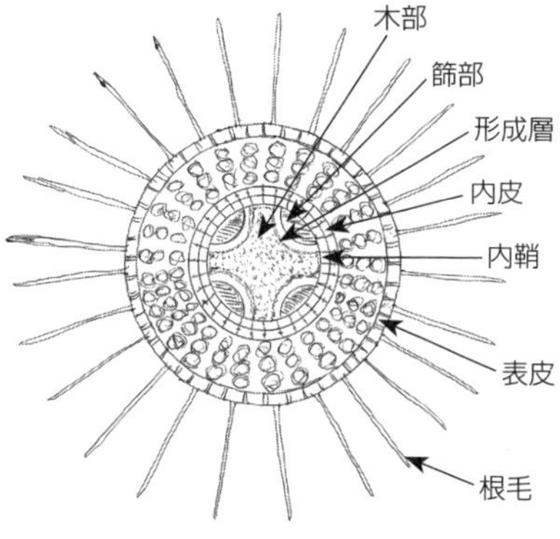

図2.22　細根の横断面構造模式図

根冠がすり潰されたり根毛が死んだりしてできた細胞片は細根表面に付着し，細根からの分泌物や土壌微生物とともに，化学的，生物学的に極めて複雑な世界である“根圏”を構成する（**図2.23**）。根圏は植物から分泌されるさまざまな物質の影響を受ける範囲で，普通は細根表面から5 mm程度以内の範囲である。

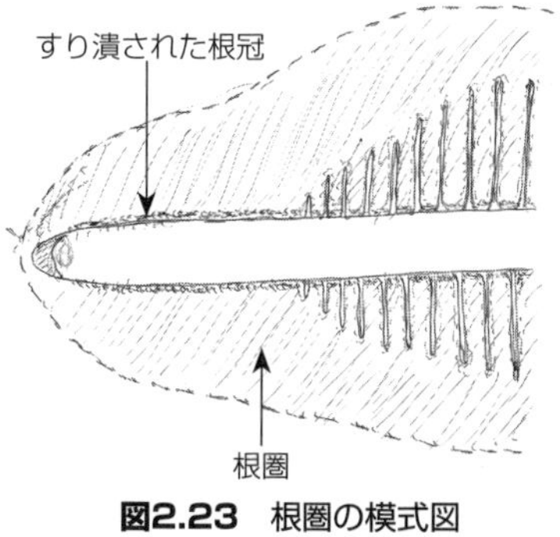

図2.23　根圏の模式図

（4）細根部分での水の移動

水や窒素やミネラルは根系全体で吸収されるのではなく，まだ表皮が破られずに外樹皮（コルク層）が形成されていない細根部分でのみ吸収され，コルク化した部分ではほとんど吸収されない。細根の大部分は短期間で消失するが，生き残った細根も成熟過程で次第に吸水能力を失っていくので，根系が水分を吸収するためには，常に先

図2.24　細根の分岐と成長，細根の消滅

へ先へと細根をつくりつづけ，また細根の数を増やすために新たな分岐をしなければならない（**図2.24**）。

水とその溶存物質は細根の表皮細胞の細胞壁およびその内側の皮層細胞の細胞壁と細胞間隙中では自由に移動できるが，細胞中に入る際に細胞膜による選択を受ける。水に溶けている物質は細胞膜を通過できるが，コロイド状物質は基本的に細胞膜を通過できない。また，細胞膜は細胞内に十分ある物質よりも不足している物質のほうを優先的に通過させ，さらに根系細胞にとって有害な物質の通過を阻止する。水が中心柱の木部に達するには，木部細胞内の水の圧力が負圧（吸引圧）で，しかもその外側の細胞内の圧力よりも低い状態，つまり，根の外側から木部までの間に水分圧力の下り勾配が必要である（水が圧力の高いほうから低いほうに流れるように）。そのためには枝葉からの盛んな蒸散による負圧状態が維持されなければならない。

（5）内皮の細胞壁にあるカスパリー線と内皮細胞膜の働き

一度細胞内に入った水は細胞間の壁孔を通じて細胞から細胞へと移動し，細根の中心柱木部の導管あるいは仮導管内に入ることができる。皮層組織の細胞壁および皮層組織の細胞間隙を移動してきた水は，内皮にあるカスパリー線（**図2.25**）のために細胞壁あるいは細胞間隙の移動を阻止される。カスパリー線はスベリン（木栓質ともいう。コルク細胞は細胞壁にスベリンが沈積した状態）やリグニンが細胞壁の一部を埋めている状態で，水を透過させない不透水層となっている。内皮の細胞列には細胞間隙がないので，水が皮層から内皮を抜けて中心柱内に入るためには，必ず内皮細胞の細胞膜を通り抜けて細胞質内に入らなければならない。そのとき，水や水に溶けた物

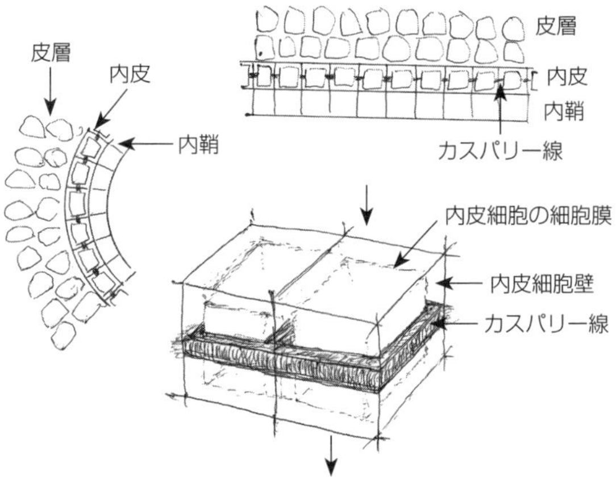

図2.25　内皮のカスパリー線

質は細胞膜による選別を受け，不要な物質，毒性物質，多過ぎる物質，微生物等の通過は阻止され，必要な物質のみ通過できる。表皮細胞，内皮細胞などの細根細胞が外部から細胞内に物質を導入する際，大量のエネルギーを消費するが，そのエネルギーは呼吸から得られる。根における呼吸は基本的に土壌水に溶けている溶存酸素を細胞が吸収することによって行われる。ゆえに，土壌水に酸素が十分に含まれていなければ大半の植物の根は呼吸ができず，呼吸ができなければ水および窒素・ミネラル等の肥料成分を吸収することができない。また，土壌に水分がなく極度の乾燥状態におかれると，当然のごとく植物は水分が吸収できないが，それによって植物根は呼吸ができずに窒息して枯れる。カスパリー線は皮層最外層の外皮（表皮のすぐ内側）にも形成されることがある。

（6）皮層通気組織

普通の樹木は水の停滞している池沼では生育できないが，ヤナギ類などの湿生樹木は生育できる。その理由のひとつは，幹と根の皮層組織に細胞間隙が発達し，地上部の枝幹の皮目から吸収された酸素が皮層組織の細胞間隙を満たしている水分に溶け，根の先端の負圧によって根の先にまで送られ，根端部分の呼吸を助けているからであると考えられる（**図2.26**）。普通の樹木でも，湿生植物ほどではないが，深く潜る垂下根の皮層組織には細胞間隙が発達する。例えばマツ類は一般に深根性といわれているが，マツ類の根元に少々覆土するだけで枯れてしまうことがある。これは支持根として機能する垂下根には皮層組織に細胞間隙が発達するので深くまで潜ることが可能なのに対し，養水分吸収機能の高い水平根には細胞間隙は少なく，根系の細根の大部分は水平根に存在することが一因と考えられる。乾燥したところに生える樹木を湿性

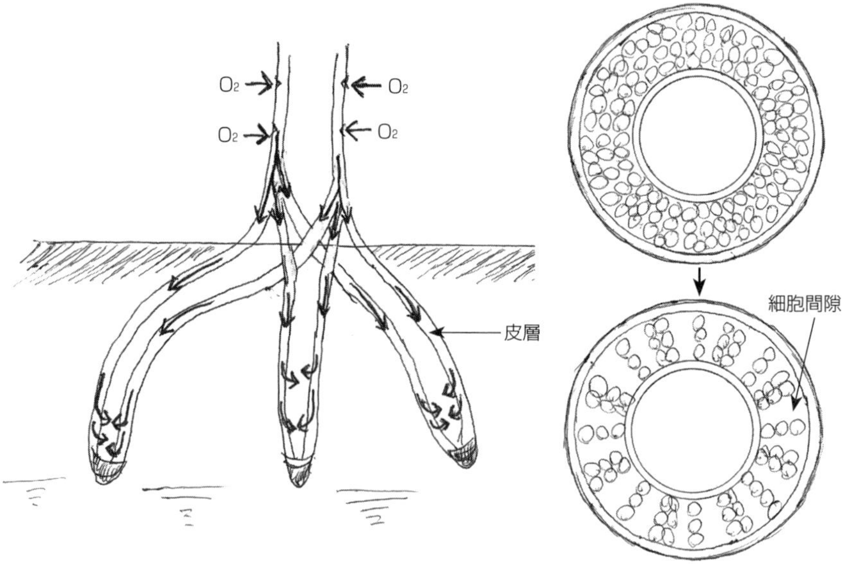

図2.26　皮層通気組織による根端への酸素の供給

条件で育てると，根系と幹下部の皮層に細胞間隙が発達する。このような細胞間隙は，酸素不足という強いストレスによってエチレンが発生し，エチレンの作用で皮層細胞の一部が破壊されるために生じると考えられているが，細胞の破壊には一定の規則性があり，生き残る細胞と死ぬ細胞が組織的に配列されているので，あらかじめ組み込まれたプログラムに則って細胞が死ぬ現象（アポトーシス過程によるプログラム細胞死）の一種と考えられている。

（7）根圏

細根の先端は根冠のすぐ内側にある根端分裂組織の盛んな細胞分裂によって常に前に押し出されるように伸長していくが，そのとき根冠は土壌粒子や石礫とぶつかり，根冠細胞は絶えず磨り潰され剥離する。剥離した細胞片は細根の表面に付着する。細根からはさまざまな物質が分泌され，根冠細胞の死骸とともに複雑な有機物の世界が形成される。土壌中のこの特殊な部分を根圏という。細根から分泌される有機物の中には多様な有機酸がある。有機酸はキレート作用（**図2.27**，ギリシャ語の「カニのはさみ」を意味する語に由来。中心の金属イオンを挟むようなかたちでイオンや分子が配位結合する作用）によってリン酸などの難溶化しやすい物質を吸収しやすくしたり，アルミニウムなどの毒性物質を無害化したりする働きがある。また根圏には無数の微生物が棲みついているが，そのなかには窒素固定機能をもつ細菌，藍藻，放線

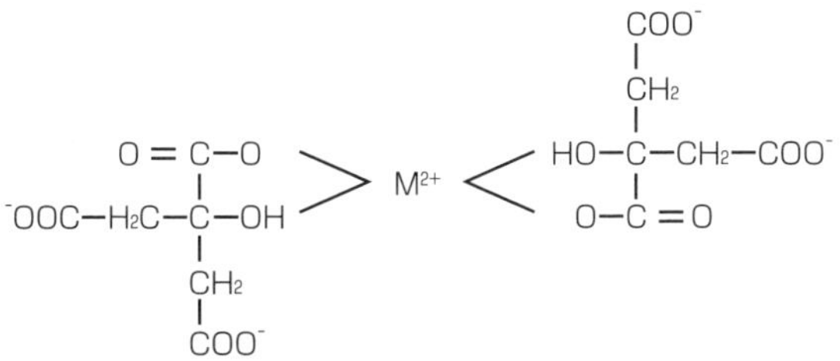

図2.27　クエン酸のキレート作用

菌，古細菌も棲息している。これらの窒素固定微生物はマメ科植物の根に根粒を形成するリゾビウム属菌とその近縁種，ハンノキやグミなどの根に根粒を形成する放線菌の一種フランキア属菌，ソテツの根に根粒形成する藍藻の一種ノストック属などと異なり，根の組織内には入り込んでいないが，表面に付着して生活しており，根にアンモニア態窒素を供給し，代わりに糖などの物質をもらう半共生的な生活をするものもある。さらに，放線菌などは抗生物質を分泌して根の病原菌の繁殖を抑制したりする働きがあると考えられている。

6）樹液

樹木は光合成によって生活をしている。光合成では大気中の二酸化炭素と水を原料としてブドウ糖をつくり，それをもとにして多様な物質を生合成して体全体に供給している。これらの光合成産物が体中に配分されるには流動性をもたなければならない。篩部を降下するとき，ブドウ糖はまずショ糖（砂糖；D-グルコースとD-フルクトースが脱水結合して形成する共有結合，すなわちグリコシド結合をした代表的二糖類）に変換され，水に溶けた状態で輸送される。光合成に必要な水は根から吸収されて導管あるいは仮導管を上昇していくが，そのとき，土壌から吸収された多様なミネラルや窒素も葉に送られている。樹木は病気になったり傷ついたりしたとき，樹脂や乳液を漏出して防御しようとする。このように樹木はさまざまかたちで“樹液”を流動させたり漏出させたりしている。

（1）樹液の役割

樹液には多様な役割があるが，おおむね次のように分けられる。

- 細胞の生命機能の維持
- 光合成等の代謝機能の維持（篩部液・木部液）
- 光合成産物・窒素・ミネラル等の物質の運搬（木部液・篩部液）
- 生体防御（篩部液，樹脂，乳液，鳥黐（とりもち））

• エネルギー貯蔵（樹脂，乳液，鳥黐）
• 耐寒性確保（樹脂・篩部液）
• 乾燥防止（樹脂，鳥黐）

（2）樹液の種類と働き

樹液の定義は人によって異なるが，筆者が樹液とみなしてよいと考える“広義の樹液”には次のような実に多様な種類がある。

①篩部（篩細胞，篩管）液

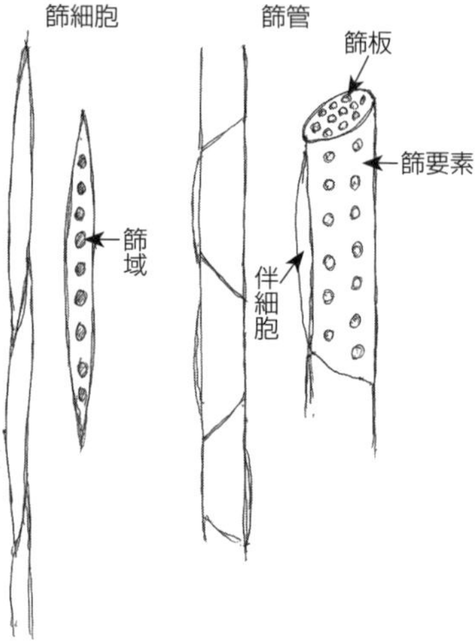

図2.28　篩部組織の細胞

茎葉で生産された光合成産物の転流する部分は樹木の内樹皮の篩部であり，その転流は葉の葉脈（維管束）内の篩部細胞が積極的に糖などの光合成産物をとり込むことによって大きな浸透圧が生じ，それによって篩部細胞（**図2.28**）は水を吸収し，その勢いで糖を含んだ樹液が篩部を下方に押し出されていくことで生じる。光合成は茎でもいくらか行われているが，葉と茎では光合成量が大きく異なるので，葉の篩部と茎の篩部の細胞に大きな濃度差が生じる。さらに，根は光合成をせず一方的に光合成産物を受け入れて消費あるいは貯蔵をする場所であるので，葉から根まで続く篩部液の間に可溶性糖の大きな濃度差が生じる。その差によって糖が次々と根端に向かって輸送され（高いほうから低いほうへ），それらが途中で周辺細胞にとり込まれるので，さらに大きな濃度差が生じる。

篩部を構成する細胞は針葉樹と広葉樹ではいくらか異なるが，両者の最も大きな相違は針葉樹が篩細胞，広葉樹がより樹液を流動させやすい篩管要素で構成された篩管となっていることである。

篩部内を転流する篩部液はショ糖（スクロース）を多量に含むので基本的に甘いが，多くのフェノール性物質を含んで苦いことが多い。溶解している糖はショ糖が主であるが，ブドウ糖（グルコース）や果糖（フルクトース）もいくらか含まれ，アミノ酸なども含まれる。さらに芽や葉で生合成された植物ホルモン類，特にオーキシンは糖とともに体全体に輸送される。

真夏にクヌギ・コナラの幹から漏出する樹液は，ボクトウガ幼虫が絶えず篩部を傷つけることによって篩管液が流れつづけ，フェノール性物質が少なく甘い樹液に群がった虫をボクトウガ幼虫が捕食するという説がある。シロスジカミキリ幼虫の樹皮食害によっても篩管液は流出するが，一時的でありしばらくすると止まってしまう。これは樹木の防御反応による篩部の閉塞現象である。人が樹皮を傷つけた場合も樹液は滲出するが，やはり一時的である。ボクトウガ幼虫はその防御層を絶えず破壊して餌となる虫を呼び寄せていると考えられている。

②木部（導管・仮導管）液

細根で吸収された水分・窒素・ミネラル等の茎葉までの輸送経路の液である。落葉広葉樹の場合，寒冷地の早春の展葉前（2週間程度）は根圧（浸透圧と毛細管現象）によって水分が上昇するが，その一時期を除き，木部液は葉からの蒸散による引力（大気の水分吸収力と水分子どうしの分子間引力と導管，仮導管壁と水分子との間の引力）で上昇していく。

木部の導管・仮導管・木繊維はすべて死細胞であるが，広葉樹の導管と放射組織の部分では，導管と放射柔細胞が接しており，絶えず導管液中のミネラル等を消費している（**図2.29**）。また，導管に気胞が生じたときなどは接する柔細胞から水分が供給され，気胞を消失させるという働きもある。木部液は壁孔（**図2.30**）を通じて導管間，仮導管間，導管と柔細胞間を移動する。

木部における水分上昇は，基本的に葉からの水分蒸散，導管・仮導管内での水分子間の凝集力，毛細管現象，細根における浸透圧（根圧）の4つの力で起きるが，最も大きな力は大気が水を吸い取

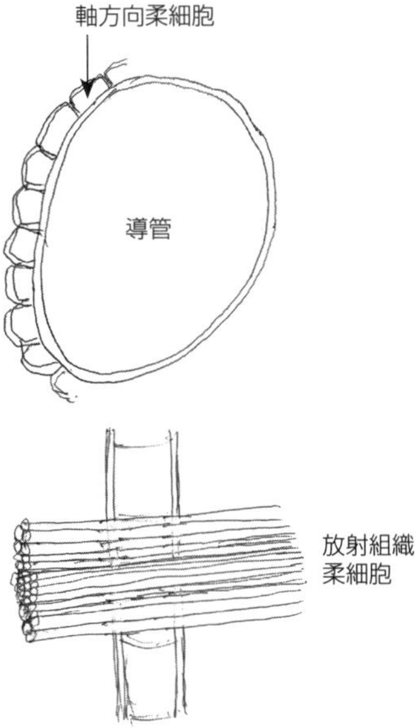

図2.29　導管を囲む柔細胞と導管に接する放射柔細胞

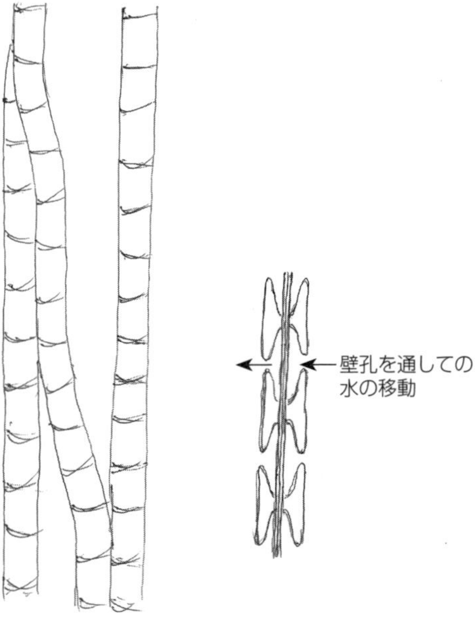

図2.30　壁孔の模式図

る蒸散力（大気と葉の海綿状組織との間の水蒸気圧の差により大きな引力すなわち負圧が生じている）と細い導管・仮導管内での水分子の凝集力であると考えられている。

寒冷地では初春の一時期，根圧で木部液が上昇する。その時期の木部液には，樹種によって濃度は異なるがブドウ糖・果糖・ショ糖・アミノ酸・有機酸が含まれている。サトウカエデ・イタヤカエデ・シラカンバ等のシロップ，ミズキなどの枝の切断部から漏れ出る樹液の採取（**図2.31**）は導管液が根圧で上昇する早春の一時期に限定される。普通，導管液には糖はほとんど含まれないが，寒冷地のいくつかの落葉広葉樹では，真冬の耐寒性を高めるために柔細胞内の糖濃度を極めて高くしており，一方では柔細胞内の水分量を少なくしている。早春，発芽を開始する前に樹木は水分を吸収して細胞内の水分量を高めるとともに濃度を高めていた糖を導管に排出し，その糖は発芽のためのエネルギーとして使われる。木部液に溶解している物質は土壌から吸収した各種ミネラルや硝酸と微量のブドウ糖・果糖・ショ糖・アミノ酸・有機酸である。

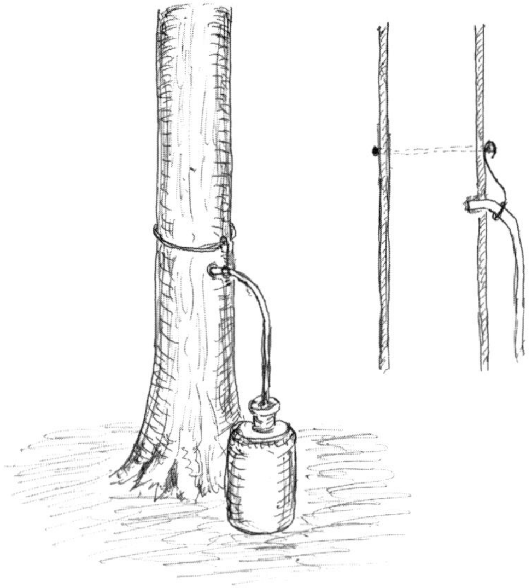

図2.31　早春の木部液の採取

木部の導管・仮導管内の水分の流れの速度は樹種，立地環境，時期と時間，根元からの高さによって著しく変化する。樹幹流の速度測定は次のようにして行われる。

- ヒートパルス法：樹幹にヒーターを組み込んだ針を差し込み，1秒前後発熱させる。ヒーターの上方1 cm程度離れたところに極めて細い温度計を挿入して温度を測定し，発熱させたときから温度計に温度上昇が起きるまでの時間差を計測して流速を求める。
- 茎熱収支法：茎に巻きつけたヒーターに一定電圧をかけて発熱させ，発熱量，茎を伝導する熱量，外部に逃げる熱量を計測して，樹液流で運ばれた熱量をこれらの残差として求める方法である。幹の直径10 cm程度までは計測可能とされている。

冬の厳寒期に導管内の水分凍結が起きると，特に大きな導管径をもつ導管内に気泡が生じ，通導が阻害されることがある（**図2.32**）。また，傷などが生じて導管内に気泡が生じた場合も通導は止まる。そのようなとき，直径0.1 mm前後の大径導管ではしばしばチロース（tylosis 填充体，**図2.33**）現象によって導管の閉塞が起きる。

③乳液（乳管細胞）

篩部と皮層の間にある乳管細胞（稀(まれ)に導管を囲む柔細胞）から分泌される。老廃物排出，エネルギー貯蔵あるいは生体防御の機能をもつが，エネルギー貯蔵の役割も果たしていると考えられている。乳液を滲出しない樹種のほうが多い。ゴムの原料となるラテックス latex や漆が含まれる。木部に乳細胞が存在する植物もある。

ラテックスは水にポリマー polymer（重合体）の微粒子が安定的に分散したエマルジョン emulsionであり，自然界に存在する乳状の樹液や界面活性剤で乳化させたモノマー monomer（単量体）を重合することによって得られる液をいう。エマルジョンとは互いに混じり合わない2種類の液体で，一方がもう一方の液体中に微粒子状で分散しているものをいう。

ラテックスは多くが空気に触れると凝固する。蛋白質，アルカロイド，糖，油脂，タンニン，樹脂，天然ゴムを含む複雑なエマルジョンである。

漆にもいくつかの種類があるが，皆フェノール性物質であり，成分によってウルシオール（日本産・中国産），ラッコール（台湾産・ベトナム産），チチオール（タイ産・ミャンマー産）に分けられる。

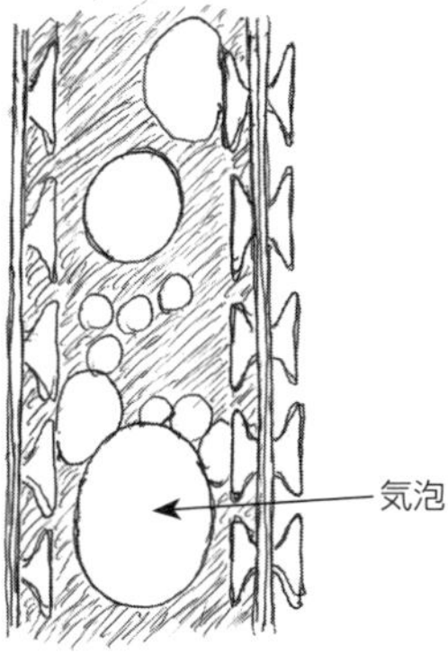

図2.32 厳冬期の導管液凍結による気泡の発生

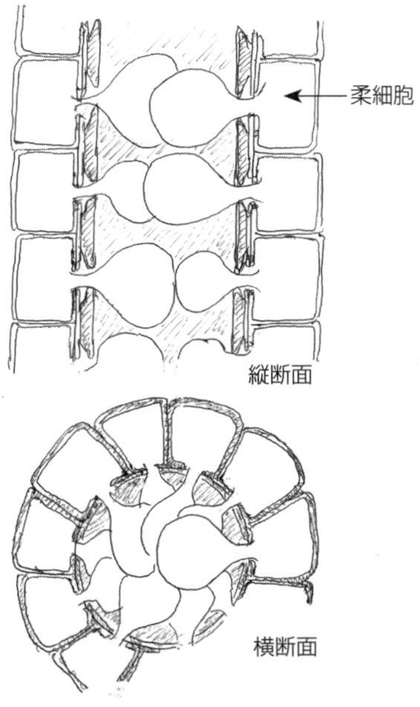

図2.33 直径の大きな導管におけるチロース現象

ラテックスの一種である天然ゴムは事業的にはパラゴムノキから採取される。昔はインドゴムノキからも採取された。イチジク，イヌビワ，シラキなどにも同様の物質が含まれる。

天然ゴムは化学式が（$(C_5H_8)_n$）で表され，トウダイグサ科の常緑高木パラゴムノキ（*Hevea brasiliensis*，アマゾン川流域原産）から採れる100% *cis*（シス）型のポリ-1,4-イソプレン構造である。

チクルはチューインガムの原料となる。アカテツ科の常緑高木サポジラ（*Manilkara zapota*，メキシコ原産）の樹皮から採取する白く粘り気のあるラテックスである。

ケシの未熟果から採取されるラテックスはアヘンとその誘導体の原料になる。アヘンはモルヒネなどのアルカロイドを含む。

グッタペルカgutta-percha（ガタパーチャ）も化学式が（$(C_5H_8)_n$）で表され，アカテツ科の常緑高木グッタペルカ（*Palaquium gutta*，マレーシア原産）の樹皮から採取される100% *trans*（トランス）型のポリ-1,4-イソプレンである。ゴムの一種であるが，*cis* 型と *trans* 型という構造上の違い（**図2.34**）により，天然ゴムには弾性があるが，グッタ

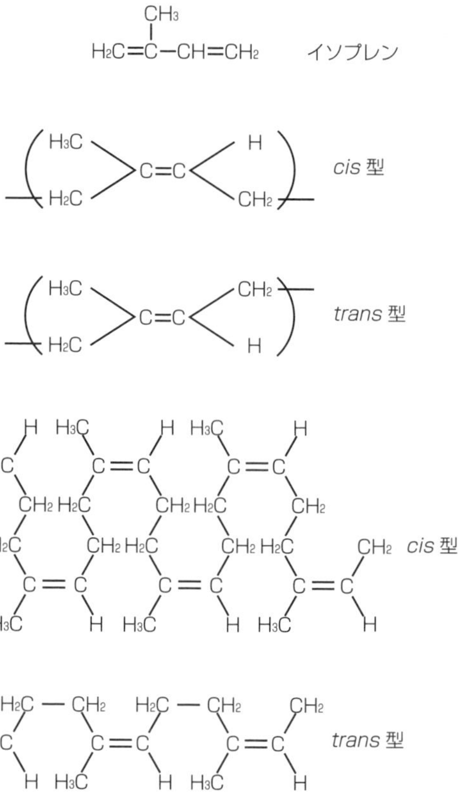

図2.34　ゴムの *cis* 型と *trans* 型

ペルカには弾性がない。以前は絶縁材として使われた。トチュウの葉脈にも同様の物質が存在する。グッタペルカは空気に触れるとただちに固まるので，液状ではなく糸状になり，粘つくことはない。

④鳥黐（とりもち）

靭皮の柔細胞に含まれるワックスすなわち蝋(ろう)物質である。乳管細胞からの乳液と異なり，樹皮を傷つけても流出しないが，木槌などで生皮を叩いて細胞を叩き潰すと粘々としたワックスがとれる。高級脂肪酸と高級アルコールがエステルと結合した化合物すなわちワックスエステル＝蝋である。

モチノキ科樹種の樹皮（モチノキ・クロガネモチ・ソヨゴ・セイヨウヒイラギなど）とヤマグルマの樹皮，ガマズミの樹皮，ナンキンハゼ・ヤドリギ・パラミツなどの果実の乳液，イチジク属の乳液，ツチトリモチの根などから採取できるが，実質的にはモチノキとヤマグルマに限られ，モチノキから採取されるものを“白もち”，ヤマグルマから採取されるものを“赤もち”という。昔はこれを竹竿の先に着けて小鳥やセミを捕えることが行われ，筆者もセミを捕まえた経験がある。

⑤樹脂

材に散在する樹脂細胞すなわち正常樹脂道を囲むエピセリウム細胞から分泌される。テルペン類とロジン（ロジン酸を主成分とする天然樹脂）が主成分である。傷や菌の侵入に対して木部や篩部に形成される傷害樹脂道からも分泌される。樹脂を生産する細胞はほとんどの針葉樹の葉・茎・若い樹皮・材といくつかの広葉樹の葉・樹皮に存在する。広葉樹でも稀(まれ)に材に樹脂細胞が形成されるものがある。

樹脂道はマツ科樹種に一般的に見られる。材に形成される正常樹脂道（健全材に存在する。モミ類を除くマツ科樹種）には軸方向の垂直樹脂道と放射方向の水平樹脂道がある。また，材が傷つくと傷害樹脂道が形成される（マツ科，セコイア，メタセコイア）。篩部にも正常樹脂道（マツ科樹種の新梢の樹皮）と傷害樹脂道（多くの針葉樹，サクラなどの広葉樹）がある。サクラの枝を剪

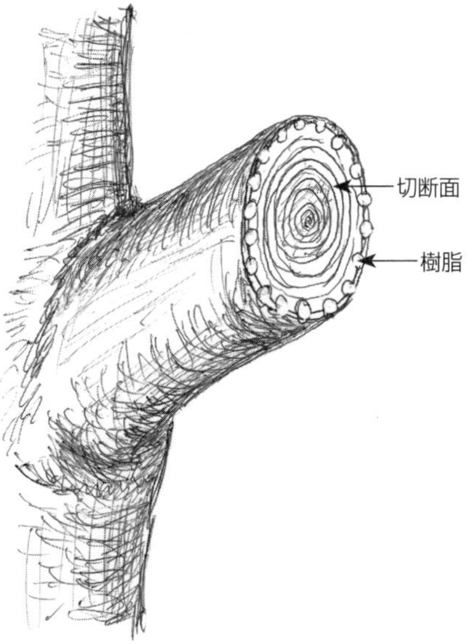

図2.35　サクラの枝の剪定傷から滲出する樹脂

定してから１週間ほどたって切り口を見ると，**図2.35**のように樹脂が滲出していることがある。

松脂は揮発性テルペン類とロジンが主成分の樹脂で，琥珀は松脂が化石化したものである。松根油はマツの根を乾溜して得られる液状テルペノイドである。

沈香（正式には沈水香木という）はジンコウ（ジンチョウゲ科 *Aquilaria* 属植物）の枝幹に，傷や病原菌の侵入などに対する防御反応として樹脂（セスキテルペンなど）が沈着したものと考えられている。ジンコウの材はとても軽いが，それは散孔材であるにもかかわらず導管径が極めて大きいことと，材繊維の密度が小さく細胞間隙が極めて多いためであるが，その細胞間隙に樹脂が沈着充填されると重い材になる。香木としての沈香は水に沈むほど黒い樹脂が材の細胞間隙や導管内に沈着したものとされている。しかし，防御反応の一種と考えられているが，どのようなメカニズムで樹脂沈着が起きるかは不明である。沈香の樹脂は常温では揮発しないのでほとんど香らないが，加熱すると芳香を発する。

⑥皮層組織における水の流れ

皮層組織は細胞が密でなく細胞間隙がかなり存在する。細根部分で水分が吸収されると皮層の細胞間隙内の水に負圧が生じ，それによって茎や太根の部分の皮層組織の細胞間隙中の酸素を十分に含んだ水が根の先端に移動する。根系先端の細根に溶存酸素を輸送して細根での呼吸を助ける働きがある。深い層の根や通気透水性の不良な土壌条件の根の皮層組織には細胞間隙が著しく発達し，より水が移動しやすくなっている。この皮層組織内の水の移動の原動力は細根部分での水分吸収力である。しかし，この水の流れは普通，樹液とは見なされていない。

ヤナギ類，アメリカ産のヌマミズキなどの湿地生樹種では幹下部から根端にかけて，樹皮の皮層部分に著しい細胞間隙が規則的に生じて“通気組織”が形成され，その細胞間隙に満たされた水には皮目からとり込まれた酸素が豊富に溶け込み，細根における木部液上昇が動力源となって根端に運ばれ，細根細胞の呼吸に必要な酸素を供給する。

⑦樹脂病

菌類や細菌の分泌するセルロース分解酵素（セルラーゼ）・ヘミセルロース分解酵素（ヘミセルラーゼ）などによる細胞壁の溶解と傷からの樹体外への漏出現象である。

病原菌の分泌するセルロース分解酵素（セルラーゼ）によって細胞壁のセルロースが溶かされ，樹皮の傷から流出し，空気にふれて硬化する病気である。モモ，ウメ，サクラ類の樹脂細菌病は果樹に大きな害を与える（**図2.36**）。ヒノキ類の漏脂病，樹脂胴枯れ病も同様の現象を示す病気であろう。傷が生じたことによる樹皮部分での傷害樹脂道形成も関係している場合が多いと思われるので，樹脂病なのか傷害樹脂道形

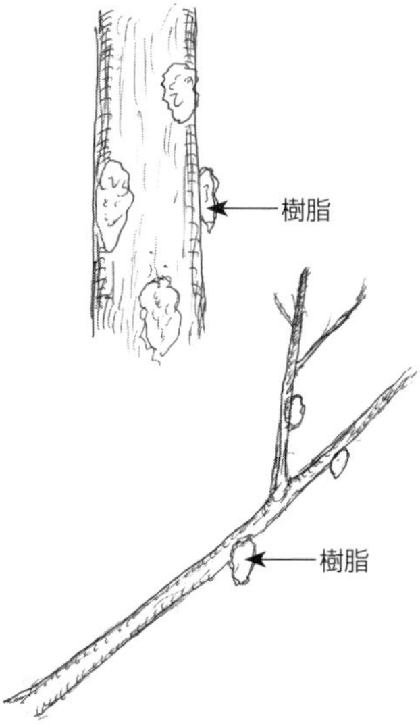

図2.36　サクラ，モモなどの樹脂細菌病

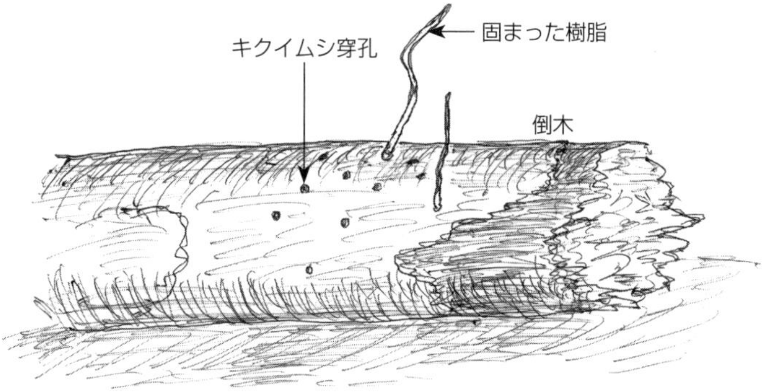

図2.37　枯れ木のキクイムシ穿孔から出ている固まった樹脂

成なのか判然としない場合がある。

枯れた樹木のキクイムシの穴から半透明の樹脂が細長く伸びて固まっている状態（**図2.37**）を見たことがあるが，この場合は明らかに微生物の分泌するセルロース分解酵素によるものであろう。

⑧水食い

材における水分の異常な過剰状態を水食いという。遺伝的なものと細菌類が原因のものとがあるといわれているが，原因が不明なものも多い。寒冷地では樹幹の凍裂の

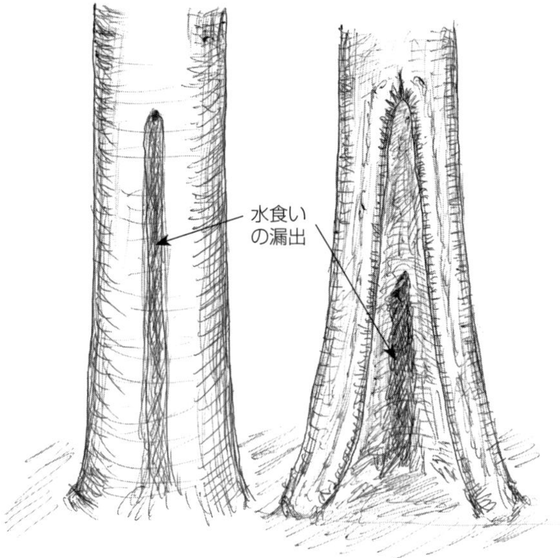

図2.38　樹幹からの着色された水の漏出

原因となると考えられている。細菌性のものは着色されていることが多い。

微生物が関与しないと考えられている水食いはトドマツなどのモミ類に多く見られるが，スギやいくつかの広葉樹でも観察されている。トドマツの水食いは心材に見られ，その部分では辺材よりも含水率が高くなっている。遺伝的な可能性もあるが，寒冷地における凍裂の原因になるとされている。

微生物が関与している水食いはほとんどの樹種で見られる。木部に微生物（多くの場合細菌類）が棲息し，細胞壁は破壊されないが細胞膜が破壊されると，細胞内の細胞液が滲み出し，その液にさらに多様な微生物が繁殖して黒色，褐色，赤色などに着色していることが多い。樹幹の穿孔虫等の傷から黒色や赤褐色の液が漏出しているときは微生物によるものと考えられる（**図2.38**）。

⑨浸透雨水の漏出

樹木にある傷や裂け目から雨水が侵入し漏れ出てくるもので，多くの場合，カビや細菌，原生動物，藻類などの微生物が含まれて橙色や黒色に着色されている。微生物の関与する水食いとの区別が難しい。おそらく多くの場合，両者が混じった状態で漏れてくるのであろう。

第3章 樹木の生育環境と管理に関する基礎

1 水分と根

現代，都市の樹木は極めて厳しい状況におかれている。都市の気温は近年，ヒートアイランド現象により急激に上昇して大気は乾燥化し，また建築物と路面舗装によって土壌への雨水の浸透が阻止され，側溝に流れた雨水はそのまま下水処理場へ流出している。その結果，土壌中への水の浸透が非常に少なくなり，乾いた状態になっている。

しかし，樹木は根から多量の水を吸収しなければならない。真夏の日中，水分吸収が十分にできないと，葉の表面温度を蒸散による蒸発熱によって下げることができないので光合成の最適温度である25～30℃を維持できず，40℃以上になって枯れてしまうことがある。さらに土壌中の水分（土壌水）は，普通，ほとんど真水状態で肥料成分は極めて少ないので，大量の水を吸収し，葉から蒸散することによって必要な成分を葉に集めている。ゆえに，水の吸収と蒸散が少なければ，光合成もできず十分な肥料成分を吸収することもできないことになる。

根が呼吸のために必要な酸素は土壌水中の溶存酸素であるが，土壌水の酸素は大気から供給される。すなわち，雨が降って下方に浸透することによって，土壌の中に新鮮な酸素がとり込まれるのである。その際，雨水は土壌中の二酸化炭素を溶かしながら移動する。したがって，土壌が固結しているところ，締め固められているところでは水が浸透せず，植物の根は呼吸できなくなる。舗装されているところも水は下方へ浸透せず，土壌の深いところは酸素不足になる。そのような場所では樹木の根は浅い層に集中する。特にアスファルト舗装されているところでは，舗装の下の土は締め固められているので，根は空気のあるコンクリート舗装，平板舗装などの下の砕石層の隙間や舗装と土の間を伸びていき（**図3.1**），舗装の薄いところでは舗装を持ち上げてしまう，その結果，歩行に支障をきたすようになり，舗装修復時に切られてしまうこ

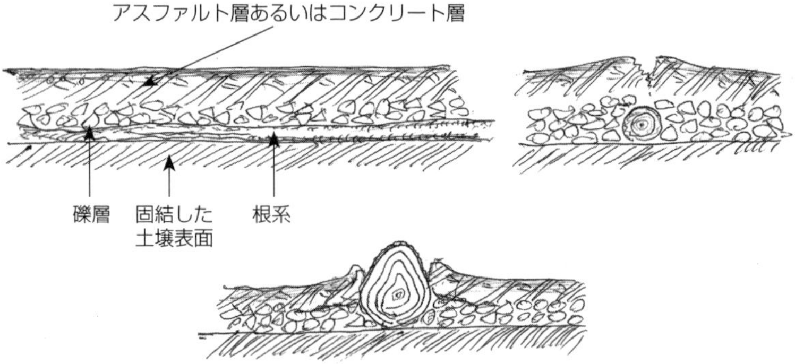

図3.1　舗装の下に伸びる根

とになる。

都市の温度は，ヒートアイランド現象によって郊外や田舎に比べ高くなっており，特に最低気温が著しく高くなっている。東京では日最低気温の月平均値が140年前と比べて5℃以上上昇している。温度が上がると飽和水蒸気量，すなわち大気中に含むことが可能な最大水蒸気量が多くなる（**図3.2**）。この図からわかるとおり，相対湿度が同じであっても気温の高い大気のほうが多くの水蒸気を含むことができるが，気温が高いということはそれだけ乾きやすいということを示している。スギは水分要求量が多く，谷間などの水分豊かなところでは樹高50 m以上にもなる樹種であるが，都市化の極度に進んだ東京23区内では20 mを超えるスギはほとんど見られない。舗装

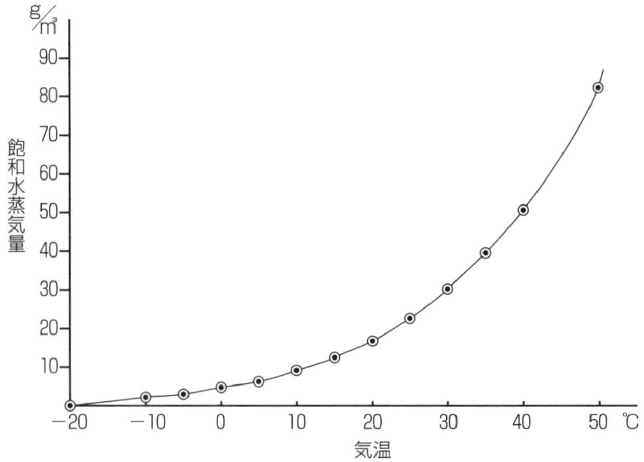

図3.2　気温と飽和水蒸気量の関係

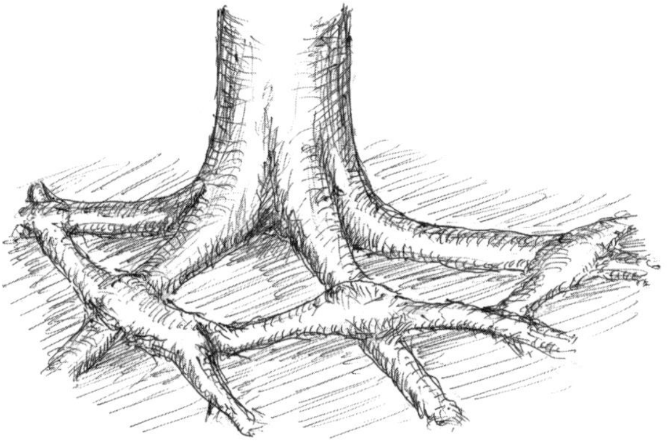

図3.3　固結土壌における根系癒合

や踏圧が水分浸透を阻害して土壌が乾燥していることも加わって，スギに限らず高木性樹木は全体的に樹高が低くなっている。昔は関東平野の火山灰台地上でも樹高30 m以上のスギは珍しくなかったが，現在は標高200 m以上の雲や霧の多い山地地域に行かなければほとんど見られなくなっている。都市では以上のような大気と土壌の乾燥化に加え，土の固結によって根系が深く潜れずに土壌表面に浮き上がり，草刈り機や踏圧で傷つきやすく，根系の癒合による腐朽（**図3.3**）も生じやすいという問題も生じている。

2 材質腐朽菌の種類と材の腐朽・空洞化

都市の高温乾燥化はキノコの種類にも影響を与えている。街路樹の枯死，倒伏，強風による幹折れなどの一因は腐朽である。木材を餌としている腐朽菌には多様な種類があるが，森林に比べて乾燥している都市では種類は少なくなっている。しかし，都市環境に適応した特定の菌は増えている。その代表はコフキタケ（コフキサルノコシカケ*Ganoderma applanatum*）とベッコウタケ（*Perenniporia fraxinea*）で，それ以外にマンネンタケ，カワラタケ，カワウソタケ，シイサルノコシカケなどが普通に見られる。コフキタケは幹の心材腐朽菌で，街路樹の幹折れ原因の主因になっており，もうひとつのベッコウタケは根株腐朽菌で，土壌中の枯れた根株などに潜み，傷ついた根から侵入して根株を腐らせ根返り倒伏を起こすことが多い。

現在，関東地方以西の都市で普通に見られるコフキタケ（**図3.4**）は，日本産ではなくオーストラリア原産の「オオミノコフキタケ」ではないかとの説がある。しかし，関東地方以西の都市域に分布するコフキタケが在来種か外来種かどうかの詳細な

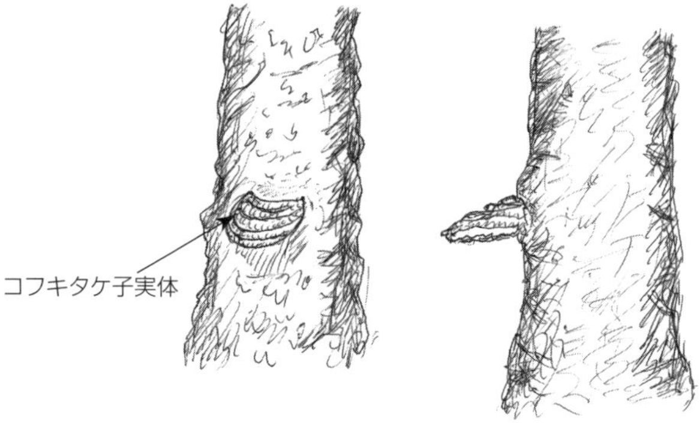

図3.4　公園木の幹に発生したコフキタケ

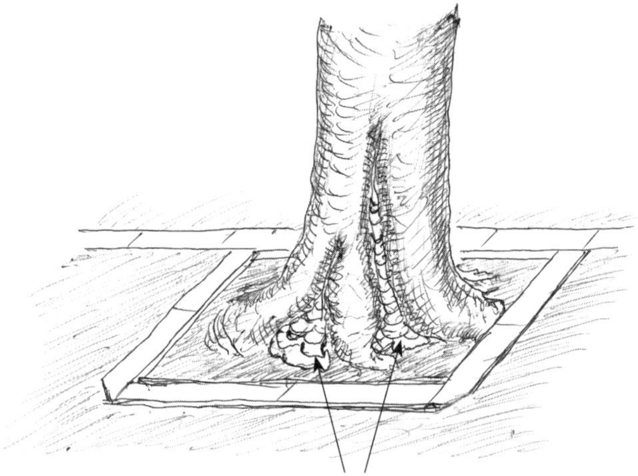

図3.5　街路樹の根元に発生したベッコウタケ

分類学的検証はまだなされていない。普通，日本の森林性のキノコは胞子が乾燥状態におかれると１週間ほどで発芽力がなくなってしまうが，都会のコフキタケの胞子は非常に長時間乾燥に耐えるといわれており，たまたま雨が降ると発芽して材の中に菌糸を伸ばしていく。乾燥化した都会では森林性のキノコは生活できないが，コフキタケは生活でき，結果として“コフキタケによる被害”が目立つことになる。

ベッコウタケ（**図3.5**）はもともと森林性のキノコで，ベッコウタケの本来の生活は腐朽した切り株や枯れた木の根株，土壌中の木片などに潜み，近くの木の根に傷ができると侵入する。街路樹は恒常的に強剪定されて樹勢が弱っており，しかも移植の

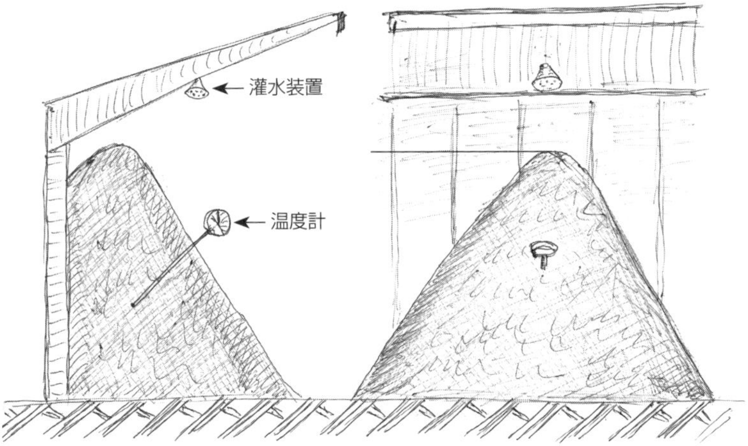

堆肥の山は２ｍ以上が望ましい

図3.6　良質な堆肥の製造法

際に根が切られ，さまざまな土木工事の際にも根が切られるので，その傷から腐朽菌が入りやすい。未熟なバーク堆肥や木質系堆肥の土壌改良材としての施用，剪定枝条チップのマルチング等がベッコウタケ・ナラタケモドキなどの根株腐朽菌を増殖させている可能性も考えられる。

普通，菌類の菌糸や胞子は60℃以上の温度に長時間曝すと死んでしまうので，良質の堆肥をつくるためには資材の堆積高さを高く（２m前後）して発酵熱を逃がさないようにするとともに，何度も切り返しをして堆積資材全体に60℃以上の温度を経験させる必要がある（**図3.6**）。しかし，切り返しが不十分だったり堆積期間が短かったりすると胞子や菌糸が生きた状態で残り，それが土壌改良材として使われると，菌糸が土中で増えて樹木の根の傷から侵入する可能性が考えられる。

3 腐朽菌・胴枯れ病菌と防御層形成

樹木が無傷であれば，腐朽菌や胴枯れ病菌は樹体の中に侵入できないが，樹木に大きな傷がつくとたちまち侵入してしまう。樹木は小さい苗のときから無数の枝葉を枯らし落下させながら成長していくが，それらの枯れ枝あるいは枝の脱落痕から腐朽菌が幹の組織に容易に侵入したのでは樹木は大きくなれない。腐朽菌が侵入しやすい大きな傷が生じると，樹木は腐朽の拡大を防ぐためにさまざまな場所で防御層を形成する。

例えば，枝が枯れる場合，第１線の防御層が枝の組織と幹の組織の境界部分に形成される。そして，枝が幹から分岐して成長する間に幹の組織は年々枝の組織をとり巻いていくが，その最も新しい部分に第２線の防御層が形成される。もし第１線の防御層が弱くて腐朽菌に突破されても，第２線の防御層が幹の組織への拡大を防ぐ（**図3.7**）。しかし第２線の防御層も，その枝よりも上の幹の活力によって形成，維持されており，上部の幹の活力が弱いと第２線の防御層も簡単に突破されてしまうことになる。

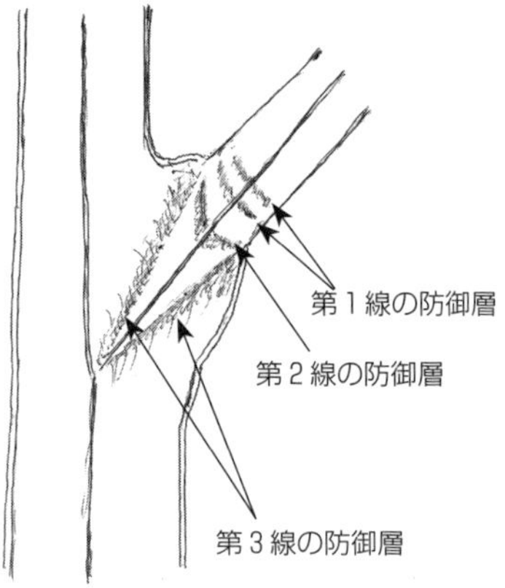

図3.7　枯れ枝に形成される防御層

樹皮は非常に強力な防御層であり防御機構の最前線であるが，幹の樹皮が剥がれてしまうとその防御機能がなくなってしまうので，傷から腐朽菌が侵入してくる。その後の拡大は次のように展開する。

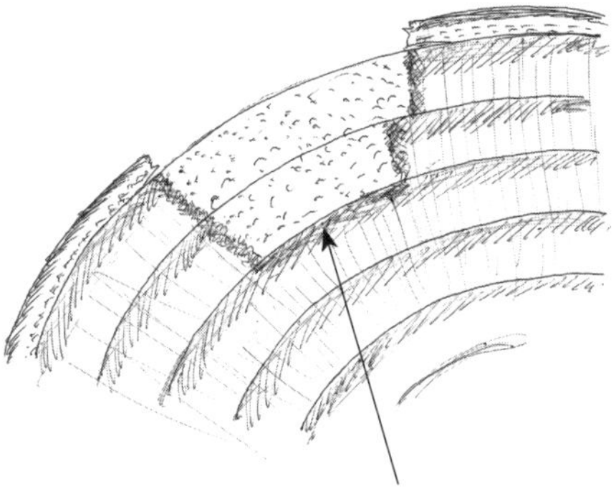

図3.8　年輪晩材中の柔細胞による防御層形成

樹木の木部は水を通す中空の仮導管や導管が軸方向に無数にあるため，樹体内に侵入した腐朽菌は，針葉樹では通導を主に担う早材の仮導管を，広葉樹では導管を，最初の段階ではほとんど何の抵抗も受けずに上下方向に拡大していく。しかし樹木は，そのような菌の感染拡大に対し，導管や仮導管を塞いで菌糸の拡大を止めようとする。まず，コルクの主成分であるスベリンを導管，仮導管の細胞壁に沈積させ，大径の導管をもつ広葉樹では大径導管内部の水がなくなって空気が入ってくるとチロース現象が生じ，さらにフェノール性物質の沈積が起きて閉塞し，通導は完全に停止する。枝が枯れるのは，枝と幹の境に水を通さない層が形成されて枝が萎れるからであるが，そこでは同様の導管閉塞現象が起きている。

傷から侵入した腐朽菌は幹の中心に向かって拡大しようとする。それに対しては，主に年輪の晩材部分の柔細胞が反応して防御層を形成する（**図3.8**）。

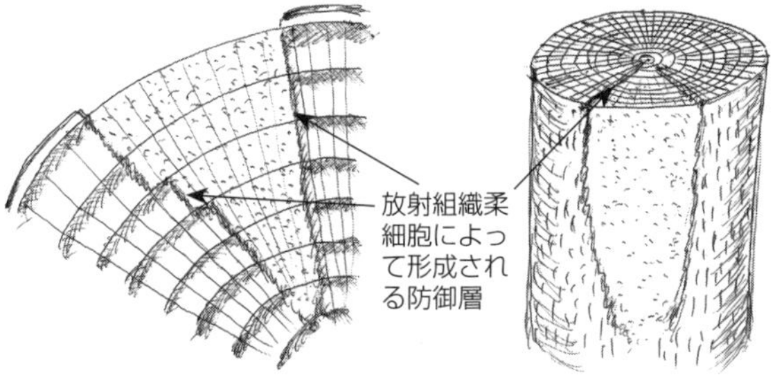

図3.9　放射組織柔細胞による防御層形成

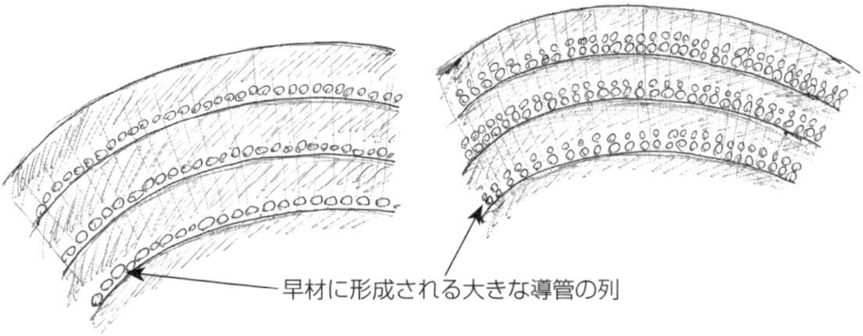

図3.10　環孔材の導管配列

腐朽菌は年輪に沿う方向，すなわち接線方向にも拡大しようとする。接戦方向への腐朽の拡大には放射組織の柔細胞が反応して防御層をつくり，腐朽を閉じ込めようとする（**図3.9**）。防御層が強力であれば腐朽菌は閉じ込められてしまい，防御層の内側の材を食い尽くしてしまうと腐朽菌は餌がなくなって衰退し，その後に侵入してきた雑菌に攻撃されて消滅してしまう。

樹木の水分通導機能の大部分はいちばん外側（最も新しい）の年輪で行われている。ケヤキ，コナラ，ニセアカシア，トネリコ類，ハリギリなどの環孔材樹種（**図3.10**）は最も新しい年輪でほぼ100%の水を上昇させており，2年前3年前の年輪はほとんど水を通していない。シラカシ・サクラなどの樹種は数年分の年輪を利用して水を上昇させているが，90%以上の水は最も新しい年輪を通っている。ゆえに，樹木は大きく傷ついたときに，傷ついた時点より後にできる年輪の通導を維持し，そこに腐朽菌が入らないように防御層を形成する。その方法は，傷ついた時点で形成層が反応し，傷ついた後の最初の細胞分裂で抗菌性物質をたくさん生産して高い防御力を発揮する細胞を材側につくり，それらの細胞が傷ついた時点に形成層の存在していた場所にフェノール性物質等を沈積させて最も強力な防御層を形成するのである（**図3.11**）。軸方向の導管と仮導管の閉塞，放射方向の年輪晩材柔細胞の防御反応，放射

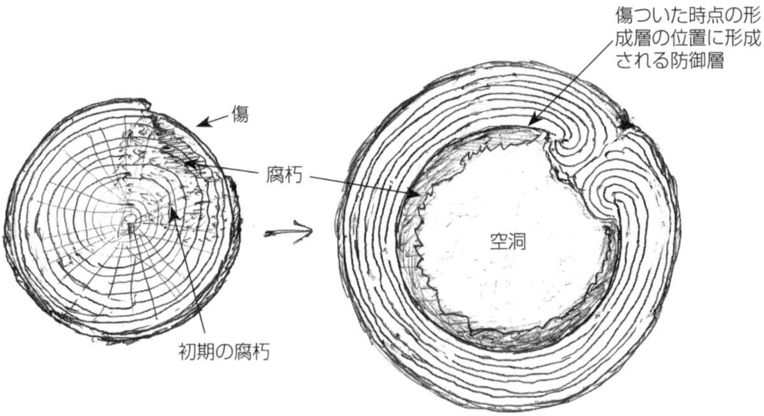

図3.11　傷ついた時点の維管束形成層による防御層形成

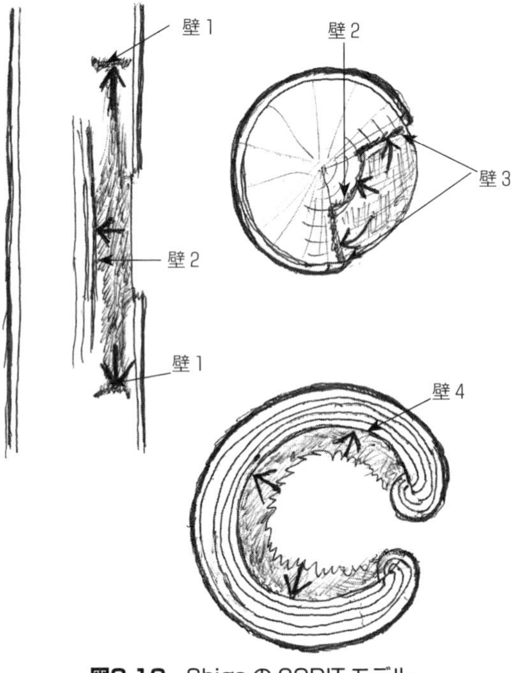

図3.12　Shigo の CODIT モデル

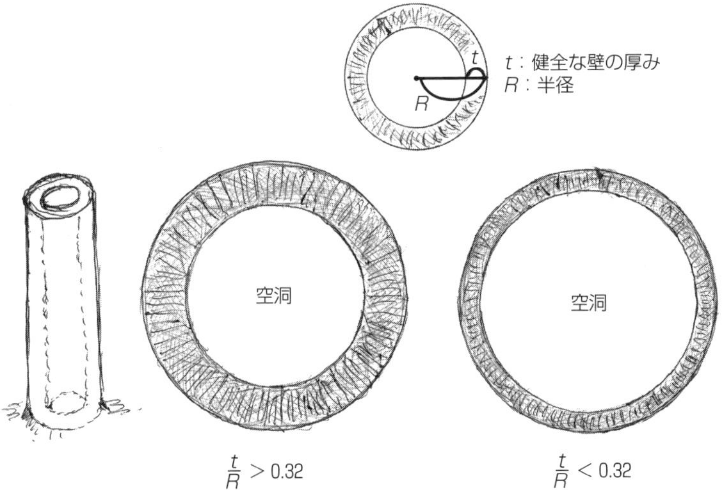

図3.13　空洞樹木のパイプの強さ

組織柔細胞の防御反応の3つは傷の周辺における柔細胞壊死と腐朽菌拡大に対する直接的反応であり局部的であるが，傷ついた時点の形成層の位置での防御層形成は全身的であり，幹折れのような大きな傷の場合は樹木のほぼ全体につくられる。Alex L. Shigo はこの4つの防御反応のイメージを，区画化モデルを用いて**図3.12**のように説明し，Compartmentarization of Decay in Trees（樹木における腐朽部の区画化。略称 CODIT（コディット））と名付けている。

しかし，導管閉塞，年輪晩材，放射組織の防御層は完璧ではなく，強風などによって材に割れが生じたりすると，10年20年30年と時間が経つにつれて腐朽菌糸に突破され，傷ついた時点の形成層の内側の材は，いずれはほとんど食べ尽くされてしまう。しかし，これらの防御層は時間稼ぎをしており，壁4の内側が完全に食べ尽くされるまでの間に新しい年輪を重ねることができる。傷ついた時点の形成層の位置より内側が完全に空洞化してパイプ状になっても，パイプの壁が厚ければ立ちつづけることができる（**図3.13**）。

腐朽菌が防御層に囲まれた部分の材を食べると材はぼろぼろになる。ぼろぼろになった部分は雑菌が侵入しやすくなり，そのなかには腐朽菌を攻撃する菌もいる。そしていずれは腐朽菌は消滅する。実際，ぼろぼろになった材には最初の腐朽菌はすでにいないことがある。また，アリが腐朽材に巣をつくると空洞化の速度は促進される。しかし，アリは健全材に穴をあけることはなく，腐朽材中の菌糸を食べるので，腐朽部の空洞化は促進されるが，腐朽の進行はかえって遅くなることが多い。

第4章 樹勢回復のための土壌改良

1 土壌改良法

新たに植栽する開発造成地などにつくられた緑地への良質土壌の客入（客土）は，良質土の存在する場所，すなわち農地や林地を破壊することにつながり，環境緑化のために他の場所を破壊するのは矛盾した行為である。また客土を行うとき，“技術”は不要である。環境緑化技術者を自認するのであれば，科学的に分析して技術的に工夫を凝らして“土壌への還元可能な有機性廃棄物”である堆肥等を利用しながら不良な土壌を植栽できる環境にすることが求められるであろう。良質土を客土した植栽地と，客土せずに堆肥等を使って現場の土を改良した植栽地の樹木の成長を比較すると，ほとんどの場合，良質土を客土したほうが，堆肥等を利用した改良地よりも初期成長は優れている。しかし，だからといって「客土のほうが優れている」と軽々しく決めつけてはならない。緑化の効果は見かけの成長だけではなく，有機性廃棄物を土壌に還元する環境保全的効果，既存の緑地の保全の効果などを総合的に評価するべきであろう。

また土壌改良をする際も，自然を破壊しエネルギーを多量に消費した資材は，できれば使わないほうがよい。化学合成品の土壌改良資材の中には優れた土壌改良効果を発揮するものがあるが，本来，自然界にない物質を土壌中に投入することに対しては慎重になるべきであろう。しかし，たとえ自然素材であっても，品質が悪ければ成長を阻害したり根系の病気の発生原因となったりする可能性があるので厳重な注意が必要である。

土壌に瓦礫が多く含まれていて固結し，通気透水性が不良であると，普通，根系は全体に極めて浅くなって表層に集中し，肥大成長とともに地表に露出するようになる（**図4.1**）。しかし，土壌を耕耘したり入れ替えたりすると，すでに樹木がある場合は根系を著しく傷めることになる。実際，筆者は根元近くでの土壌改良のための耕耘によって枯れてしまった都道府県指定天然記念物を知っている。土壌の入れ替えではな

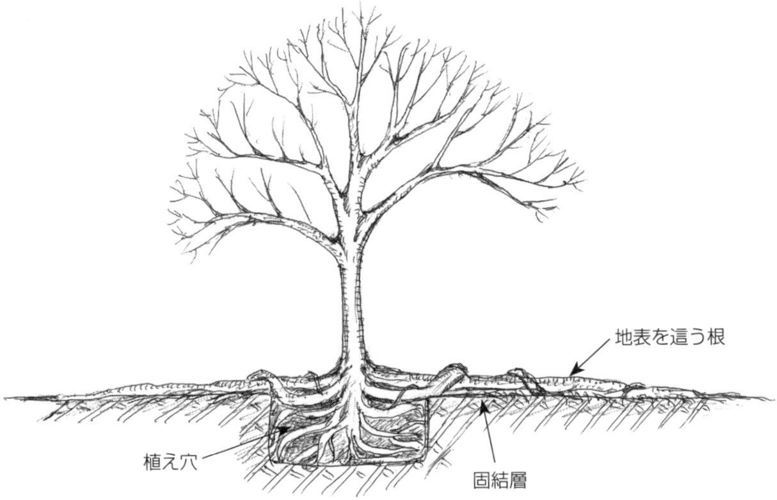

図4.1　固結した土壌に伸びる根系

く，既存の根系を傷めずに土壌の通気透水性の改善を果たすには，地表から下層に雨水が浸透し，大気が土中に引き込まれて，土壌水に酸素が十分に含まれるようにするための縦穴をあければよい。その方法として，次のような技法がある。

1）通気透水性の改善

（1）割竹挿入縦穴式土壌改良法

縦穴は複式ショベル（ダブルスコップ）やハンドオーガーボーリング，アースオーガーなどを使って，直径15～20 cmの穴をあける。挿入する竹は一度半割にして中の節を鉈の背等で叩いてとり除いてから再結束する。縦穴の深さは，排水不良の原因となっている不透水層を突き抜くまでとするのが理想であるが，それが困難な場合は可能な限り深く掘るのがよい（**図4.2**）。土壌水分が多く湿った状態のときは，堆肥が嫌気的発酵をして，かえって根腐れの原因となることがあるので，堆

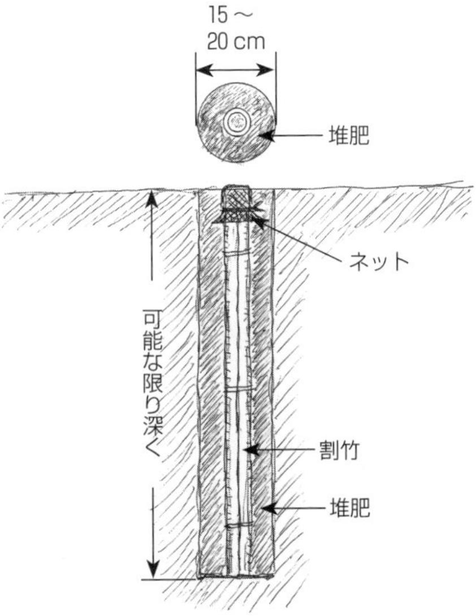

図4.2　割竹挿入縦穴式土壌改良法

肥の施用を控えて割竹挿入のみとするのがよい。また，土壌伝染性の病害（白紋羽病，べっこうたけ病，ならたけ病など）が懸念されるときも堆肥の施用は避けたほうがよい。このような狭く深い縦穴は，既存の根系を傷めることが少ないので安全な土壌改良法である。ただし，1か所あたりの土壌改良効果は小さいので，太い根がなさそうな場所を選びながら根系分布域全体とさらにその外側に設置するのがよい。また効果もあまり長続きしないので，数年おきに場所を変えながら実施するのがよい。この方法で深い層まで誘導された根系は乾燥害に対する抵抗性が高くなる。

（2）水圧穿孔法

コンプレッサーで圧力を高めた水を土壌灌注機等で土壌に注入し，その水圧で土中に直径の小さな穴を深くまであける方法である（**図4.3**）。この方法は根系を切断する可能性が小さく，最も安全な方法であるが，1か所あたりの土壌改良効果は極めて小さいので，根系分布域全体に可能な限り多くの地点に実施する必要がある。水の代わりに薄い液肥を使ってもよい。水圧穿孔法はコンプレッサーの能力をあまり高くしなくても（25～35 kg/cm^2 程度）細いノズルで簡単に深い穴をあけることができるが，やや大型のコンプレッサーを使って太いノズルと強い水圧（50～200 kg/cm^2 程度）で直径10 cm程度の穴をあける方法（**図4.4**）もあり，この方法であれば，土壌に少々の砂利が混じっていても穿孔可能である。また，ノズル先端を水平噴射に変えて同じ孔に入れて孔を広げ，そこに割竹を挿入するという，割竹挿入法との組み合わせも可能である（**図4.5**）。

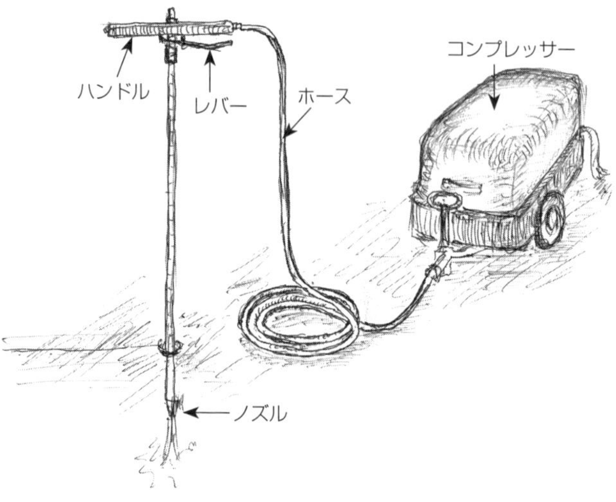

図4.3　水圧穿孔法

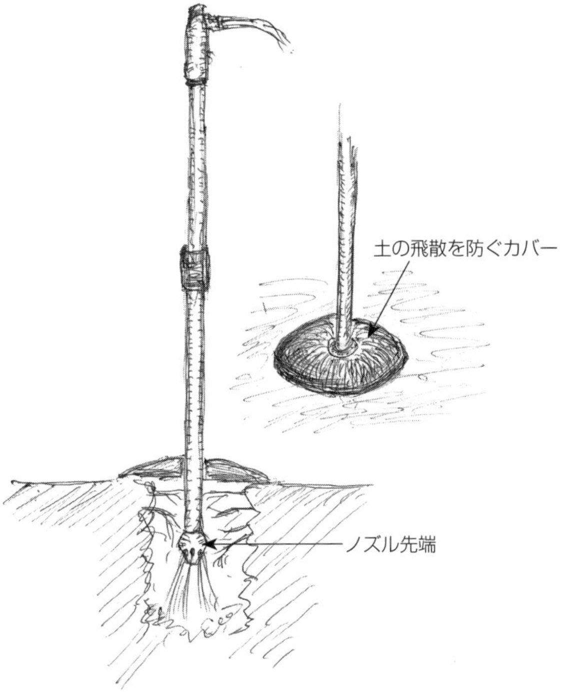

図4.4　やや強い水圧による縦穴掘削

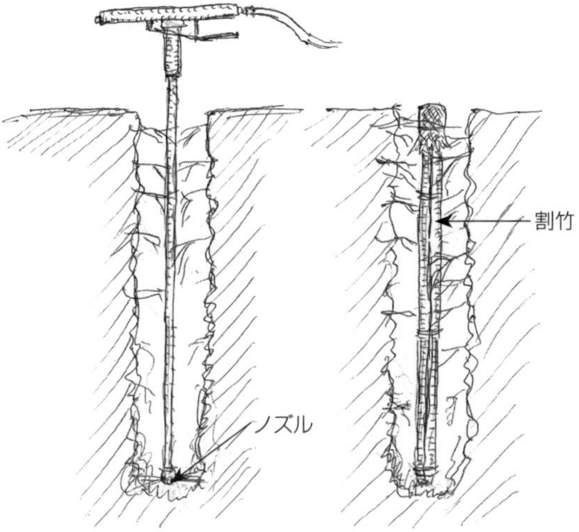

図4.5　水圧穿孔法と割竹挿入法の組み合わせ

(3) 圧搾空気穿孔法

エアスコップと大型コンプレッサーを使って土壌を吹き飛ばしたり膨軟にしたり，深い孔をあけたりする(**図4.6**)。根系をあまり傷めずに現地土壌を改良する方法としても有効であるが，空気圧が強いために細根は切断される可能性が高い。エアスコップを使って土壌を膨軟にしてから十分に水を灌注し，泥水状態にしてからジェクターで吸引し，根系を露出させて堆肥などを混入した改良土を詰める方法もある。

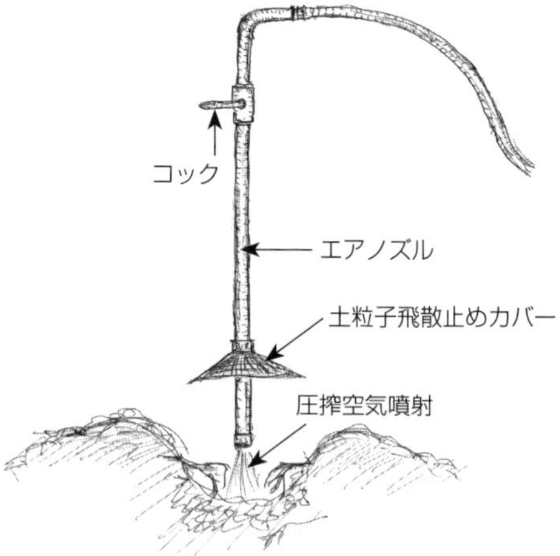

図4.6 圧搾空気穿孔法

2) 施肥

植栽後の樹勢回復を図るために施肥は有効であるが，濃度の高い施肥は傷んだ根に障害を起こす可能性が高いので，ごく薄い液肥か遅効性肥料を施用する必要がある。土壌水中に含まれる肥料成分が細根細胞の浸透圧以上に高い濃度になると，細胞の水が土壌のほうに引張られ，細根は脱水状態になって壊死してしまう。これが“肥料焼け”である。樹勢が低下した木の根や傷ついた根は細胞内の糖濃度が低く，浸透圧が低い状態になっているため，普通の肥料濃度では肥料焼けを起こしてしまう可能性が高い。ごく低濃度の液肥あるいは遅効性肥料であれば，弱った根でも肥料焼けを起こさないで肥料成分を吸収できる。具体的には，例えば液肥の場合，通常の使用濃度よりも5～10倍に希釈して水の代わりに灌水として施用すると，細根を傷めずに肥料を吸収させることができる。ただし，ならたけ病，べっこうたけ病，白紋羽病のような土壌伝染性の病気に罹っている樹木に施肥をすると，病原菌のほうが活力を増してしまうことがあるので注意が必要であるとShigoは指摘している。

3) 灌水

乾燥した土壌では根系は広くあるいは深くなる傾向があり，湿潤な土壌では狭く浅くなる傾向があるが，根の深さには土壌硬度も大きく関係する。また，灌水方法の仕方によって根系の発達状態はまったく異なってくる。例えば，毎日少量の水を土壌表面に散布すると，養水分吸収機能をもつ細根の分布が全体的に浅くなり，乾燥害に弱い体質となってしまう(**図4.7**)。梅雨や秋霖が終わって盛夏期や木枯らしが吹く季節

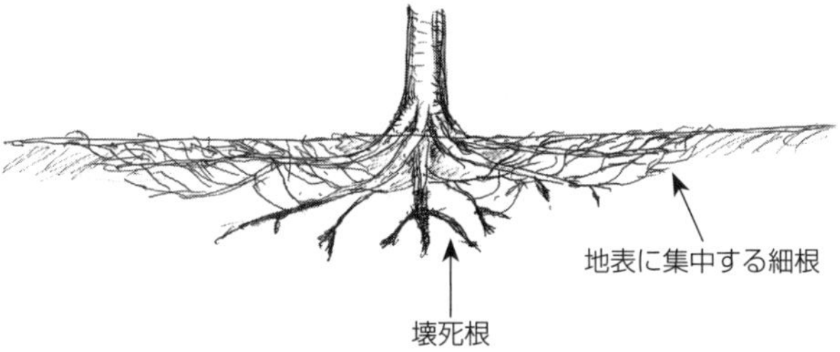

図4.7　灌水で連日表面散布した場合の細根分布

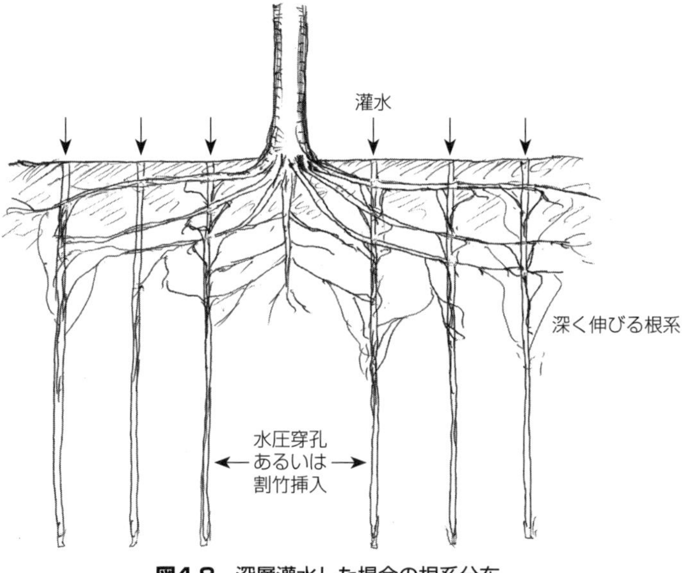

図4.8　深層灌水した場合の根系分布

になると，春に植栽した樹木や樹勢が衰退した樹木の枯損が目立つようになる。これは雨の多い季節に土壌孔隙がほぼ水で満たされ，土壌空気が極めて少なく，深い層の根系は細根が窒息死し，空気のある表層に細根が集中する状態で急に乾燥期を迎え，根系が水分を吸収できないために枯死してしまう現象である。このような現象の発生を避けるためには，通気透水性を改善して深い層にも新鮮な空気が十分に届くようにするとともに，乾期の灌水も毎日少量ずつ施与するのではなく，十分に時間を空けて，土壌が乾いてから大量に施与するという方法を採用することが肝要である。

灌水する場合は水が深い層まで達するように，割竹などの縦穴を通じて大量の水を深くまで達するように施与し，次の灌水は土壌が十分に乾いてから行うと，根系は土

壌が表面から順に乾いて行く間に水を求めて深い層に伸びていき，乾燥害にも過湿害にも強い体質となる（**図4.8**）

4）剪定枝条チップのマルチング

近年，資源のリサイクルを図るとともに土壌表面からの蒸散抑制や雑草防除を図るために，街路樹や公園木の剪定枝条をチップ化して公園緑地の土壌に敷きならすことが普通に行われている（**図4.9**）。この方法はほとんど廃棄物として焼却処理されている木質有機物を有効に利用するという意味では意義があり，また樹木の生育の面からもおおむね有効であるが，反面，いくつかの問題，しかも重大な問題点が存在し，現実にそれらが原因で樹木に障害の発生しているところも多い。

（1）植物性有機物の炭素－窒素比と分解速度

樹木の材の細胞壁の主成分はセルロース，ヘミセルロース，リグニンの3つである。ほかに各種の多糖類や蛋白質・アミノ酸などがごく少量含まれるが，この3種がほとんどを占めており，その比率はおおむねセルロースが45～50%，ヘミセルロースとリグニンが各25～30%で，セルロースが最も多い。

セルロースは自然界で最も多い有機物と考えられているが，その化学式は$(C_6H_{10}O_5)_n$，nの値が10,000以上にもなる巨大分子であり，ブドウ糖が水素原子を2つ，酸素原子を1つ失いながら重合した連鎖状構造をしている。セルロース中の炭素の重量比を計算すると44.4%である。ヘミセルロースは数種の多糖で構成されている複雑な化合物であるが，炭素重量比はセルロースとそう変わらない。リグニンは*p*-クマリルアルコール，コニフェニルアルコール，シナピルアルコールの3種のアルコールを主成分とする極めて複雑な化合物であるが，その炭素重量比はおおむね66～67%である。植物体にはほかにも蛋白質やアミノ酸，脂肪酸が含まれているが，植物由来の有機物の乾燥重量に対する炭素の含有率は，以上のようなことを考慮する

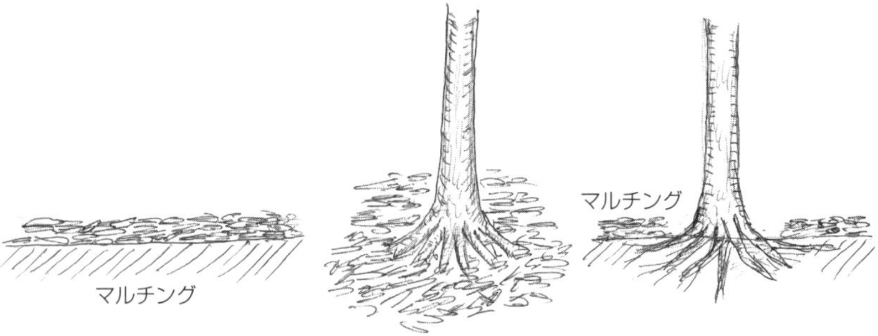

図4.9　剪定枝条チップのマルチング

と平均して50%程度と計算されており，この値は植物の種類が変わっても，あるいは部位が変わっても大きな差はない。ところが，植物性有機物中の窒素含有率は植物の種類や部位によって著しく異なり，炭素に対して数分の1という高いものから1/1,000以下までと極めて幅が広い。その結果，植物体の炭素－窒素比（C/N重量比）は著しく変化する（**表4.1**）。この表からわかるように，木片やコルク化した樹皮などの木質有機物中には窒素がほとんど含まれてなく，C/Nの値が極めて高い。有機物を分解しようとする微生物は絶えず増殖しながら有機物を分解していくが，微生物の体のC/Nは5～13（細菌・放線菌類が5程度，糸状菌の担子菌類や子囊菌類が9程度，他の糸状菌が13程度といわれている），平均して8～10程度なので，増殖する際に多量の窒素を消費する。ゆえに窒素が多く含まれている有機物は比較的短時間で分解されるが，窒素含有率の極めて低い有機物を分解するときには窒素が不足しているために増殖が十分にできず，分解速度は非常に遅くなってしまう。針葉樹の木材や外樹皮（コルク）のような窒素含有率が0に近い木質有機物を土壌に埋めると，完全に分解されるまでには何年もかかってしまうのが普通である。

表4.1　各種植物の炭素－窒素比

有機物資材名	炭素－窒素比(C/N)
大豆の葉	20前後
野菜乾燥屑	40～45
ピートモス	50～55
稲藁	65～70
広葉樹落葉	50～120
小麦藁	110前後
ミズナラ樹皮	320前後
おが屑（くず）（平均）	340前後
ダグラスモミ樹皮	490前後
ダグラスモミおが屑	1,000前後
オニヒバ樹皮	1,300前後

剪定枝条は切断される直前まで生きていた枝葉や若い樹皮を大量に含むので，コルク化した樹皮やほとんどの細胞が死細胞で構成されている太い幹の木片と異なり，窒素・リン酸などが回収されていないので，C/Nの値は平均して70程度であり，土壌中での分解速度は針葉樹樹皮や鋸屑に比べるとかなり速い。しかし，部位により分解速度が大きく異なるので，マルチング後時間が経って全体的には分解が進んだように見えても，未熟な部分（主に材の部分）が多く存在することがある。

（2）剪定枝条チップのマルチングの利点

剪定枝条チップを緑地土壌の表面にマルチングすることが樹木の成長に与える利点として，次のようなことが考えられる。

- 地表からの水分蒸発を抑制して土壌の乾燥化を防ぐ。
- 踏圧に起因する土壌表層の固結化を抑制し，また根系が傷つくのを防ぐ。一方では人が歩くときのクッション材にもなり，コンクリート舗装，アスファルト舗装などの硬い舗装面を歩くときよりも疲れにくくする。

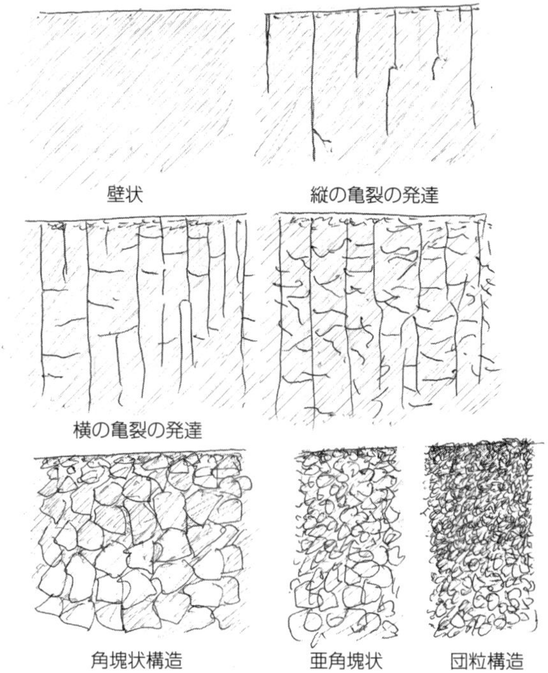

図4.10　土壌の団粒構造化

- 土壌微生物によって徐々に分解される過程で有機態の窒素やミネラルが無機化されて供給される。
- 雑草繁茂を抑制し，苗木が被圧されたり水分の競合が生じたりするのを防ぐ。
- 黒色化した腐植のもつ可視光線・赤外線の吸収，長時間の輻射熱発生の機能により，晩秋から早春にかけての土壌温度（地温）を裸地状態よりもいくらか高めに維持し，早春の根系活動を促進する。
- 雨滴や林冠雨（樹冠雨）の衝撃を吸収するとともに，雨水を土壌中に浸透させて表面流去水の発生を防ぎ，土壌の表面浸食を防ぐ。
- 土壌動物の棲息場所および餌となって動物の活動を活発にして土壌孔隙を増やし，さらに土壌粒子どうしを結びつける“糊付け”効果によって土壌の団粒構造化（**図4.10**）を促進させて土壌の通気透水性を大きくする。

以上のように，単なる資源の有効利用に限らず，樹木の成長面でも積極的な利点が数多く認められるため，全国各地の自治体が管理する公園緑地などでは土壌表面に剪定枝条チップをマルチングすることが盛んに行われている。

（3）本法の抱える問題点

しかし，これらの木質有機物を多量に土壌表面に被覆したり土壌中に混入したりするとさまざまな障害が発生する可能性がある。想定される障害は主に土壌病害虫の発生と窒素飢餓現象であるが，地形や土壌の状態によっては酸素欠乏による根腐れやフェノール性物質による根系発達の阻害という可能性もある。

①土壌伝染性病害，土壌害虫の発生原因となる可能性

前述のように，木片の主成分はセルロース，ヘミセルロース，リグニンであるが，コルク化した外樹皮の場合はさらにスベリンが加わる。これらはいずれも分解しにくい物質で，特にリグニンとセルロースが分解されるには腐朽菌（ほとんどが担子菌類で，ごく一部に子囊菌類がある）の働きを必要とする。そのため土壌中に木質有機物が大量に存在すると多様な種類の腐朽菌菌糸が土壌に蔓延するが，その一部は樹木の根系に重大な病害を起こすことがある。例えば担子菌類のナラタケ類，ベッコウタケ，紫紋羽病菌や子囊菌類の白紋羽病菌などの多犯性土壌伝染性病原菌の菌糸は，普段は埋没している木質有機物中に潜み腐生性の生活をしているが，樹木の根に傷等が生じたときなどに根系組織に侵入し，内樹皮や辺材の柔細胞を破壊しながら拡大して徐々に衰退させ，最後には樹木を枯らしてしまう。

白紋羽病（**図4.11**）は根系表面が灰色の菌糸に覆われ，感染してから数年以内に樹木が枯れてしまうほど強烈な病気である。近年，関東地方のナシ園などでは白紋羽病

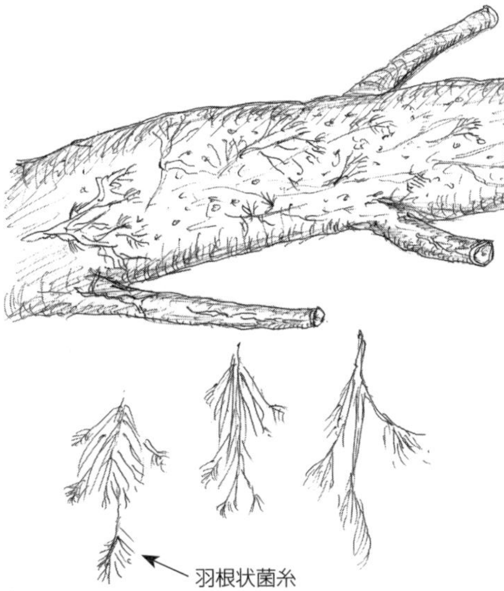

図4.11　白紋羽病菌の特徴である羽根状の菌糸束

図4.12　剪定枝条チップのマルチング上に大発生したナラタケモドキ子実体

が多発し，農家は防除にとても苦労している状況である。

都会の剪定枝条チップを敷きならした公園などでは，一時期，ナラタケモドキの子実体がお花畑のように大量に発生し（**図4.12**）樹木が枯損する現象が多発していた。最盛期ほどではないが，現在もナラタケモドキ子実体が樹木の根元に発生しているのがしばしば見られる。ナラタケモドキは本来森林で生活する菌類であるが，高度成長期に盛んに行われた宅地開発・工場団地開発などに伴う公園緑地の造成段階で，土壌改良材として未熟なバーク堆肥や木質堆肥が多量に使われだしてから都会でも時折見られるようになり，剪定枝条チップが公園緑地土壌の表面に敷かれるようになってからはごく普通に発生するようになった。

ベッコウタケは都会の樹木の倒伏原因となる根株腐朽菌であるが，移植された緑化樹木のように根系が切断されて根に大きな傷がある状態で，土壌改良材として未熟な木質系有機物を植え穴に客入した場合，特に感染しやすいようである。堆肥は根系の発達を促進するが，一方ではベッコウタケによる根株腐朽が進行した場合は樹体保持力が急激に小さくなり，強風時等に倒伏する危険性も高くなる。大きな公園木や街路樹が，ベッコウタケによる根株腐朽が原因で根返り倒伏して自動車を押し潰した例がいくつかある。

木質有機物のマルチングがコガネムシ幼虫等の“根切り虫”を大発生させた例はいくつか報告されており，筆者も若い頃，緑化樹木のポット栽培試験の培養土に木質系堆肥を混入してマメコガネ幼虫が発生し，供試苗木が大量に枯死したという苦い経験をしている。被害は大きな樹木ではあまり問題にならないが，苗木の場合は枯れることも多い。

②窒素飢餓現象

窒素飢餓現象とは，有機物を分解する微生物が増殖する際に窒素を多量に消費し，植物体が窒素を吸収できなくなる現象である。前述のように，土壌中の有機物を分解する微生物のC/N値は5～13，平均8～10程度とされているが，分解しようとする有機物に十分に窒素が含まれていない場合，有機物分解微生物は土壌中の可給態窒素を消費しながら増殖する。その結果，植物は窒素を吸収できなくなってしまう。これが窒素飢餓現象である。窒素飢餓現象は針葉樹の木片や樹皮のようにC/Nの値が極めて大きい場合，分解微生物の増殖速度も極めて遅くなるので急激な窒素飢餓現象は生じにくい。しかし，慢性的な窒素飢餓現象が長期間続くことになる。落葉（C/N＝50～120）や剪定枝条のようなC/N値のやや大きい有機物を土壌にマルチングや混入をしたときは分解微生物の増殖が速く，しかも有機物中の窒素は不足しているので，土壌中の窒素が急速に微生物に吸収されて急激な窒素飢餓現象が発生しやすい。

③生育阻害物質の滲出

木質有機物マルチングの雑草発生阻害作用はフェノール系物質によるものと考えられる。フェノール酸はアレロパシーの原因物質のひとつと考えられており，雑草の発芽や根系発達を抑制する効果がある。このフェノール系物質が高濃度になった場合，植栽木の根系にも悪影響を与えることが考えられる。例えば，チップを敷き詰めた場所にわずかな窪地があると，その部分が過度に湿っていて黒ずんだ水が溜まっているのが見られるが，この水にはタンニンなどの水溶性ポリフェノールが溶け込んでおり，草本や苗木はほとんど生育できない。このような場所を掘って根系を調べると，壊死していたり活力が下がったりしている状態が観察される。

④過湿害の誘発

土壌が固結して通気透水性が不良の状態を改善せずに有機物をマルチングしたり土壌に混入したりすると，かえって過湿状態になり，また有機物を分解する微生物がわずかしかない土壌空気中の酸素をすべて消費してしまい，根系が酸欠で壊死する現象もしばしば観察されている。排水不良の条件下での堆肥の施用が樹木を衰退させた事例を筆者も数多く観察している。

⑤乾燥害の誘発

利点のひとつと矛盾するようであるが，尾根筋，南向き斜面など乾燥しやすい場所に木質有機物を厚くマルチングすると，マルチング部分に担子菌類の菌糸網の厚い層が形成され，有機物中の水分を菌糸が吸収してしまうためマルチ層は極度に乾燥してしまう。樹皮のように蝋物質を多量に含んだ有機物は，極度に乾燥すると撥水性を発揮して雨水の下層への浸透を妨げ，乾燥害を助長することがある。また，マルチ層に細根が多くなり，夏の乾季にはかえって乾燥害に弱い状態となることもある。

⑥重金属等の汚染物質と廃棄物の混入

剪定枝条には，路面等での収集時や運搬段階やストック段階で，ガラス・金属・プラスチックなどの大型廃棄物が混入する可能性があり，しばしばチッパー故障の原因となっており，また微細なガラス片は除去が難しく，ガラス片の混入したチップを公園等にマルチングすると，そこで遊ぶ児童の怪我(けが)の原因となることがある。さらに，剪定枝条のとり扱い方や採取場所によっては重金属や油が混入している可能性もある。水銀，カドミウムなどの重金属類は著しい健康障害を人に与えることがあるので，処理そのものに重大な支障が生じることがある。

（4）対策の検討

以上のような諸障害の発生を防ぐには，重金属類や放射性物質，微細なガラス片等の問題以外であれば，剪定枝条チップを堆肥化して使用するのが最善である。また重金属が含まれている場合も，その量が微量の場合は適切な堆肥化によって高い陽イオン交換容量（CEC）をもつ資材とし，重金属類が容易には土壌水中に溶出しないようにすることも可能である。

木質有機物を良質の堆肥とするには，有機物を高さ2m以上に堆積して（前掲 **図3.6**）内部の発酵温度が60℃以上80℃程度までの高温を保つようにし，適度な灌水によって堆積有機物が乾燥しすぎないようにするとともに，切り返しを1か月に1回以上の頻度で行って酸素を供給して好気的発酵を持続させ，堆積有機物全体が80℃前後の高温を2，3回以上経験させ，しかも木質の硬い芯がいくらか崩れるようになるまで十分に時間をかけて行う必要がある。しかし，剪定枝条は葉，細い枝の樹皮，太い幹の樹皮，材の各部分でC/N値がかなり異なり，葉や細い枝の樹皮は熟成までにあまり時間がかからないが，木質部や厚いコルクは長い期間を要する。速やかに分解する部分が木質部を包んでいる場合，外観的には十分に堆肥化しているように見えても内部の木質部分は未熟なことがある。堆肥化はときどき手で触りながら出来具合を確認して行わなければならない。

木質系の堆肥であっても，60℃以上の発酵熱を満遍なく経験させて十分に腐熟させた良質のものであれば，病原菌の菌糸や胞子，害虫の卵などは死滅しており，抗菌作用のある抗生物質を生産する放線菌類が非常に多く棲息する状態となるので，基本的に病害虫の心配をしなくてすむ。しかし，木質系でなくとも未熟な堆肥は病害虫発生の危険性が高くなる。良質な樹皮（バーク）堆肥はすばらしい土壌改良資材であるが，前述のバーク堆肥施用が都市・都市近郊の公園緑地にナラタケ類やベッコウタケの被害を多発させる一因となったと推定される所以(ゆえん)は，未熟な不良品が出回ったためと考えられる。また堆肥は十分に腐熟したものでも，ガラス片や金属片が混入している場合は人々が憩う公園緑地や農地での利用は危険である。使用にあたっては品質を十分に吟味しなければならない。

剪定枝条のチップ化と公園緑地土壌への敷きならしは，得失を総合すると決して悪い方法ではないが，資源のリサイクルという観点ばかりではなく根本的な問題があることを十分に認識する必要がある。一方では，木質に限らず，植物性有機物の有効利用が社会制度上，強い制約を受けているのが実情である。それらに対する技術的解決は決して困難ではないが，制度的，政策的な整備が遅れ，真の有効利用が妨げられており，その方面の解決を早急に図らなければならない。

第5章 樹形誘導と剪定技術

1 幹と枝の分岐と叉の構造

樹木は無数の枝を幹や大枝から分岐させ，それらの先には葉がたくさん着いて盛んに光合成を行い，さまざまな代謝産物を生産している。枝はその代謝産物を葉から幹や根に送るときの通り道であるとともに，根から吸収された養水分が葉まで送られるときの通り道となっている。さらに，光合成のための光を十分に受けられるように葉を高い位置に保つ役割も担っている。風が吹くと葉は風圧を受け，その力は小枝，中枝，大枝，幹，根へと順に伝わり，最後は土壌に吸収されるが，強風時には極めて大きな力が枝にかかり，ときには枝折れが起きる。樹木はそのような事態が起きるのをなるべく避けるため，幹と大枝，大枝と中枝，中枝と小枝の連結部分，すなわち叉を特殊な形に発達させている。

叉の部分では幹の組織と枝の組織は**図5.1**，**図5.2**のように複雑に入り組んでいる。春になると最初に枝の材組織が前年の幹の組織の上に被さるように成長し，その後，幹の組織が枝の組織を覆う。ゆえに，枝の付け根では幹と枝の成長が重なっているので，他の部分より旺盛な成長を示す。広葉樹の場合，叉の鞍部では幹の組織と枝の組織それぞれが引張りあて材を形成し，それが相互に絡み合っており，最も旺盛な成長を示す部分であるとともに，引き裂く力に対して強い抵抗を示す。

枝で形成された導管，仮導管，繊維細胞や軸方向柔細胞の並び方は枝の軸とほぼ平行であるが，枝の付け根部分の幹の組織を覆っている部分では，幹の軸とほぼ平行になるように急に下方に向きを変え，前年に形成された枝の組織の上に重なって狭義のブランチカラーを形成する。その後に幹の形成層が材組織をつくる分裂を開始して，前年の幹の組織の上に覆い被さるように成長し，トランクカラーを形成する。枝の基部下部では，トランクカラーがブランチカラーを挟み込むような形となっており，狭義のブランチカラーはさらにその下で幹の組織とつながっている。なお，**図5.1**では

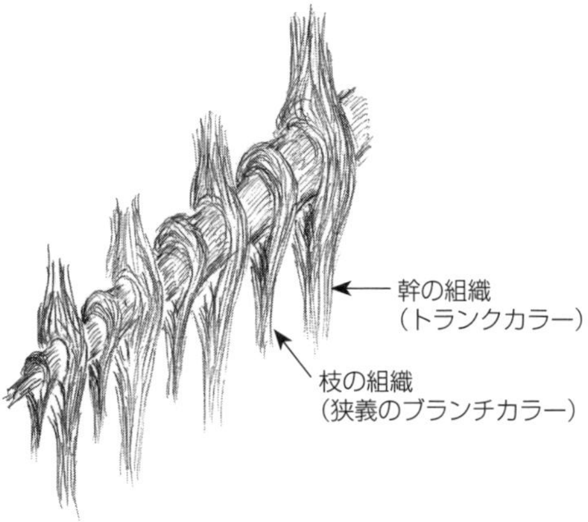

図5.1　幹と枝の分岐部の組織構造
(Shigo 原図を修正)

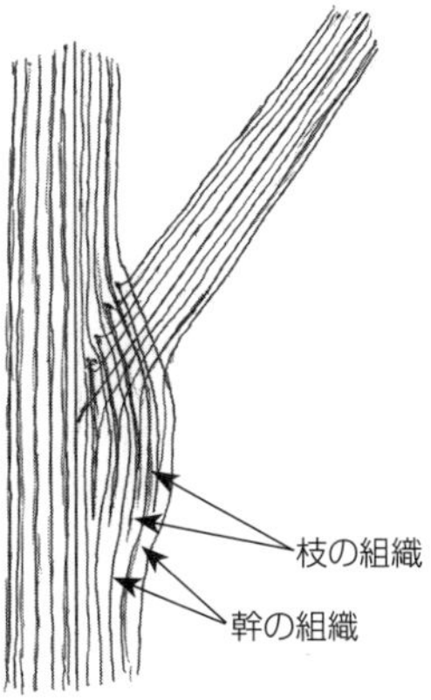

図5.2　枝の組織と幹の組織の重なり

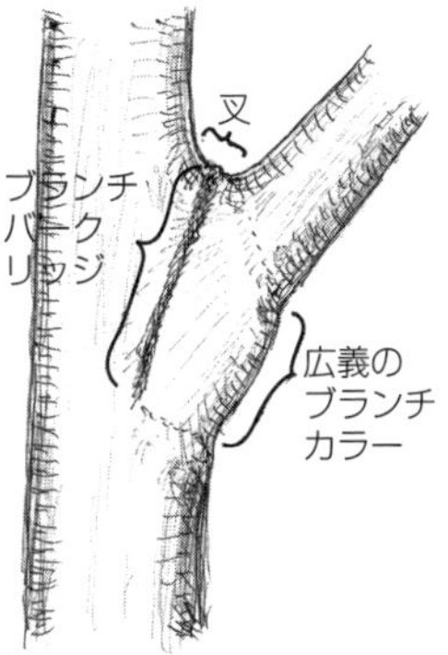

図5.3　叉と広義のブランチカラーにおける旺盛な肥大成長

トランクカラーと狭義のブランチカラーとの間が離れているように描かれているが，これは理解を容易にするためであり，実際は密着していて間隙がなく，枝と幹の組織の幅もずっと広いのでこのようには見えず，叉の部分を引き裂いてもこの形はなかなか現れない。この狭義のブランチカラーとトランクカラーの重なりによって，枝のカラーの部分は幹の他の部分よりも肥大成長が旺盛になり（**図5.3**），広義のブランチカラーが形成される。叉の部分では，枝の形成層と幹の形成層が接して互いに影響しあいながら成長しており，枝の材組織と幹の材組織は複雑に絡み合って強靭な組織となっている。

❷ 頂芽優勢と枝の分岐角度

頂芽優勢が働いている活力のある主軸から発生する枝の分岐角度は，上方の梢付近では針葉樹と広葉樹の間に大きな差はなく，おおむね45～60°であるが，スギ，ヒノキ，モミなどの針葉樹の枝は材質が軟らかいので，その後の枝先端の伸長成長により“てこの原理”が働いて少しずつ先端が下がって角度が開き，幹の中部から下部にかけては大部分がほぼ水平になり，90°以上に開いている枝もある（**図5.4**）。針葉樹の枝で長期間上を向いて成長する枝は，主軸の活力が低下して枝の先端で頂芽優勢が働き，枝自身が新たな幹になろうとしている状態である。

広葉樹の場合は針葉樹よりも枝が硬いことと，叉の部分で主軸，枝の双方が引張りあて材（**図5.5**）を形成することによって，斜め上を向く角度は長期間維持されるが，他の枝が上から被さって十分に光を得られない下枝では，光を求めて水平方向に横へ横へと伸び，ドイツのマテックのいう“ライオンの尻尾（しっぽ）”（**図5.6**）のような形になる。下枝は自重とてこの原理で次第に下がり，分岐角度が90°ほどになっていることもあるが，そのようなときは枝の分岐部近くの上側では引張りあて材が形成されていないことが多い（**図5.7**）。

主軸の活力が低下して頂芽優勢が崩れているときは，胴吹き枝が多数発生するが，これらの胴吹き枝のうち，発生部位が上部にある枝は主軸との角度を狭くして上方を向いていることが多い（**図5.8**）。また，既存の枝の一部も，分岐部から少し離れたところから上方に向かって成長するようになる（**図5.9**）。

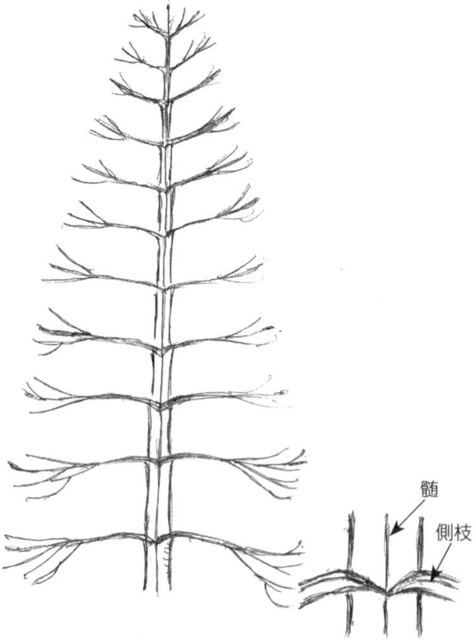

図5.4　針葉樹の枝の分岐角度の変化

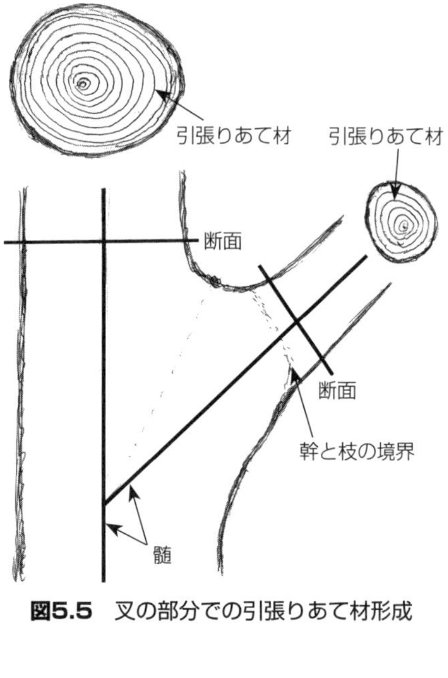

図5.5　叉の部分での引張りあて材形成

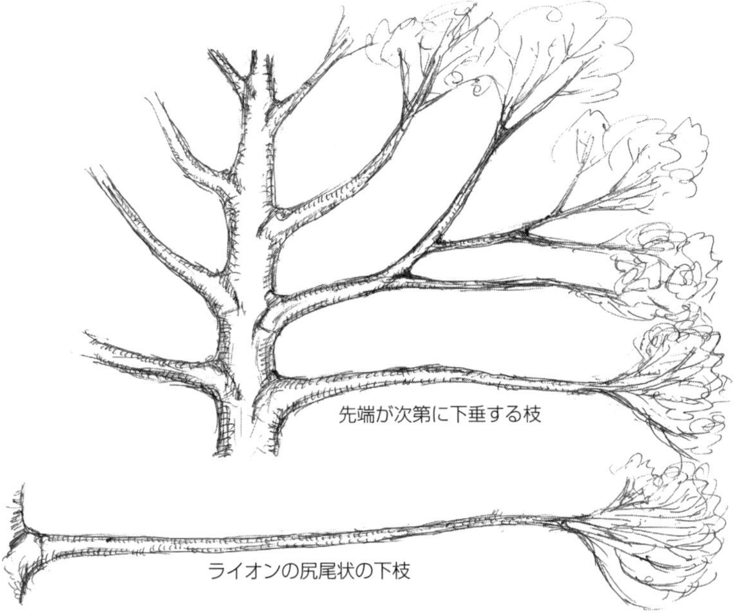

図5.6 ライオンの尻尾のように水平に長く伸びて先端に小さい枝葉の塊を着ける広葉樹の枝

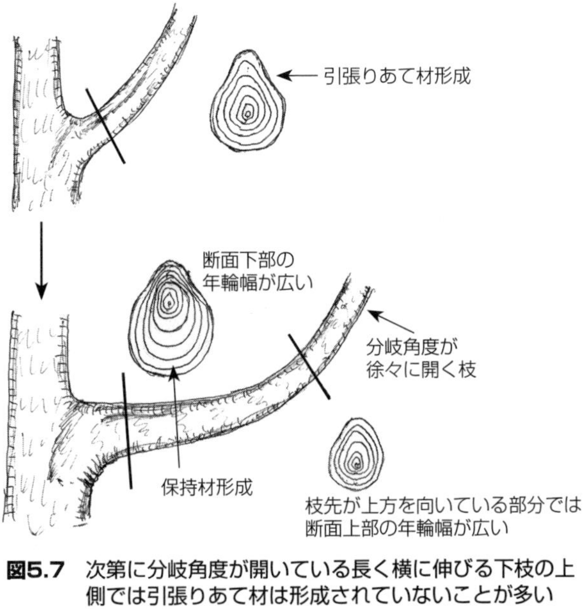

図5.7 次第に分岐角度が開いている長く横に伸びる下枝の上側では引張りあて材は形成されていないことが多い

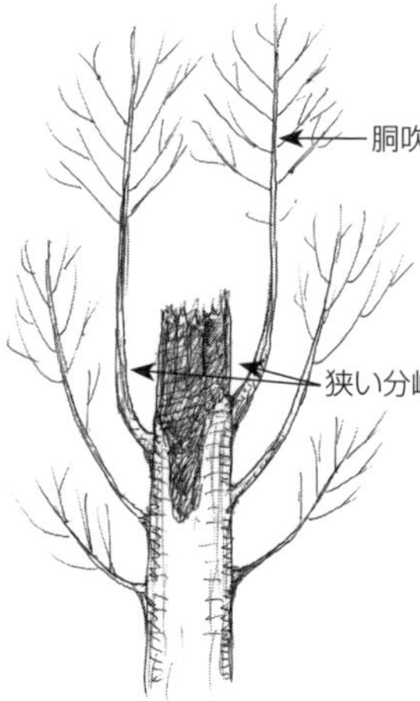
胴吹き枝
狭い分岐角度

図5.8　活力ある胴吹き枝の分岐角度

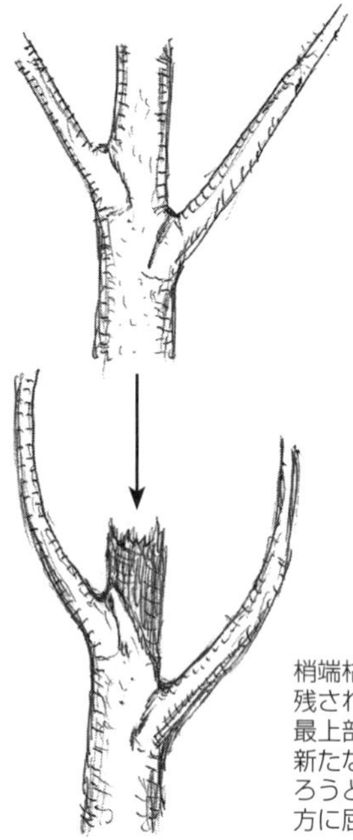
梢端枯損後,
残された枝の
最上部の枝が
新たな幹にな
ろうとして上
方に屈曲する

図5.9　頂芽優勢が崩れたときの既存の枝の上方への屈曲

❸ 幹と枝の活力変化と叉の形状の変化

広葉樹の場合，入り皮でない叉の形状は**図5.10**のような形状をしていることが多いが，その形はおおむね放物線のようになっている。そして，その形状は３つの三角形で簡単に表現できることがMattheckらの研究でわかっている（**図5.11**）。しかし，その形はしばしば崩れる。その理由の多くは枝あるいは幹の活力の変化によるものである。幹の活力が十分で枝の活力が低下すると叉の３つの三角形は**図5.12**のように変化し，幹が衰退して枝の活力が高いときは**図5.13**のようになる。以上のように，叉の形状から幹や枝の活力をある程度推測することが可能である。叉の分岐角度が狭くなると３つの三角形は小さくなり，広くなると大きくなる，さらに，幹と枝の双方が太く，強い張力で互いに引張り合っているときは３つの三角形が大きくなる。

針葉樹の水平に伸びる枝の場合，叉の形は３つの三角形では表すことができないことが多く，また表せても三角形が極めて小さいことが多いが，これは針葉樹の場合，叉の部分で幹と枝ともに引張りあて材が形成されないからである（**図5.14**）。

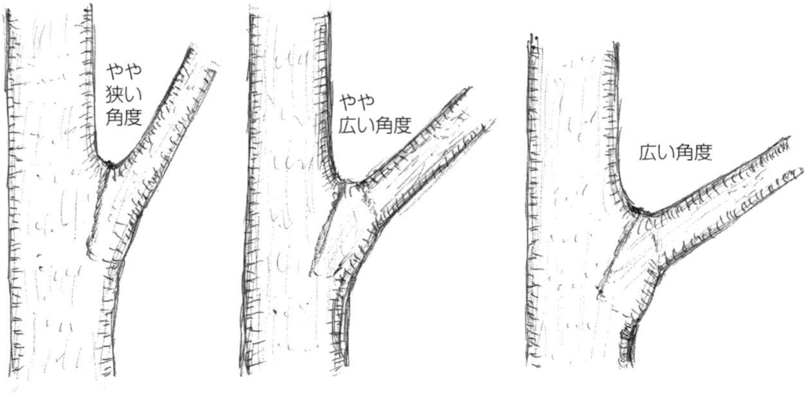

図5.10　広葉樹の健全な叉の形状

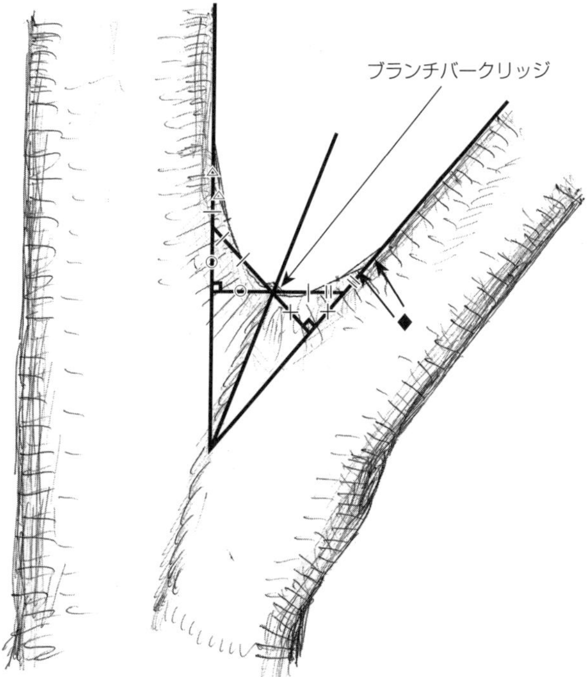

図5.11　3つの三角形法で表される叉の形状

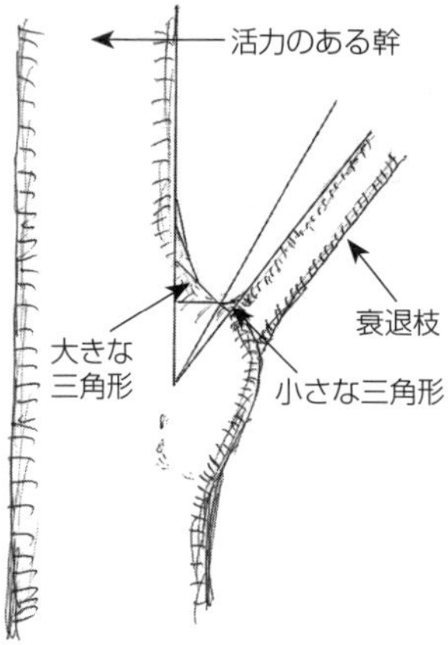

図5.12　枝が衰退したときの3つの三角形の変化

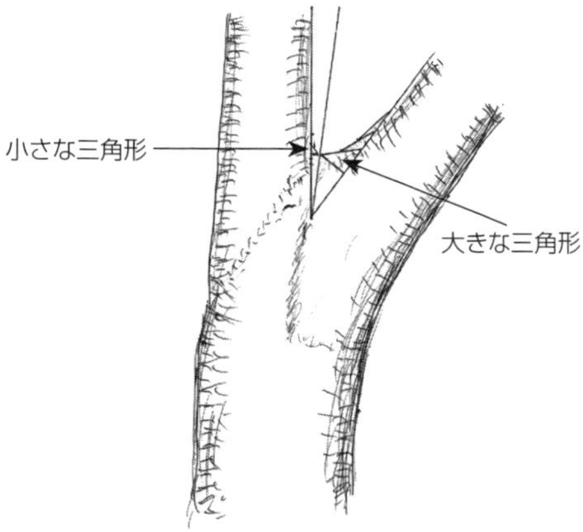

図5.13　幹が衰退したときの3つの三角形の変化

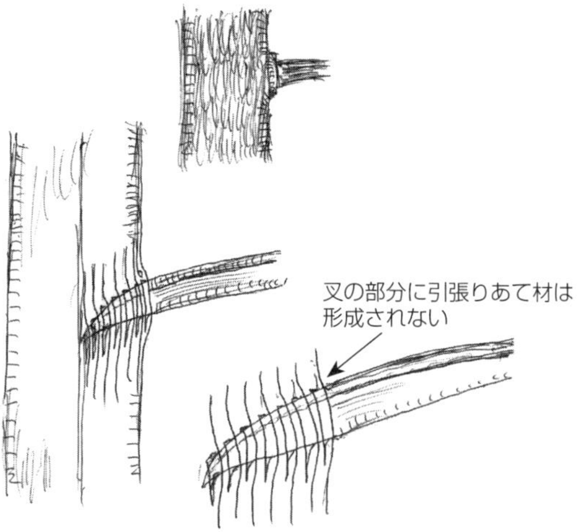

図5.14　針葉樹の枝の叉の発達

❹ 叉の入り皮

分岐角度がおおむね30°より大きければ，叉の上面に相互に引張り合う組織が発達し，極めて丈夫な叉となる。しかし，活力があって新たな幹になろうとする胴吹き枝でしばしば生じる狭い分岐角度（おおむね25°以下）は，主軸と枝の双方の成長によって"入り皮"(**図5.15**) になってしまう可能性が高い。入り皮になった叉は側面のみが組織的につながって成長するが，叉の上面すなわち接着面は成長できない。入り皮にな

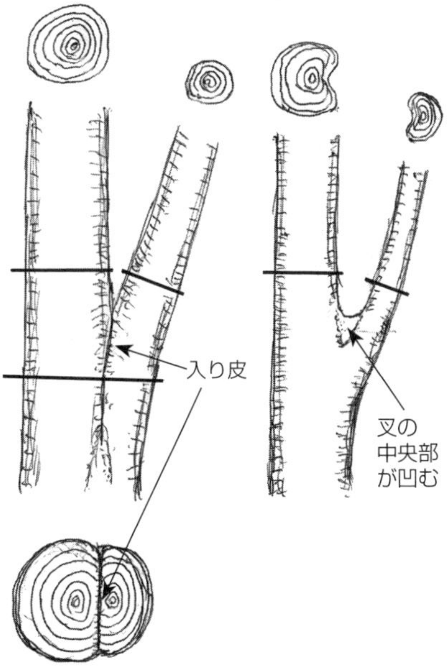

図5.15　狭い分岐角度の入り皮状態

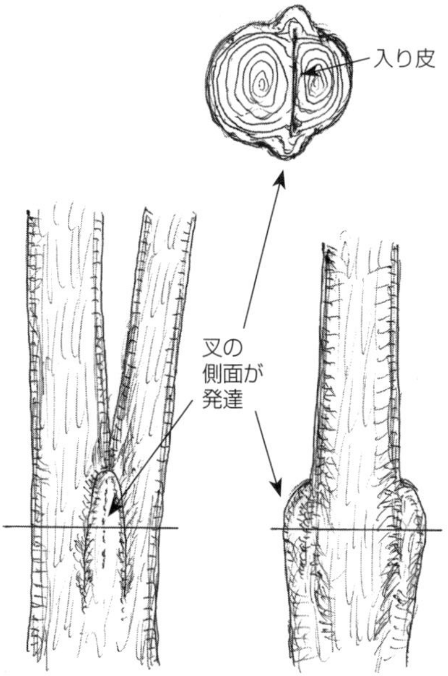

図5.16　入り皮の叉の両脇の張り出し

ると形成層は圧迫されて死ぬが，圧迫しあっている部分に抗菌性物質が蓄積されて腐朽菌等の侵入を防ぐ。そして材が連絡している脇の部分が**図5.16**のように張り出すような成長をする。これを“耳”という。しかし，挟まった樹皮は“くさび”を入れたような形をしており，強風などで大きな荷重がかかると，わずかにつながっている両脇の材から裂け，幹の半分近くまでが引き裂かれてしまうことがある（**図5.17**）。入り皮部分は引き裂かれる前からわずかながらも亀

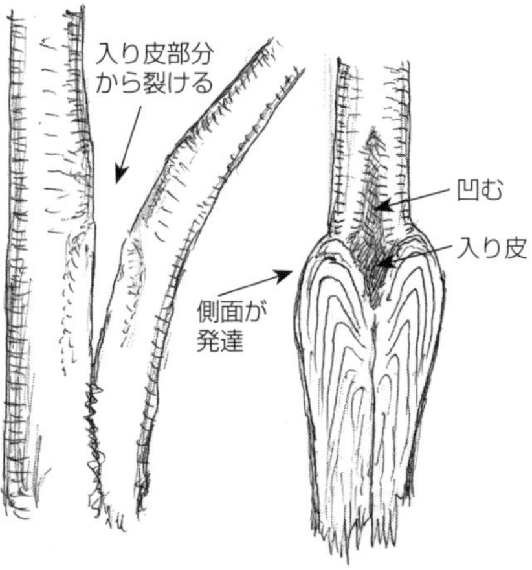

図5.17　入り皮の叉で起きやすい枝の折損

裂が入っていることがあり，腐朽菌や胴枯れ病菌の侵入門戸ともなりやすい。叉の入り皮状態が樹木にとって積極的な意味をもっているか否かは不明だが，たとえ力学的な欠陥を抱えても，光合成機能を回復させることを優先した結果であるとも考えられるし，また強風時に入り皮状態の大枝が裂け落ちることによって幹本体の倒伏を防ぐ（**図5.18**），

という意味があるのかもしれない。

5 枝の防御層

枝の防御層形成については第3章3節で簡単に触れたが，ここでさらに詳しく説明する。

苗木時代や若木時代に存在した樹木の枝は，樹木が大きく成長した段階ではほとんどすべてがなくなっている（**図5.19**）。また，樹冠の成長によって日照が遮られる幹に近い部分でも，枝は枯れて脱落している。つまり，樹木は新しい枝を成長させる一方で古い枝を枯らして脱落させる生物である。これらの枯れ枝の脱落に大きな役割を果たすのが，材の乾燥による脆さの増大，風や雪による物理的な力，および腐朽菌等による材質の劣化すなわち腐朽である。枝は何らかの理由で枯れたり先が折れたりするが，そこに腐朽菌が侵入し，材の仮導管細胞や繊維細胞の細胞壁が破壊されて物理的強度が減少し，わずかな風でも脱落するようになる。腐朽菌は樹木にとって邪魔な存在となった枯れ枝の脱落に大きな役割を果たしており，ある意味で樹木と腐朽菌は共生関係にあるといっても過言ではない。しかし，その腐朽菌が幹や大枝の中まで侵入して材を侵すようになると，樹木は立ちつづけることができない。枝が枯れるたびに腐朽菌が幹に侵入してきたのでは大きく成長することが初めから不可能になる。そこで，樹木は枝が傷ついたり枯れたり

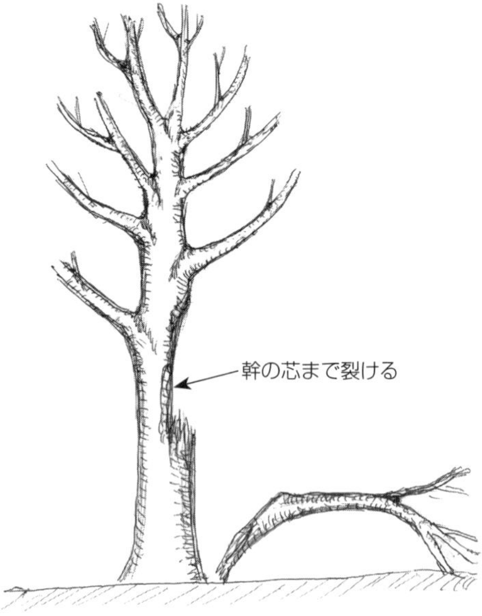

図5.18 入り皮枝の落下による幹本体の倒伏防止

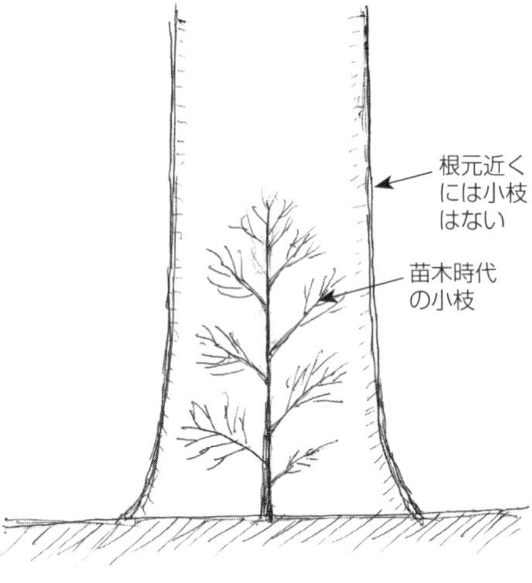

図5.19 大きく成長した樹木では苗木時代の枝はほとんどすべてなくなっている

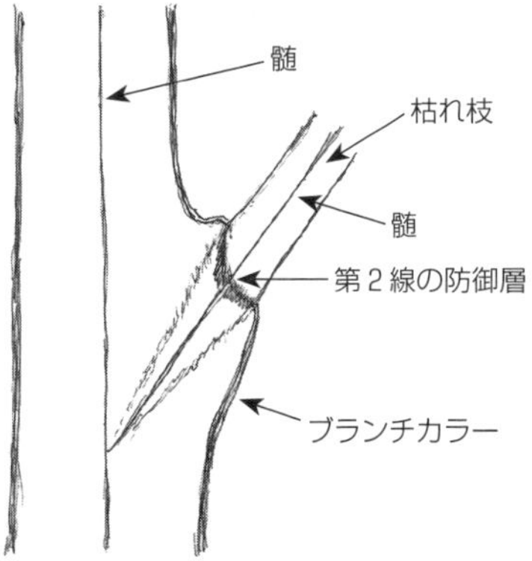

図5.20　トランクカラーと枝の境界付近に形成される枯れ枝の第２線の防御層

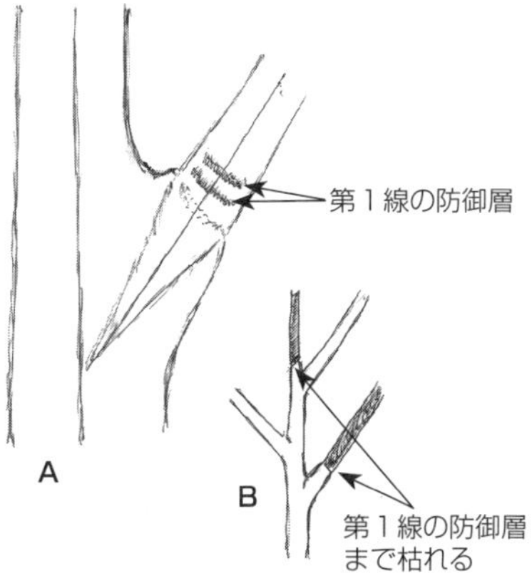

図5.21A　第２線の防御層よりも先に形成される，弱い第１線の防御層
B　ごく若い枝の枯れ方

した場合も，幹に腐朽菌等が侵入しないように巧妙な防御層を形成する。

枝は他の枝から糖などの光合成産物をもらうことができず，光合成産物に関しては自分でつくるしかないので，枝が何らかの原因で光合成が十分にできなくなり，生産よりも消費のほうが多くなると，その枝は枯れてしまう。“枝が枯れる”現象をよく見ると，実は樹木が“赤字経営”に陥った枝を積極的に“枯らし”ていることがわかる。枝が枯れる段階で，前述のトランクカラーと枝の境界付近で，枝に水を送る導管細胞や仮導管細胞，力学的に体を支える繊維細胞等の死細胞とその周囲の柔細胞に，柔細胞の最後の働きによってゴム状物質の蓄積，細胞壁におけるリグニンの増加やスベリン化が生じ，水分通導組織が閉塞して枝に水が供給されなくなる。枝が枯れる段階で導管や仮導管の閉塞現象が起きるのと同じ場所に，広葉樹では主にフェノール性物質，針葉樹では主にテルペン類の蓄積が生じて強力な防御層が形成される。これを第２線の防御層という（**図5.20**）。この防御層は枯れた枝よりも上部の幹の活力によって形成される。しかし，枝に形成される防御層は１層ではなく，抵抗力は弱いが枝の中にも形成されることがあり（**図5.21A**），これを第１線の防御層という。第１線の防御層は枯れ枝が枯れる直前に最後の力をふりしぼって形成するが，特に若い枝でしばしば形成される。若い枝が枯れている状況をよく見ると**図5.21B**のようになっていることがある。第１線，第２線のいずれの防御層も枯れ枝の組織内に形成されるが，第２線の防御層の形成と防御力の強さは，枯れる枝ではなく上部の幹の活力に依存している。枯れたり弱ったりした枝で樹皮の胴枯れ症状，材の変色，腐朽などが生じても，通常，病原菌等はこの防御層に阻まれて，それ以上，中に入ることができない。

枯れた枝は成長を停止するので狭義のブランチカラーを形成できず，幹の形成層が

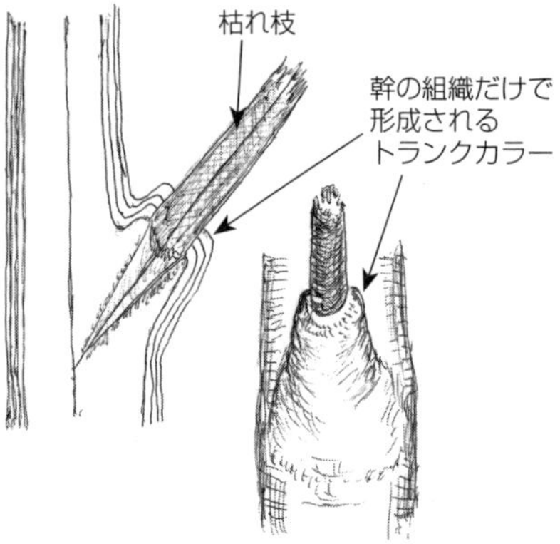

図5.22 枯れた枝を包むように成長するトランクカラー

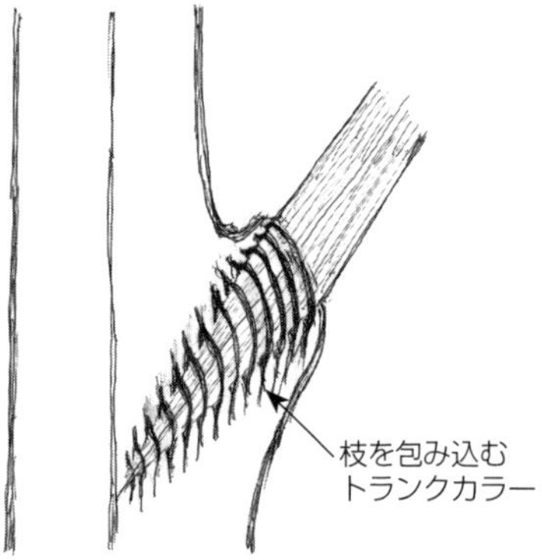

図5.23 枝が成長する過程で枝を包み込むトランクカラーに形成される防御層

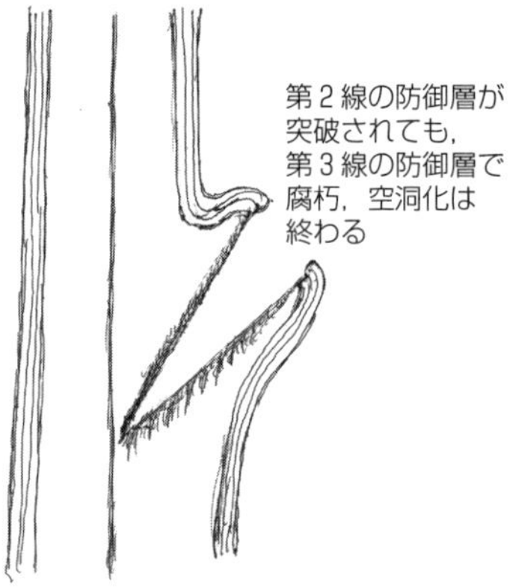

図5.24 枝の組織内のみで終わる腐朽進行

形成するトランクカラーのみの成長となるので，広義のブランチカラーの肥大成長は遅くなる。しかし，枝の成長が完全に止まってしまうので，広義のブランチカラーと枯れた枝との境界に明瞭なくびれが生じる。このくびれは枝が生きていても衰弱すると生じ，また枝が元気でもトランクカラーの成長のほうが旺盛な場合は，コブシやクロガネモチのように，新たな幹になろうとするほど活力高く上方を向いて成長する枝以外はほとんどすべての分岐部に明瞭に認められる樹種もある。トランクカラーの先端は枯れた枝を徐々に包み込んでいく（**図5.22**）が，枝が腐朽したり落下したりした段階で内側に巻き込むような成長を示す。

枝が枯れたり衰退したりしなくとも，毎年枝が成長する過程で，トランクカラーが狭義のブランチカラーの上を覆って枝の組織を環状に包んでいる部分に，柔細胞から分泌されるポリフェノール類等の抗菌性物質が蓄積され，非常に強力な防御層が形成される。そのため，枝が枯れて腐朽が進み，トランクカラーの先端部付近で形成される防御層が弱くて腐朽菌等に突破されても，通常は枝の組織の範囲内だけの腐朽で終わり，幹の組織には侵入できない（**図5.23**）。これを第３線の防御層という。ときには幹の組織に腐朽が入り込んでいるように見えることもあるが，多くの場合，狭義のブランチカラーが急激に方向転換して幹の軸に沿って下方に伸びている部分で終わっており，それ以上の腐朽は完全に阻止されていることが多い（**図5.24**）。

6 強剪定と断幹

1）樹木に強剪定や断幹をする理由

都市および都市近郊の公園，街路樹，個人庭園などで樹木の大枝や幹の強剪定や断幹を行っている状況がしばしば見られるが，そのようなことをする理由は次のようである。

- 成長しすぎて邪魔になる。
- 信号を遮る，車輌に当たるなど交通等に障害となる。
- 建物のベランダや窓への日差しを遮り，特に冬は寒く暗くなる。
- 落葉が屋根に落ちて樋を詰まらせる。
- 落葉が自動車や歩行者の交通に障害となる。
- 毛虫等が発生する。
- 果実落下や吸汁性昆虫の排泄物で自動車が汚れる。
- カラスが巣をつくり，下を通る人を攻撃する。
- ムクドリが集団でねぐらとし，糞を落とすので汚くうるさい。
- 幹が折れたり枝が落ちたりすると人身事故や物損被害が出て危険である。

しかし第2章1節で説明したように，樹林・樹木は極めて多様な機能をもち，人はそれらの機能を期待して人々の生活圏に樹木を導入したり保全したりしてきたのである。過度の剪定や断幹はそれらの機能をまったく失わせ，しかも樹木を著しく衰退させて樹幹・大枝や根株の腐朽を進行させることになる。ゆえに，樹木を伐採したり強剪定したりする前に，人は樹木を理解し，次のことを考慮しながら最善の方策を検討する必要がある。

- 先人は何を目的としてそこに樹木を植栽したのか，その樹木は現在どのような機能を果たしているか，強剪定や切断をした場合，どのような環境に変化するか，何が得られ何が失われるかを十分に検討する。
- 樹木がもつ環境保全機能を担う部分は主に樹冠であり，樹冠や林冠が豊かであれば環境保全機能は大きい。幹や根系はそれを支えているという事実を思い起こす。
- 豊かな樹冠の形成をめざし，それを大切にする管理が可能か否かを検討する。
- 樹冠を維持するためには根系の活力が重要であるという事実を確認する。

• 樹木を強剪定したり断幹したりした場合，その後，樹木に発生する生理学的，病理学的，力学的な影響はどのように生じるかを検討する。

2）強剪定と断幹が樹木に与える影響

強剪定によって大部分の枝葉が失われると，次に示すようにさまざまな現象が発生するが，それらによって樹木は多大な悪影響を受けており，長い間にはかえって危険な樹木を生み出すことになりかねない。

強剪定や断幹をすると，光合成能力を回復させるため，樹幹と根系に貯蔵されている糖を使って潜伏芽（樹皮に埋もれている休眠芽）が発芽し，ときには損傷被覆組織（いわゆるカルス）から不定芽を形成してシュートを発生させる（**図5.25**）。その萌芽枝が十分に成長して光合成産物を幹に供給するまでには時間がかかり，その間，根系には光合成産物は供給されず，根元か

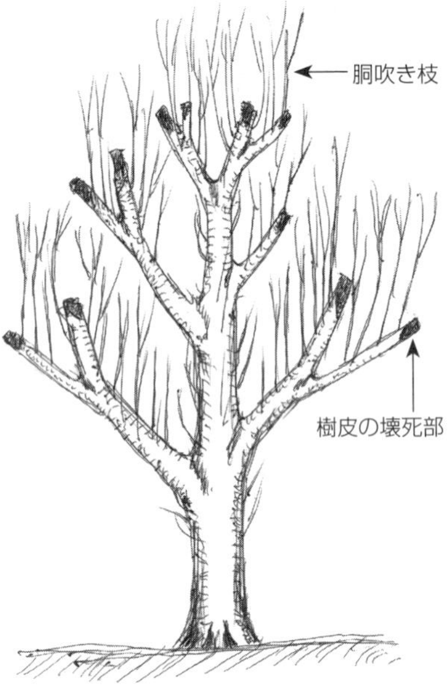

図5.25　強剪定後の胴吹き枝の発生

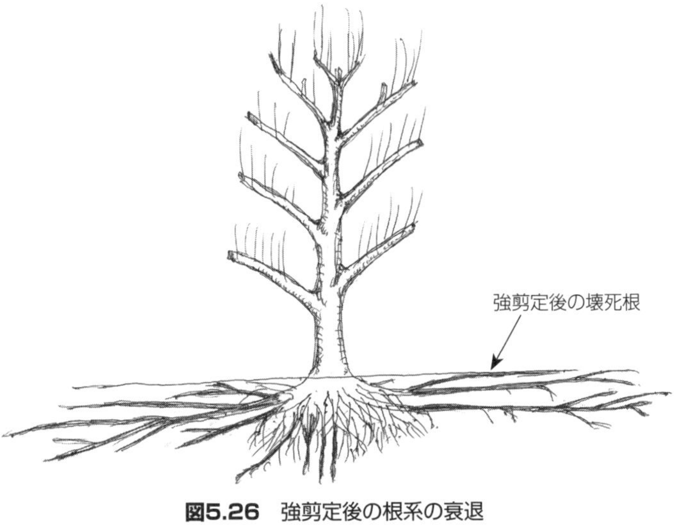

図5.26　強剪定後の根系の衰退

ら遠く離れた根系の先端から衰退枯死していく（**図5.26**）。また，梢端の欠損は根系における側根の発生能力を著しく低下させてしまう。

幹や大枝が切断された時点の形成層の位置に強力な防御層（Shigoのいう壁4，**図5.27**）が形成され，その内側の材は腐朽が進み，徐々に空洞化が進行する（**図5.28**）。

強剪定によって光合成産物の供給が止まった根系も先端から壊死し，そこから根株腐朽が進行する。腐朽の進行に対してはShigoのいう壁1，2，3が抵抗するので，腐朽拡大は徐々に進

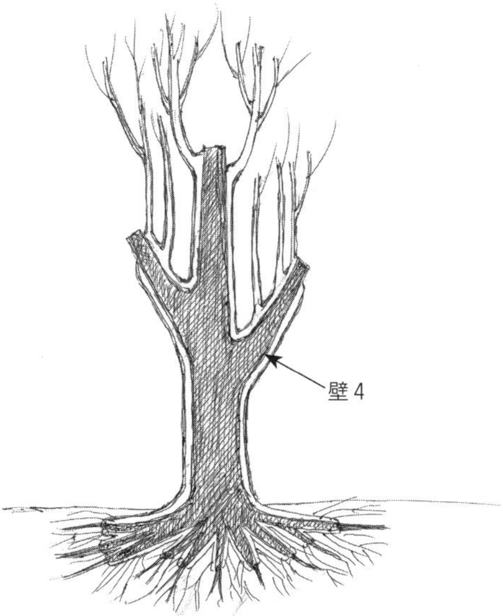

図5.27　強剪定時の形成層の位置に形成される壁4

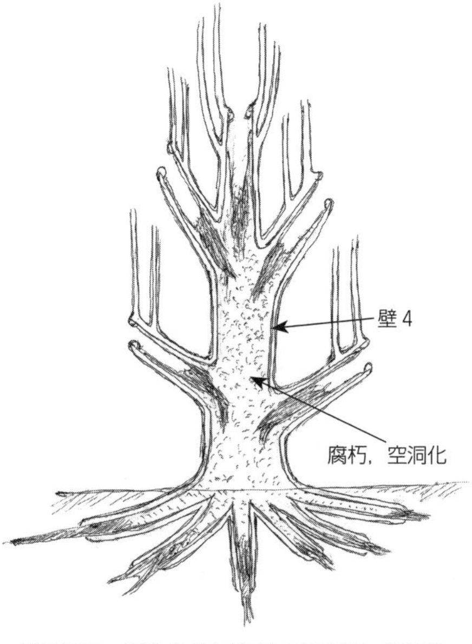

図5.28　樹体全体に進行する腐朽・空洞化

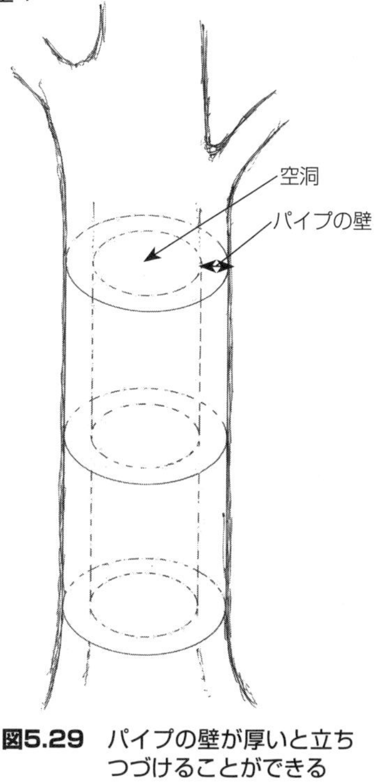

図5.29　パイプの壁が厚いと立ちつづけることができる

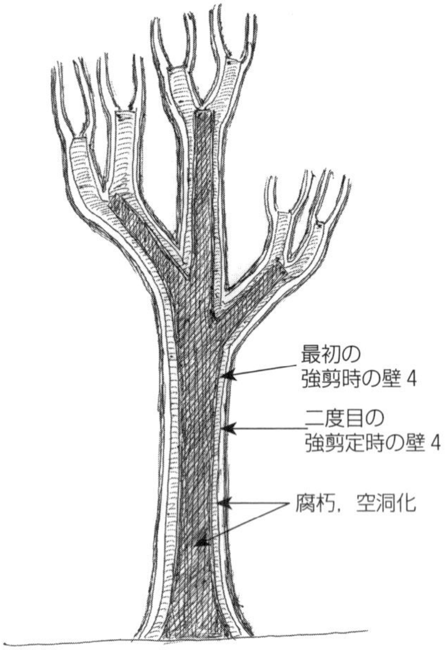

図5.30　強剪定がくり返された樹木の薄いパイプの壁

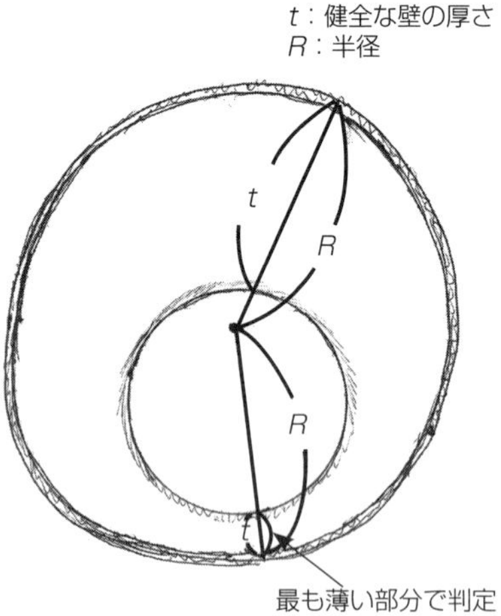

図5.31　パイプの壁の最も薄い部分で *t*/*R* を計測

行するが，時間とともに傷ついた時点の形成層の位置まで空洞化が進み，幹と根系の空洞化がつながって，樹体全体で腐朽・空洞化する。空洞化の進行には時間がかかるので，それまでの間に肥大成長によって"パイプの壁"の厚みを十分に形成することができれば，樹木は倒伏せずに立ちつづけることができる（**図5.29**）。その健全な壁の厚み t の目安は，Mattheckらの研究によって半径 r の 32 %以上（$t/r \geqq 32\%$）とされている。

しかし，社会のなかで強剪定・断幹が行われている理由を考えると，萌芽枝が成長して大きくなるとまた切断される可能性が高い。再び強剪定が行われると壁 4 の外側に形成された年輪にも腐朽が進行し，太さに対する壁の厚みの比率は極めて小さくなり，危険度は増す（**図5.30**）。なお，パイプの壁の安全基準 32%以上というのは，最も薄い部分のことである（**図5.31**）が，その場合，幹断面の円，楕円の中央を越えた腐朽・空洞が対象となる。

以上のような影響があることを考慮して，最善の剪定法を実施する必要があるが，最も重要なことは，剪定量を可能な限り少なくして樹冠の機能を維持することである。

❼ 樹木の防御機構を活かした剪定方法

叉の構造と防御層の形成位置からわかるとおり，切断を行う場合は**図5.32**のＡの位置が正しく，その後の腐朽進行を阻止するのに最も効果的である。この位置で切断すると，その後の損傷被覆材の巻き込みは徐々に行われるが，その部分には幹を伝わる力の流れの大きな偏向がないので，巻き込み成長は，速度は遅いものの万遍なく行われ，切断面の中心で巻き込みが完了する（**図5.33**）。このとき，被覆された部分の材の腐朽は極めてわずかである。防御層形成と巻き込み成長に必要な材料とエネルギーは切断部位より上にある幹が供給する。

もし**図5.32**のＢのように枝を残して切断すると，枝が腐朽するまで幹の組織は枝をのみ込むように少しずつ前進し，あるとき完全に枝が腐朽した時点で，内側に巻き込むような成長をする。切り残した部分は防御層の形成された部分まで腐朽するので，幹の組織が巻き込んだ内部には空洞が生じる（**図5.34**）。幹の組織が内側に巻き込むような成長をすると，その成長圧力によって材に割れが生じ，そこから腐朽が進展することがある。

一方，**図5.32**のＣのように切断すると，幹の組織まで傷つけ，防御層が形成され

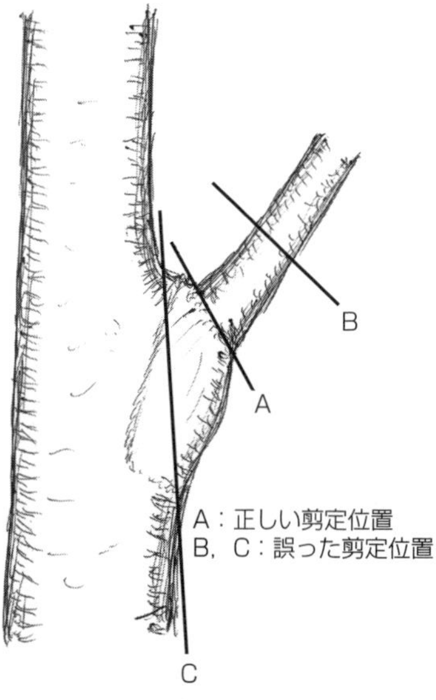

図5.32　正しい剪定と誤った剪定の切断位置

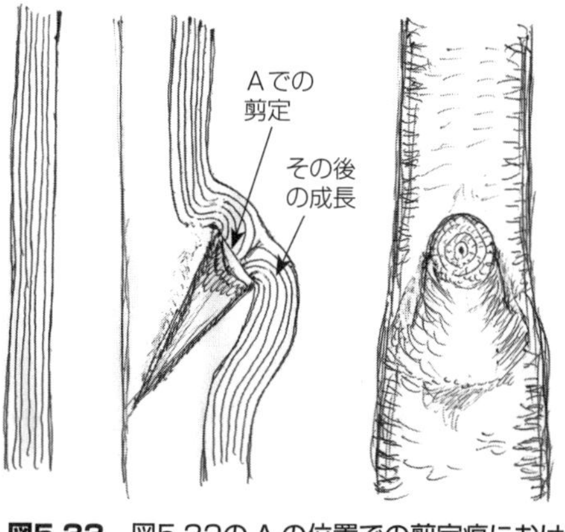

図5.33　図5.32のＡの位置での剪定痕における形成層の巻き込み成長

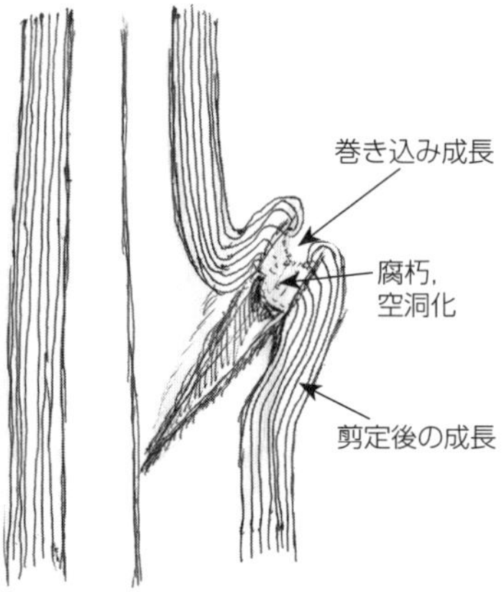

図5.34　図5.32のＢの位置での残された枝を包むような巻き込み成長

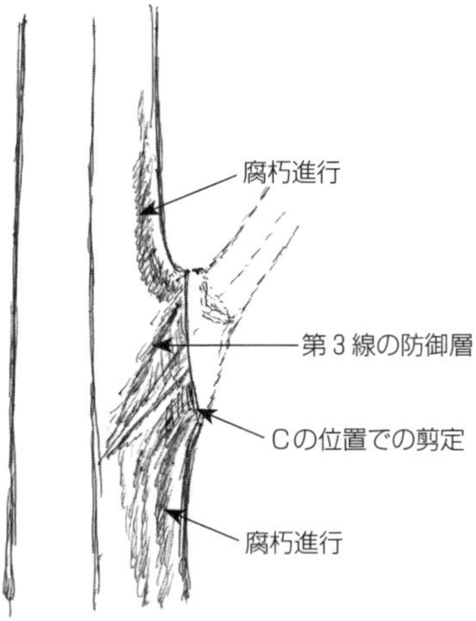

図5.35　図5.32のＣの位置での剪定後の，傷口から幹材に進展する腐朽

る部分をとり除いてしまい，幹材中に腐朽が進展しまうことになる（**図5.35**）。枝と幹の組織が絡み合いながら成長する過程でトランクカラーの部分に防御層が形成されるので，切断がトランクカラーを傷つけていなければ，切断面から侵入する菌は枝の組織から外へは出られないが，幹の組織が傷ついた部分では枝の組織をとり巻く幹の組織，特に下側部分に著しい腐朽が進行しやすい。この場合の巻き込み成長は**図5.36**のように行われる。幹表面を伝わる力の流れは同じ年の年輪に最もよく伝わるので，Ｃのように切断された部分では最も新しい年輪を伝わる力の流れは剪定痕の両脇を迂回することになり，力の流れの密度の高い部分が両脇に生じ，その結果，側面部分の成長が速くなる。以前はこの両側面の損傷被覆材の成長が速いことから，これが正しい剪定方法（フラッシュカットという）とされてきたが，近年は幹への腐朽の入りやすさから誤った剪定とされている。

透かし剪定は樹冠全体を切り詰めるのではなく，枝を**図5.37**のように抜いていく剪定方法で，この場合は切断量が多すぎなければ樹形や樹勢を大きく変えずにすむ。この場合は切断部の傷口を塞いでくれる枝がその上にあるため，速やかな損傷被覆材形成が可能である。枝を剪定する場合，どの部分に防御層が形成されるか，切断面の損傷被覆材を“誰”が形成するかを常に考えなければならない。

幹を切断すれば樹木に決定的な障害を与え，どのようにやっても樹木にとってよい結果を生み出すことはないが，やむをえず幹を切断しなければならないことがある。その場合，枝を切断するのと同様に，傷口を塞ぐ材料とエネルギーを誰が供給してく

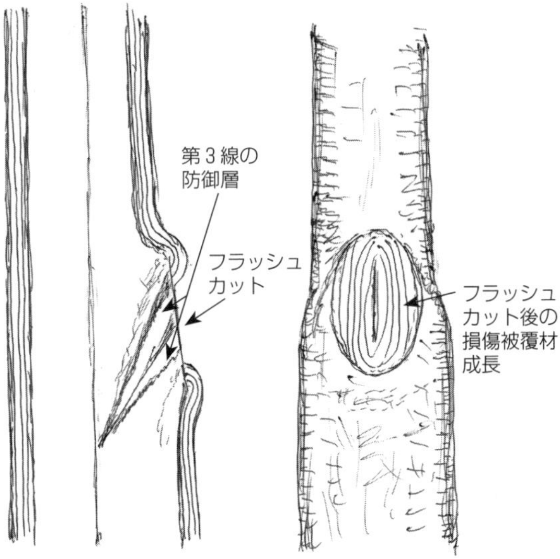

図5.36　図5.32のＣの剪定痕の傷口を覆う巻き込み成長

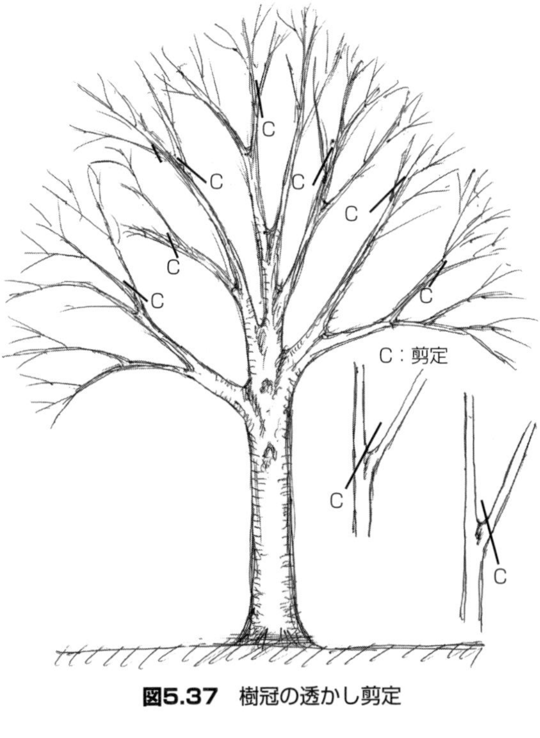

図5.37　樹冠の透かし剪定

れるかを考えなければならない。**図5.38**は３通りの切断位置を示しているが，Ａの位置で切ると，**図5.39**の右のように胴吹き枝が発生することはあっても，多くの場合は**図5.39**の左のように枯れ下がる。Ｂの位置で切っても同様に**図5.40**まで枯れ下がる。Cの位置で切ると，表面的には**図5.41**のようにほとんど枯れ下がらない。しかし，幹の切断は枝と異なって防御層形成は少なく，腐朽を止める力は弱い。その結果，切断

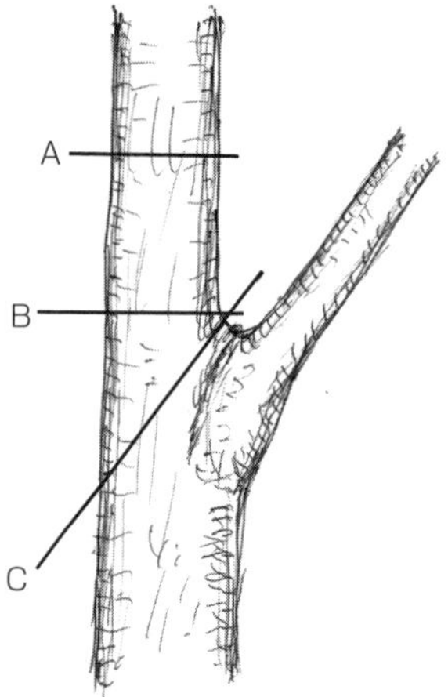

図5.38　樹幹を切断するときの切断位置

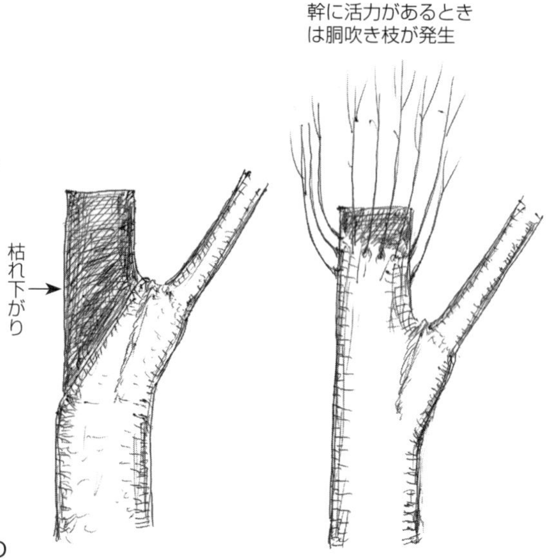

図5.39　Aの位置で切ったときの枯れ下がり

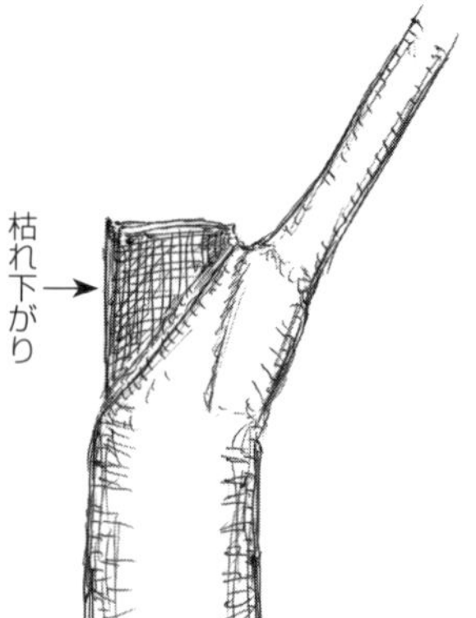

図5.40　Bの位置で切ったときの枯れ下がり

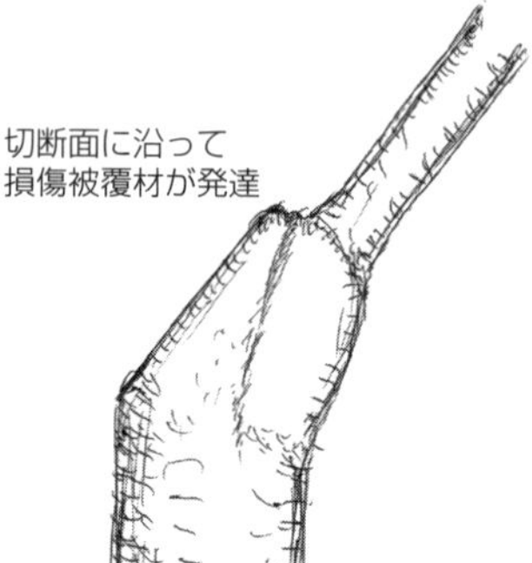

図5.41　Cの位置で切ったときの枯れ下がり

後の材内部での腐朽・空洞化の状態は**図5.42**のように発展する。AやBでの切断による内部腐朽もCでの切断と同様かそれ以上に激しくなる。もし残す枝が細すぎたり活力が低かったりすると，枝の反対側の樹皮に著しい枯れ下がりが生じる（**図5.43**）。つまり，断幹に正しい方法はないということである。

パラディング（**図5.44**）は果樹，養蚕用の桑，桜餅用のオオシマザクラ，街路樹，オーナメンタルツリーなどに対して行われる。枝の切断部から萌芽伸長するシュートを毎年同一位置で切りつづける剪定法であるが，これを続けていると**図5.44**の右のような瘤状態になる。このような瘤をしばしば醜いといって切ってしまう（**図5.45**）が，一度このようになった枝はそれ

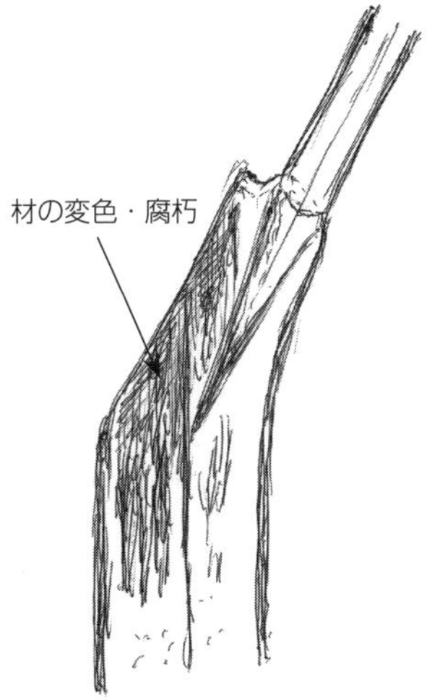

図5.42　断幹後の材内部の腐朽の進展

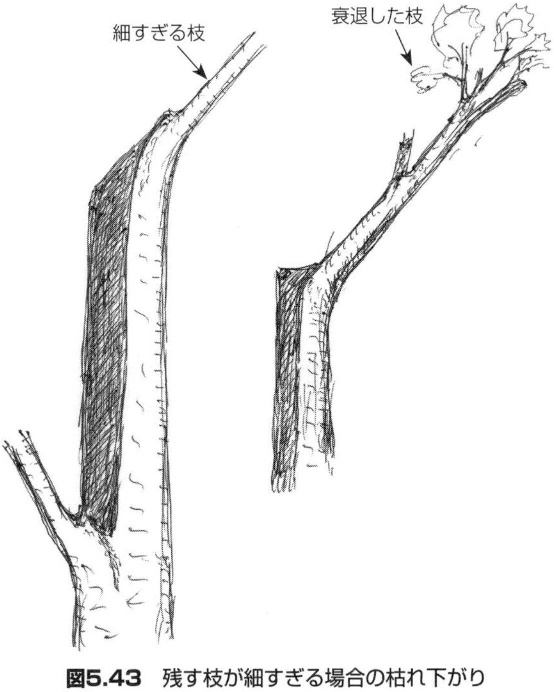

図5.43　残す枝が細すぎる場合の枯れ下がり

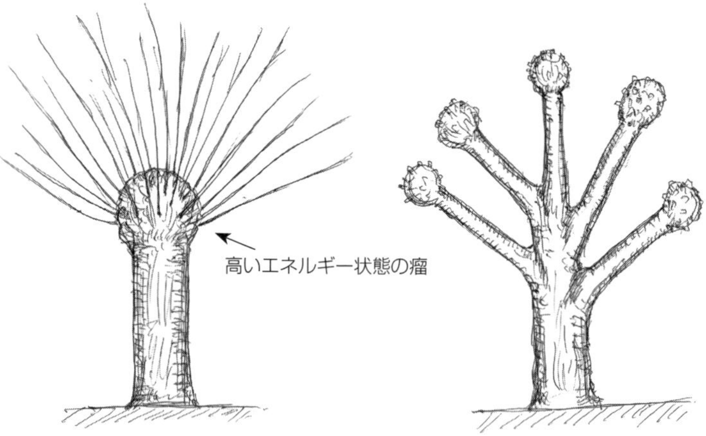

図5.44 パラディング

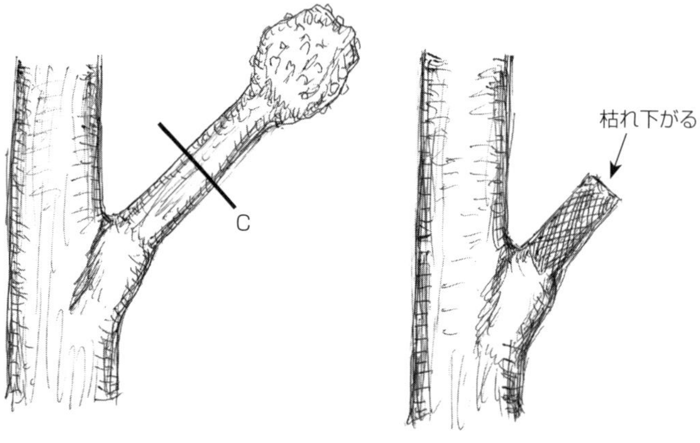

図5.45 枝の先の瘤の保存

を大事にし，瘤を切除しないことが肝要である。瘤の部分は同一か所から多くの枝が発生し，それを支える組織も発達するので，病原菌や腐朽菌に対しては極めて抵抗性の高い状態となっている。

第6章 不定根と不定根誘導

1 不定根の発生

胚および根以外の組織・器官から発生した根を不定根という。裸子植物と双子葉植物では，胚から発生した幼根が主根に発達し，主根から側根が発生して根系が発達していくが，単子葉植物では胚から発生した幼根はすぐに衰退し，胚軸や茎の下部から発生した不定根があまり分岐せずに髭（ひげ）のように伸び，体を支えるようになる（**図6.1**）。ほとんどの単子葉植物の不定根は樹木の根のような肥大成長と分岐をしないので，形態的には単純である。

アコウ，ガジュマル，インドゴムノキのようなクワ科イチジク属の高木性樹木では，枝や幹から紐（ひも）のような気根が多数発生して垂下する。この気根は空中の水分を吸収しているといわれているが，地面に到達すると土中に根を伸ばして急速に肥大し，圧力がかかっている部分では丸太支柱のように，張力がかかっている部分ではワイヤーブレースのように発達する（**図6.2**）。

不定根の始原体は維管束形成層，篩部，篩部放射組織，木部放射組織，枝の節の葉隙，痕跡的内鞘，癒傷組織などのカルスから形成されるといわれているが，不定根始原体形成にはオーキシン，サイトカイニン，エチレンなどの植物ホルモンが深く関与している。また傷の存在，材・樹皮の腐朽，穿孔虫の切削屑（せっさくくず）や虫糞（フラス）の存在，適度な湿り気なども不定根発生に関与している。傷があっても，その周囲に取り木（**図6.3**）の際に使うミズゴケのような保水効果をもつ腐朽材やフラスがなければ，カルスは不定根にならないことが多い。サクラ類ではコスカシバ幼虫の穿孔痕から不定根が発生しているのがよく見られる（**図6.4**）が，カミキリムシの脱出孔のような大きな穴では乾燥しやすいので不定根は発生しにくい。多くの樹種では，不定根と普通の根（定根）との間に組織的・形態的な差はない。ヤナギ類は枝の篩部の外側，皮層との境界部分にある痕跡的な内鞘が不定根の原基となるといわれている。

図6.1　単子葉植物の不定根

多くの樹木では，木部放射組織から続く篩部放射組織が不定根の原基となることがあり，一部の樹種は皮目コルク形成層が不定根の原基となることがあるらしい。生立木の幹から発生した不定根の多くは材の腐朽部や樹皮の壊死部に伸びるが，その上に被さっている樹皮が剥がれたり腐朽材が脱落したりすると，不定根は乾燥枯死してしまう。多くの場合，不定根は途中で枯死する（**図6.5**）が，土壌に達すると活力の高い細根を多数分岐して急速に肥大成長し，樹幹に養水分を供給するようになる（**図6.6**）。

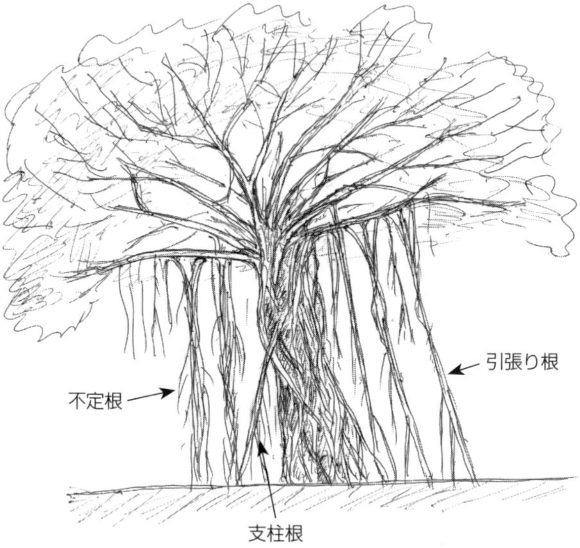

図6.2　ガジュマル（榕樹）の仲間の不定根と支柱根

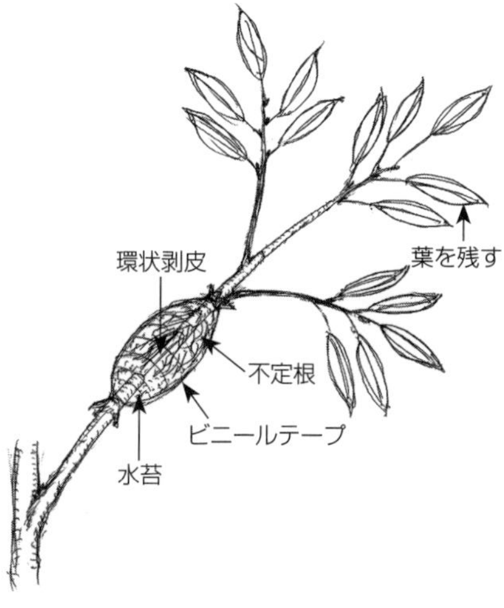

図6.3　一般的な空中取り木法（高取り法）　**図6.4**　コスカシバ穿孔痕から発生する不定根

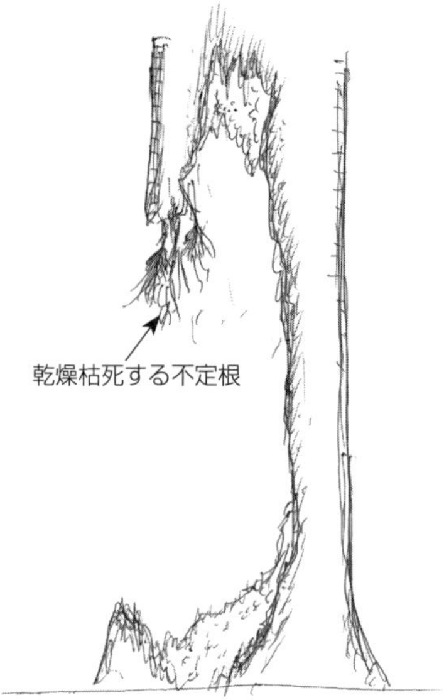

図6.5　不定根の乾燥枯死

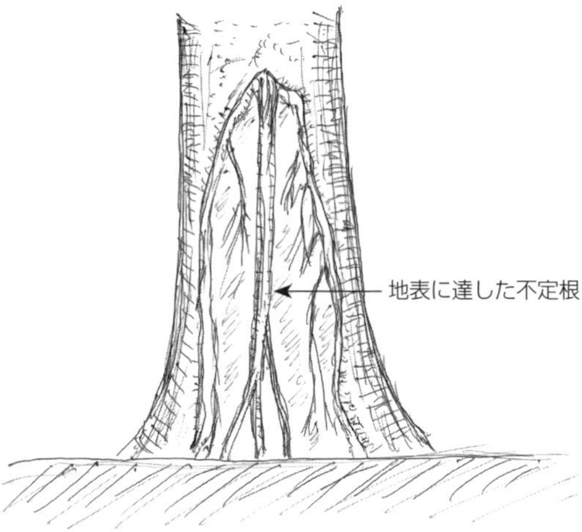

図6.6　地上部に到達した不定根は急速に肥大する

2 不定根の誘導による樹勢回復法

サクラ類，ケヤキなど多くの樹種で，幹や大枝から発生している不定根を土壌に誘導し，“支柱根”にまで発達させて腐朽・開口空洞部や傷の部分にバイパスをつくり，樹勢を回復させる方法がしばしば行われている。この方法がどの程度樹勢回復に有効かの実証試験はほとんど行われていないが，筆者がケヤキ古木で行った事例では有効と思われた。

技法的には**図6.7**のようにいくつかの方法があるが，いずれの方法も発根促進効果のある堆肥，ピートモス，あるいはそれらの混合土を使うことが多い。

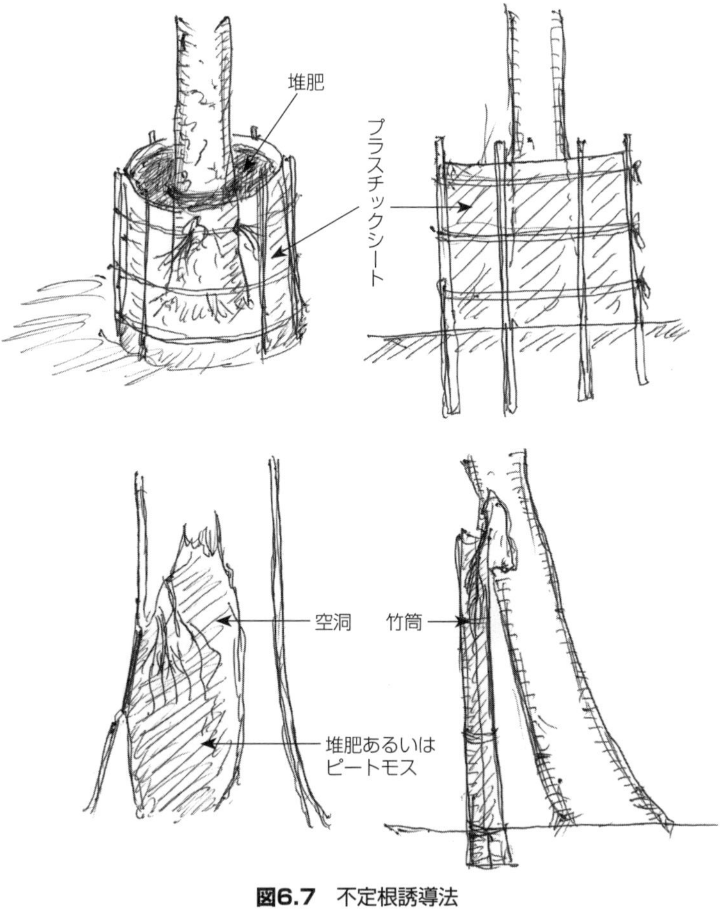

図6.7 不定根誘導法

注意すべき点は，これら培養土がしばしば極度に乾燥し，せっかく伸びた不定根が乾燥枯死してしまうことである。一方，水のやりすぎも根腐れを生じさせてしまうことがある。不定根誘導は技術的には容易であるが，ときどき水分状態と発根状態を確認するなどのしっかりとした管理体制が必要である。

第7章 樹木の移植

1 樹木移植の考え方

近年は土地の有効利用が優先され，既存の緑地や樹木の存在が軽視されることが多い。「開発は必要であり，そのために障害となる樹木の伐採もやむをえない，木は植えなおせばよいし，重要な樹木は移植すればよい」と判断されがちであるが，都市の樹木のほとんどはその存在を必要として先人が持ち込んだり保存したりしたものである。樹木は多様な野生生物の棲息場所，繁殖場所，種の保存の場所として機能し，防風・防塵・防音・遮蔽・防火・修景など多くの生活環境保全機能のほかに，材積成長に伴う二酸化炭素固定による気候温暖化の緩和や蒸発熱（潜熱）によるヒートアイランド現象の緩和機能も併せもっており，それらから人間は多大な恩恵を受けている。緑地の少ない都市部では，一本の樹木が存在することの意義は生態学的にも非常に高いが，背が高く樹冠の厚みと幅が大きくなればなるほど，樹冠の抱える空間容積が大きくなり，その木のもつ環境改善や生態系保全に果たす役割も大きくなる。したがって，その場所で貴重な大木を保存することが可能であれば，それを最優先するのが望ましい。そもそも計画を立てる際に，緑地や樹木の保存を第一に考える計画を策定すべきである。樹木を現地保存するためのあらゆる方法を計画検討し，どうしても移植するしか保存方法がない場合にのみ移植するというのが本筋である。移植は伐採してしまうよりはましであるが，移植によって樹体が受けるダメージの大きさと工事費用の大きさを考えれば，あくまでも次善の策として行うものである。

樹木を現地保存または移植保存することになった場合，次に考えなければならないことは，樹形，特に樹冠をいかに保存するかである。たとえ現地保存や移植ができたとしても，それがその木のもっていた機能や魅力，価値を著しく損なう方法であったならば，多くの労力や経費を費やすにちがいない保存行為自体が評価できないものとなる。樹木は幹の太さに価値があるのではなく，その樹木特有の美しい樹形すなわち樹冠が大きく健全な状態で保たれることが最大の存在価値なのである。ゆえに，できる限り剪定や切断を少なくして樹冠の形を保ち，移植後も梢端枯れ等による樹冠の衰退を防ぎ，移植によるダメージから早く回復できるような技術的工夫を最大限に凝らす必要がある。

2 移植に伴う処置とその影響

1）根系

植物体がもつ根の全体を根系という。種子植物では種子から最初に発生する一次根すなわち幼根からその形成がはじまる。根の基本的な形は，幼根すなわち垂下根も，それから分岐した側根すなわち水平根もどちらも細い紐（ひも）状で，二次肥大成長によって太くなっていく。根の伸長は，垂下根も側根も，それぞれの先端部分の根端分裂組織で行われている。幹や枝から発生する胴吹き枝は節にある潜伏芽から発生するが，根は幹や枝と異なり節がなく，側根の分岐は根のどの部分でも起きる可能性がある。

（1）根系切断

事前に発根処理をするか否かにかかわらず，大きな木を移植する場合は必ず根系の切断を伴う。根系の切断がどの程度のダメージとなるかは樹種や樹齢，樹形，樹勢切断量等によって異なる。しかし，根系の切断によって失われた根を再生させるには，樹体内の蓄積エネルギーと茎葉での光合成によるエネルギーの供給が必要となる。根を切っても再生するので大した問題ではないと考えられがちであるが，根を切られることにより樹木に強いストレスが生じ，吸水力も急激に低下し，場合によっては枯死してしまう。

（2）側根と不定根の発生

根が切断部付近から分岐するとき，新しい根は側根として生じる。側根の発生は地上部の活力状態に大きく左右されている。また，根元近くの幹から不定根が発生したり，地下茎や地上茎から不定根が生じることもある。普通，根以外の器官から生じた根を不定根というが，厳密には種子中の胚から生じた幼根（稚苗のときの主根）だけが定根で，それから分岐する側根はすべて不定根とみなす考え方もある。不定根や新たに分岐する側根の発生の始まる場所は母軸の内部で，そこから外側の組織を突き破って出てくる。このような発生の仕方を内生的発生という。

2）枝葉の剪定除去

根を切られると水分吸収機能は当然のことながら低下する。そこで，葉からの蒸散量を抑えて水分の収支バランスをとろうとする剪定が普通に行われている。しかし，新たに根を発生させるには光合成機能が十分に維持されなければならず，それには十分な茎葉が残されていなければならない。

光合成速度に対する温度の影響は，照射される光の強さと深く関係している。一定の温度範囲内では，二酸化炭素濃度は十分であるものの光が弱く，光の強さが光合成速度を決めているときは，光合成速度はほとんど温度の影響を受けず，温度が高くても低くてもほぼ同様の光合成速度を示す。これに対し，光が十分強くて光以外の要因によって光合成速度が決定されているときは，温度の高いほうが光合成速度は速くなる。このとき，約30℃までは温度の上昇に比例して光合成速度は速くなるが，40℃近くになると高温のために植物が衰弱して光合成速度は急に遅くなる。植物は葉から水を蒸散させることで，葉面の温度が上がりすぎないように調節していることが知られている。このことと，温度が上がりすぎると植物が衰弱して光合成速度が遅くなることを併せて考えると，過度の枝葉剪定によって樹木の蒸散を抑えるのは，植物の体内温度を高める方向に作用し，その結果，さまざまな代謝機能に支障をきたすことになるので，移植木にとって有利に作用しているのか大いに疑問である。さらに，剪定により減少した葉を回復させるためには新たに芽をつくり展開させなければならないが，そのために消費するエネルギーは多大であり，樹木に体力がないと十分発芽できずに枯れてしまう。そこで剪定を行う場合，葉を可能な限り多く残し腋芽の数も減らさずに必要な量を切除することが重要な技術的課題となる。落葉樹の場合は，ある程度までの水不足に対しては自ら葉を落とすなどして応答できるしくみをもっているので，蒸散量抑制のためだけに活力のある枝葉を大量に剪定するのは控えるほうがよいと思われる。

3）潜伏芽・不定芽の発生

芽は定芽と不定芽に大別することができる。定芽とは頂芽と腋芽のことであり，これ以外の芽を不定芽と呼ぶ。不定芽は腋芽と違って頂端分裂組織における細胞分裂とは関係なく生じ，剪定後の切り口に形成されるカルス（癒傷組織）から形成されるが，ときには切り口に近い皮層や表皮に由来することもある。さらに，根萌芽（**図7.1**）といって根に不定芽が形成されてシュートが伸びることもある。

休眠芽とは，頂芽または腋芽として発生した芽が，芽の状態のまま成長を休止している状態をいう。冬期の頂芽や側芽は冬芽（越冬芽）と呼ばれる。多くの冬芽はその外側に芽鱗をもち，中にある成長点や未熟な葉を冬の間の乾燥・雨・雪・風などから保護している。

冬芽は春になると伸長をはじめるが，全部の芽が活動をはじめるわけではない。特

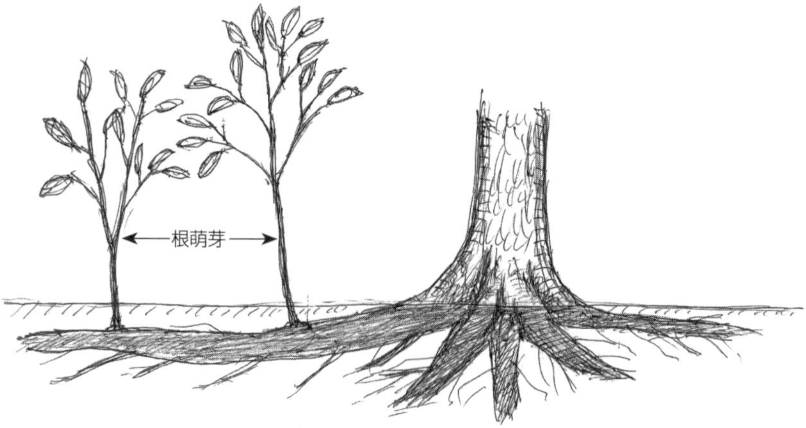

図7.1　根萌芽

に前年に伸びた枝（シュート）の低い位置にある腋芽は春になってもそのまま休眠を続けるのが基本である。そのなかの一部は死んでしまうが，茎が肥大して樹木が太くなり，樹皮が厚くなるにつれて，その樹皮の下に埋もれてしまいながらも形成層が年輪成長とともに芽の原基をつくりつづけ，芽の状態で長く生きつづけるものが多い。このような芽を潜伏芽あるは潜芽という。潜伏芽の中には芽鱗すなわち鱗片葉の腋芽として，枝の基部に集中的に形成されるものもある。樹木の幹の中にはこのような芽が無数に残っていて，幹や大枝が強風で折れたり人に切断されたりしたときなどに活動をはじめて新しい枝幹をつくる役割を果たす。ほとんどの潜伏芽は定芽であるが，わずかに形成される不定芽の中にも潜伏芽となるものがある。このように樹木は光合成のために必要とする以上に多くの芽をつくるが，これは植物が何らかの理由で枝葉を失ったときに，速やかに光合成機能を回復し生き残るための予備軍を用意しているのである。しかしこの潜伏芽も，樹齢がおおむね100年以上になると萌芽しにくくなるといわれている。

一般的に，亜寒帯から温帯に生育する針葉樹は新芽が開葉してからの移植では時期が遅すぎることが多い。芽が開いた後で根を切ることにより芽や葉が枯れてしまうと，針葉樹は潜伏芽が少なく枝葉の再生能力が低いので，枝全体が枯れてしまうことがある。枝の先端が枯れると，幹からの萌芽能力は広葉樹に比べて低いので，芽の枯れが樹木全体の衰退につながることがある。このことは特にマツ属で顕著である。ゆえに針葉樹の移植は広葉樹よりも若干困難であり，時期を誤らないように，しかも丁寧な根回しをして十分な準備をしておく必要がある。それに対し，広葉樹では一般的に芽の再生能力が比較的高いので，芽が枯れたとしても大枝全体や樹木全体が枯れることは針葉樹に比べると少ない。

以上のようなことも，適切な手法の選択と丁寧な作業を行えば，あまり大きな問題にならずにすむことが多い。

3 移植のための事前調査と注意事項

前掲 **図2.13**のような概念的生理的サイクルからわかるとおり，春の終わりから初夏までは樹体内エネルギーが最も低い時期である。その時期に強度の剪定や根系切断を受けると，再び十分な枝葉を展開し発根するためのエネルギーが絶対的に不足するので，樹勢は著しく衰退する。したがって，この時期は根回しや移植には不適当であり，行わないのが普通である。

図7.2 永年性癌腫

一般的に，樹木にダメージを与える何らかの処置をしなければならないときは休眠期に行うのがよいといわれる理由は，その時期であれば春に新葉が展開してダメージを修復する時間的余裕があること，気温の低い時期は病原体となる微生物や昆虫の活動も活発でないこと，体内のエネルギー蓄積量が多く抵抗性が高いことなどである。ただし，休眠期でも寒冷地では傷つけると組織が凍結して壊死してしまうので，そのような地域では，凍結のおそれのない時期に行うのがよいとされている。また，休眠期は樹体の防御反応も不活性の時期であり，永年性癌腫（**図7.2**）のように休眠期に病勢を拡大する病気もあるので，移植という樹木に極めて大きなストレスを与える作業については絶対的に正しい時期はないと考えたほうがよい。

1） 事前の現地調査

移植の可否について判断する際に，現地で実際に木を見て確認する必要のある事項は次のとおりである。

（1）樹種特性

移植が可能な樹種であるか否かを判定する。例えばユーカリ，イイギリ，クスノキ（樹皮がまだコルク化していない若木）などは，丁寧な根回しをしたとしても移植はかなり困難とされている。また，胴吹きやひこばえを発生させる能力が高い樹種であ

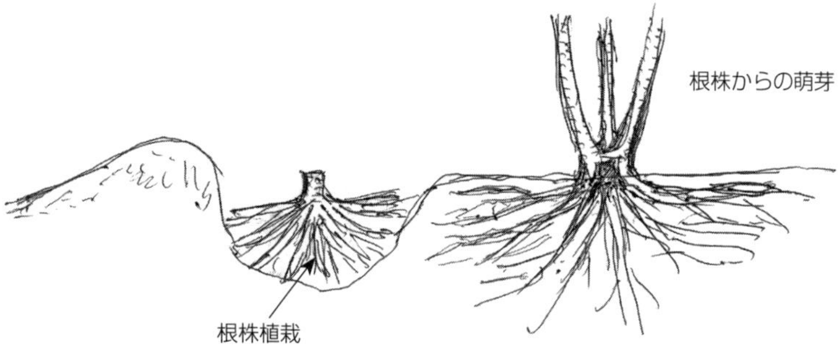

図7.3　樟脳造林におけるクスノキ苗木の根株移植

るか否かも確認する必要がある。しかし前述のユーカリや若木時代のクスノキのように，胴吹きやひこばえの発生が盛んでも，樹皮からの蒸散が盛んで根系からの水分吸収機能が衰えた場合，枯死する確率の高い樹種もある（不可能ではなく，筆者はユーカリ大径木を無剪定でかなりの技術的工夫で移植を成功させた例や，クスノキ若木の裸根状態での移植に成功した事例を知っている）。このような樹種はポット栽培で育てられた木を植えつけるのが一般的であるが，昔は樟脳（ショウノウ）造林でのクスノキのように，苗木の地上部を切って根株だけを植えつける方法が採られ（**図7.3**），ユーカリは縦長のポットで養苗した苗を植えつけるのが普通である。

一般的に，常緑針葉樹の移植は常緑広葉樹と比較しても困難である。例えば，ヒノキやスギはある程度大きくなると移植が困難になりほとんど行われなくなる。それと比較すると，サワラのほうはやや容易とされており，かなり大きな木も移植されることがある。しかし，以上のようなことも，事前の根回しの有無や内容次第で変化し，上手に根回しすればスギやヒノキの大径木も移植可能である。

ハンノキやヤナギ，ポプラなどは寿命の長い木ではなく，根の傷から根株腐朽菌が侵入しやすく，移植に成功しても長い寿命を期待できないので，成木移植の意味はほとんどない。長命とされる樹種でも，強いストレスをかけると寿命が縮まり，傷から腐朽が侵入しやすいので，老木の場合は意味をもたないことが多い。

（2）樹勢の良否

一般に樹勢のよい樹木のほうが移植は容易である。ただし，樹勢がよく，枝と根が広く伸びている木を不適期に移植したり根回ししたりする場合，その分，切除しなければならない枝葉や根の量が多くなるので，ダメージも大きくなることに注意する必要がある。枝や根の切断によって状態が悪くなれば，当然移植に耐えないので不可となる。ゆえに樹勢旺盛で大きく育った木ほど根回しが不可欠となる。貴重樹木保存のために是非移植したいが樹勢不良で移植が困難と思われる場合，土壌の通気透水性の改善，堆肥や肥料の施用等の樹勢回復処理を施して活力を高めると根回しが可能となることがある。ただし，樹勢回復には普通１年以上の期間が必要であるので，その分移植までの時間的余裕が必要である。

（3）樹　形

幹の傾斜の有無，その度合い，傾斜方向，樹冠の著しい偏り，根系の著しい偏りな

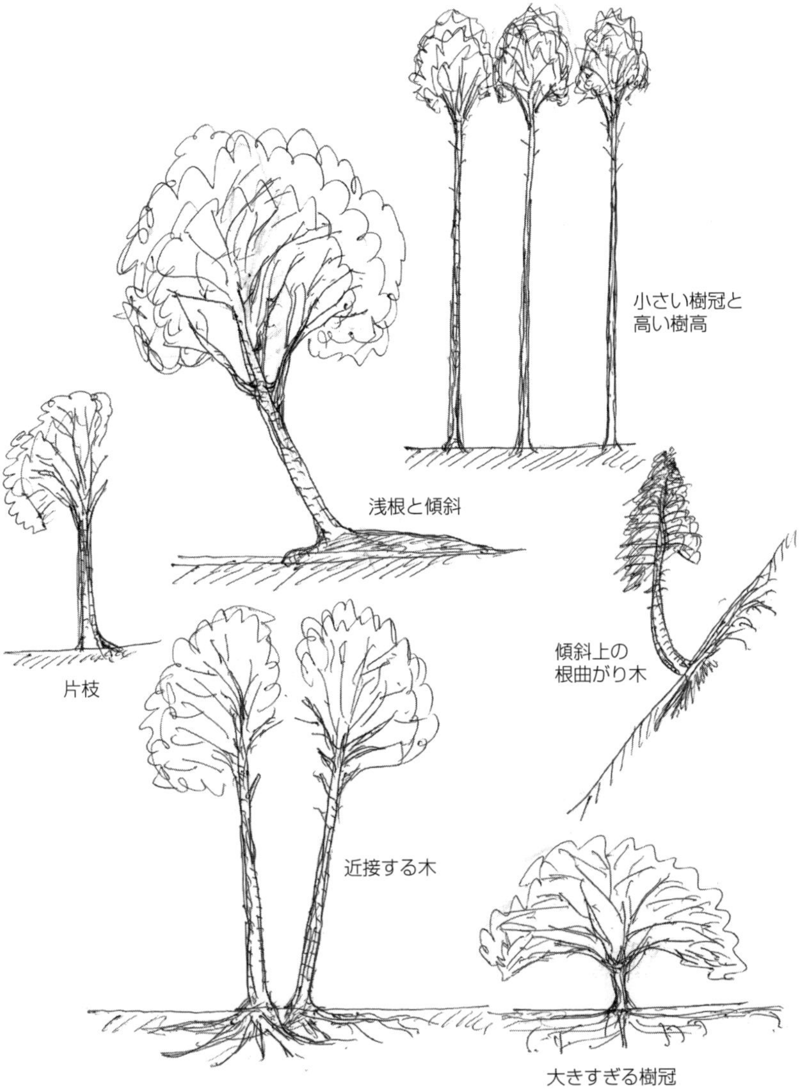

図7.4　移植を難しくする樹形要因

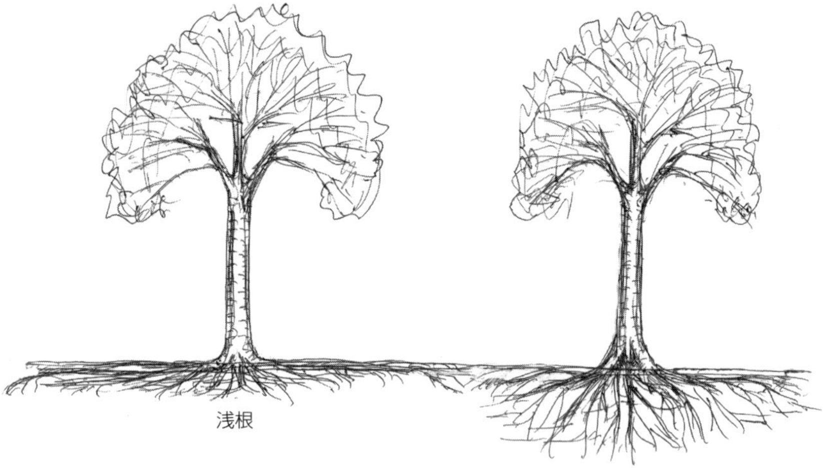

図7.5　浅根と深根

ど（**図7.4**）が移植の難易を左右することがあるので，移植を困難とする要素を判定する。樹形は根の張り方に大きな影響を与えるが，また運搬方法にも影響を与える。ただし，樹形による移植の可否は移植先の場所，運搬経路，可能な運搬方法などによって変化するものであり，このような樹形は移植できないと最初から決めつけるものではない。また，樹形は根回し方法にも影響を与えるが，根回しそのものはどのような樹形でも可能である。

（4）根の張り方

モミ類は浅根性，マツ類は深根性というように，樹種により深根性，浅根性という形態的な差（**図7.5**）はいくらかあるが，それよりも樹木の立地場所が平坦であるか傾斜地であるか，擁壁に近接しているか否か，幹が直立しているか傾斜しているか，樹冠が四方均等か片枝か，浅い層に礫層や硬盤があるか否か，地下水位が高いか低いかなどの立地条件により，根系の形態が決定的に異なってくる。それによって切断する根の量や根鉢の形も変わってくるので，根がどの範囲までどのように伸びているかについては，個々の木の立地条件を十分に観察する必要がある。

（5）根鉢のつくりやすさ

付近にある構造物との関係を観察する。例えば，擁壁に近接して生活している樹木は，根が擁壁を越えて伸びることが少ないので，擁壁に接する部分は鉢植え状態の根と同じであり，根鉢形成のために切除しなければならない根が少なくてすみ，これは移植にとって利点となる。根鉢内に雨水桝や排水溝，水道管やガス管等がある場合

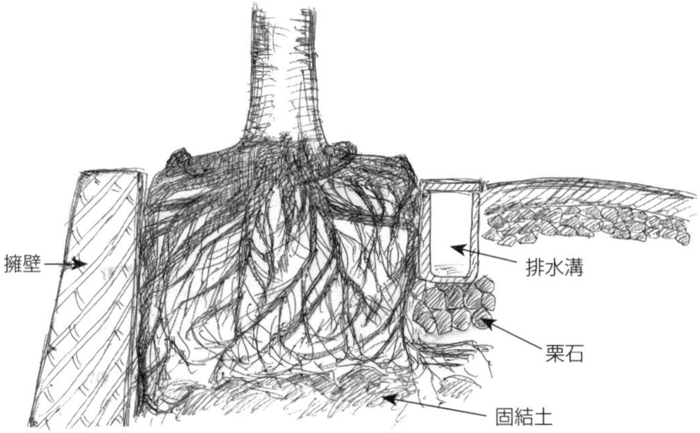

図7.6　単独桝や擁壁に接する樹木の制限された根系

は，根鉢が崩れやすいので作業しにくいことが多い。単独桝に植栽されている街路樹は根系が制限されていることが多いので，樹勢はやや不良でも移植は容易なことがある（**図7.6**）。

（6）樹木の大きさと運搬ルート

樹高，幹周，根元周，枝張りを測定する。大きさは移植の難易，移植方法，運搬方法に大きな影響を与える事項であるが，特に樹形に大きく影響する。大きすぎる樹木は公道を運搬する場合，枝の切断等が避けられないからである。

大きさに関係して，場内（同一敷地内）か場外か，移植先の隣接する建築物や樹木との位置関係なども明らかにしなければならない。場外移植の場合，道路交通法によって公道を通行できる車輌の幅が定められ，貨物も荷台の幅や長さを越えないように制限されている。普通，公道を運搬する場合，貨物としての樹木の幅は最大でも直径3.2 m以内である。ゆえに根鉢の大きさも制限されるし，枝しおりをした樹冠の幅もその範囲内に収めなければならない。ポールトレーラーは荷台の長さが長いと幅は狭くなるので，樹高が高ければ高いほど樹冠を切り詰めて幅を小さくしなければならない。このことは大木移植の場合，非常に厳しい条件であるが，それにも増して，運搬ルートによっては厳しい高さ制限を受けることもあるし，運搬車輌が移植先の敷地に入れるかどうかという問題もある。事前に下見をして運搬ルートを十分に研究しておく必要がある。

（7）枝しおりの可否

樹種によっては，大枝であってもしおりが可能で切断せずにすませられることがある。例えば，素直に育ち枝がきれいに扇型に開いているケヤキなどは，かなりの枝し

図7.7　枝しおりの容易な樹形と困難な樹形

おりが可能である（**図7.7**）。

（8）移植先の立地条件

移植先の地形，土壌条件の良否は移植の成否を大きく左右する。排水不良な場所に移植したために枯死してしまった例や，逆に乾燥しすぎて枯らしてしまった例などがある。根回し段階では十分に発根させることができ，誰もが成功を疑わなかった大径木が，移植先の土壌条件の不良で枯れてしまった例がある。ゆえに事前に現状と移植後の両方を調査検討する必要がある。移植先の土壌は時間的余裕があれば改良することも可能であるが，立地場所の土壌が根鉢をつくりにくい状況であると技術的困難さが著しく増す。根鉢をつくりにくくする要因のひとつとして，砂利・砂・瓦礫など粘性のない層の存在がある。これがあると吊り上げたときに根鉢の底土が抜けて崩れてしまうので，厚みのある鉢をつくれないことが多い。

移植先の土壌について事前に調査がなされ，土壌分析が行われることも多いが，移植作業中の踏圧によって植穴底の土壌が固結して影響を受けることもある。また移植直後は，植え穴内の根鉢外側に埋め戻した土には水分を吸収する根がまったくないので，しばしば過湿状態となる。土壌調査では不透水層の有無なども併せて調べ，通気透水性に問題がないかどうか，移植後の状態についても確認しておくのが望ましい。

（9）根回し期間

樹木の移植は建設工事に伴って発生することが多い。建築・土木工事等との調整でいつ作業が可能であり，どのタイミングで行えば作業がしやすいかを明らかにし，工程を決めることが求められている。しかし，本来ならば高等生物である樹木の都合から工事全体の工程を決めるのが本筋であるのに，残念ながら建設工事等の都合が優先され，樹木の移植作業に必要な時間が極度に短縮されているのが現状である。

(10) 移植時期

樹木にとってストレスの大きい作業をするのに適した時期は，一般的に休眠期である。しかし，樹種によっても地域によっても時期に多少のずれがあるので，その地域の気候と樹種特性を考慮する必要がある。例えば，アオギリやサルスベリは気温がやや高く，雨の多い時期に移植するほうがよいといわれるのは，霜害等の寒さの害にやられやすいこと，樹皮が薄いので根を切られたときに乾燥による皮焼け現象を生じやすいことなどが理由と考えられる。また寒冷地では，土壌が凍結する時期の移植は，普通は困難とされているが，砂地，湿地などのような根が粗く，土壌粒子の粘着性も小さく鉢崩れしやすい土壌では，根鉢全体を凍らせて移植する「凍土移植」も稀(まれ)に行われている（**図7.8**）。

(11) 隣接木との位置関係

樹木が複数接近して立っている場合（**図7.9**），樹勢や樹形がよく植木としての価値が高くても，根鉢形成や搬出作業の関係で１本を移植するために周囲の木を切らなければならなくなることがある。そのような場合，立曳き（**図7.10**）や超大型のクレーンの利用が可能な状況であれば複数を同時に吊り上げて移植する（**図7.11**）ことも検討すべきであろう。

(12) 既存情報の有無と内容の検討

当該樹木の歴史，治療履歴，地質・土壌条件など，移植に関係する文献や情報を参考にして事前によく検討する必要があるが，その際に注意を要すると思われる点について次に記す。

樹種別の移植難易を記載した資料がいくつか存在するが，移植の難易はその木の樹齢・樹勢・形状・生育地と移植地の土壌条件・時期・根回し方法など，さまざまな要因によって変化するので，既存資料の記載を鵜呑みにせず，あくまでも現地の状態から総合的に判断すべきである。例えば，エノキは多くの造園技術の書に「移植は容易」とあり，「おおよそ木の生育しないような場所にも活着する」と書いてある資料もあるほどであるが，非常に丁寧な作業をしたにもかかわらず枯死した大径木の例もある。その原因は，直接的には移植先の土壌条件の不良にあったが，それも当初の土壌調査では予測不可能な建設工事中の環境変化に要因があった。重要な樹木の場合，あらゆることを想定して慎重に実施すべきである。また造園業界では，対象木が浅根か深根かの判断を既存文献から判断することが多いが，個々の樹木の根がどのような状態かは，そのときの地形条件，土壌条件等に決定的に左右される事柄であるので，対象樹木の根系状態については現地調査を丁寧に行って判断すべきである。

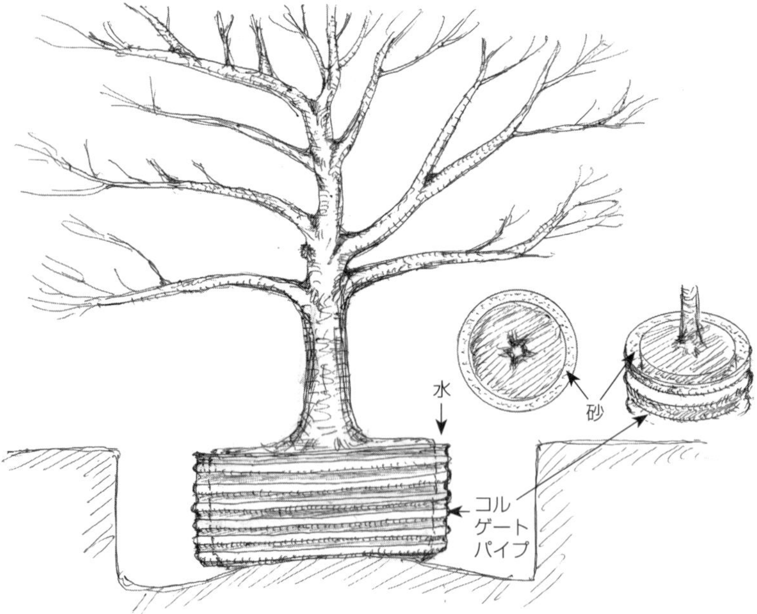

図7.8　寒冷地で行われている根鉢凍結移植法（凍土移植法）

図7.9　根鉢形成の困難な複数の木が近接している状態

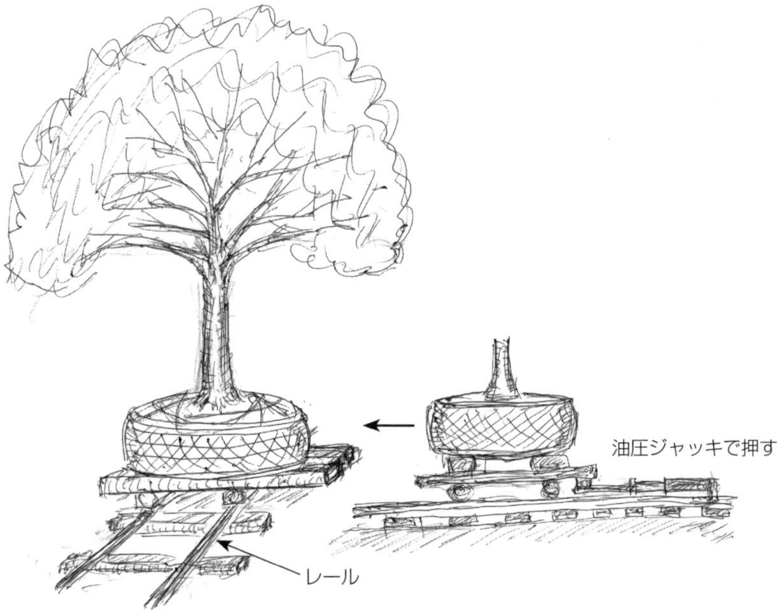

図7.10　立曳きによる運搬

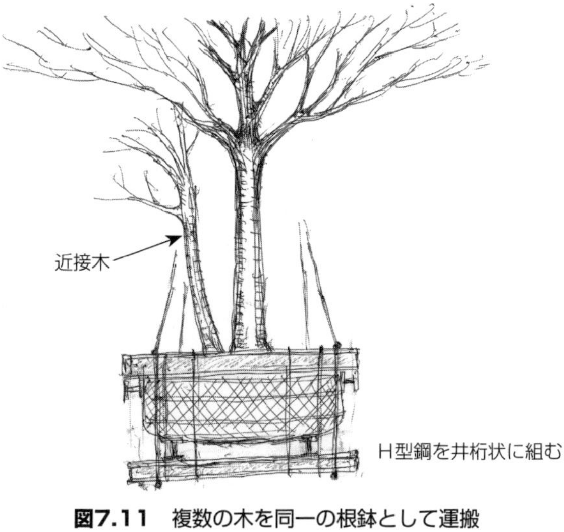

図7.11　複数の木を同一の根鉢として運搬

❹ 移植の方法

1） 移植の種類

移植の方法を根鉢のつくり方から大別すると，根回しをせずに掘取り後，ただちに仮植地または本植地に移植する「直接移植法」と，側根の切断や環状剥皮による根回しをして一定期間養生し，根元近くに新根が十分に発生してから移植を行う「根回し移植法」に分けられる。

（1）直接移植法

根鉢から出た側根，垂下根を切断して樽巻き（**図7.12**）等で根鉢が崩れないようにして運搬移植する方法で，多くのバリエーションがあるが，最も普通に行われている。

ふるい法（叩き法）は深く伸びている垂下根は切断するが，根元周囲を可能な限り大きく掘り上げて水平根をほとんど切断せずに土をふるい落とす方法である（**図7.13**）。砂地に生えているクロ

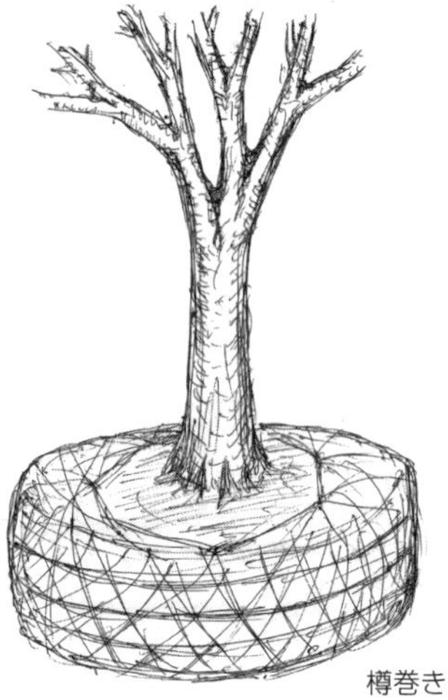

図7.12 根鉢の樽巻き

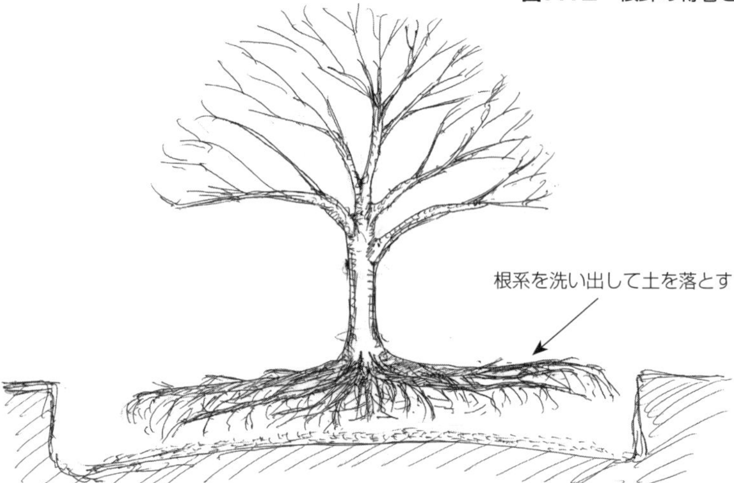

図7.13 ふるい法（叩き法）

マツなど掘取りはしやすいが根鉢形成が困難で，移植先が近距離のときに適用される。

砂地や湿地など，根鉢づくりの困難な土壌に生育する樹木やツツジ類などの灌木に適用されることが多い技法で，根を可能な限り大きく掘りとり，中の土をふるい落として裸根状態にして植えつける。根鉢の土がほとんどなくなるので著しく軽くなり，運搬が楽になるが，根は傷みやすい。福井県坂井市三国町の福井臨海工業団地開発の際に，砂丘に生育していたクロマツをこの方法で大規模に移植した例がある。なお，この方法では水極めの巧拙が成否に大きく影響する。

図7.14　機械移植法の一例

機械移植法は大型機械などでいきなり掘りとってそのまま運ぶ方法である。使用される機械にはツリースペードなどさまざまな種類があるが，日本では**図7.14**のような大型のブルドーザーを使うことが多い。機械のスペードやバケットの歯で根を切断するのでかなり乱暴な方法であるが，事前の根鉢形成を丁寧に行って，ブルドーザーを運搬のみに使うと成功率は格段に向上する。

普通，直接移植法は大きな樹木には適用しないが，機械移植法はかなり大きい木にも適用されることがある。しかし，根鉢直径はバケットの大きさで決められてしまうので，巨大な木への適用は困難である（現在，日本で使われている機械では最大根鉢径 3 m）。

（2）根回し法

根回しには

- 側根を根切り用チェンソーなどを使って切断後，そのまま埋め戻して一定期間養生する方法
- 側根切断後，藁（わら）・菰（こも）等で簡単に根巻きしてから埋め戻して一定期間養生する方法
- 太い支持根の環状剥皮と細い根の根切りをした後，埋め戻して一定期間養生する方法

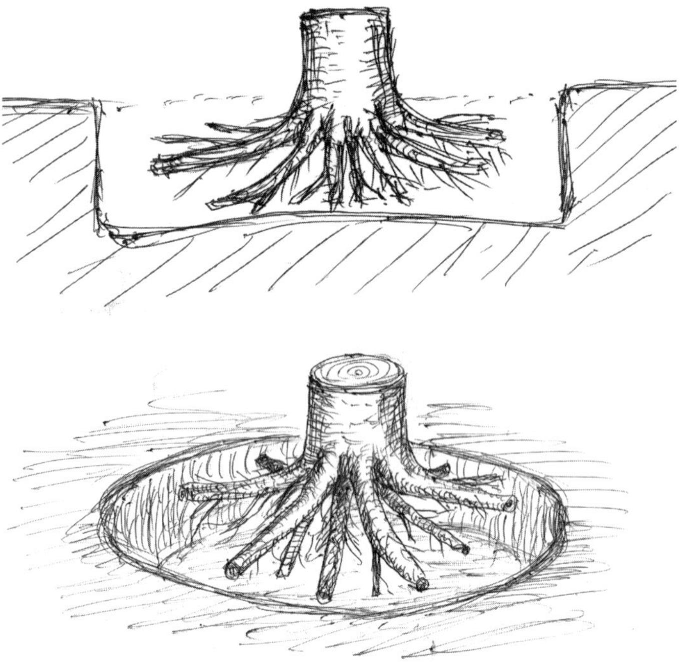

図7.15　根株移植法

• 発根促進のための堆肥や発生根保護のための遮根シートを使う林試移植法

の4つがある。普通，一定以上の大きな樹木に適用される。

このほか，萌芽力が強い樹種で根株の再生能力も高く移植前の樹形を保存する必要のない場合は「根株移植」(**図7.15**) という方法もあるが，これは活力の高い木に限られ，古く大きな根株には適用が難しい。というのは，切り株からの萌芽力は樹齢を重ねるほど低下する傾向があるからであり，クヌギ，コナラの薪炭林でも，株が100年を超えると萌芽更新をせずに植え替えることが行われていた。

以上に説明した方法には技術や工法の手順によりさまざまなバリエーションがある。

2）移植の手順

（1）一般的な移植の手順

①移植の可否判定

土壌の性質・根の深さ・根張りの広さや方向などを十分調査し，掘取りや運搬の難易も十分に検討したうえで決定する。樹種による移植の難易も活着や，その後の生育に大きく影響するので，難しいとされている樹種はそれだけ慎重に選木し，作業も丁寧でなければならない。樹種ごとの移植の難易を示す既存資料がいくつかあるが，あまり参考にならない。それよりも，移植の難易は樹木の活力状態や立地条件，根の張り方などの物理的・生理的な条件のほうに大きく左右されることを考えるべきである。ゆえに容易だとされた樹種でも実際にやって失敗する場合もあり，極めて困難とされている樹種でも丁寧な作業によって成功させた例もある。

②移植時期の選定

掘取りや植付けの時期は，樹種によっておおよその目安がある。ここでは関東地方平野部を基準にして説明するが，これも大雑把な目安であって，不適期とされている時期であっても成功させることは可能であり，適期であっても失敗する可能性は常にあることを肝に銘じなければならない。

ア．落葉広葉樹・落葉針葉樹

落葉樹は落葉している休眠期が安全で，晩秋から春の間の厳寒期を除いた 11 ～ 12 月中旬の紅黄期～落葉期と，2 月中旬～ 3 月上旬の新芽が動きはじめる前が移植の適期とされている。しかし，樹種や個体の活力状態，あるいは地域や土壌状態によって発芽や発根の時期，寒害に対する抵抗性などが異なるので，時期を調節することが重要である。

落葉針葉樹にはカラマツ，ラクウショウ，メタセコイア，スイショウなどがあるが，カラマツ以外は厳しい寒さには弱いので，普通は 3 月が移植適期とされている。

イ．常緑広葉樹

一般に常緑広葉樹は葉や芽が晩霜害を強く受けやすく，また葉の再生力も落葉樹に比べて弱いので，降霜の可能性がなくなる 4 ～ 5 月初旬と，空中湿度の高い梅雨期（6 ～ 7 月初旬）の新芽が充実して新梢の固まった頃が移植適期とされており，新根の活動もこの時期は盛んに行われている。しかし，前述の樹体内エネルギー状態の季節別変化でもわかるように，梅雨期の蓄積エネルギーは低いので，空梅雨で雨量が少なく高温が続くときは，移植に失敗する可能性が高くなる。同一樹種でも地方によって新梢の固まる時期は異なり，九州・四国地方では 5 ～ 6 月，関東・東北地方では 7 ～ 8 月頃に新梢が固まるとされている。ただし 7 ～ 8 月は高温と乾燥のために移植の難度が上がるので，9 ～ 10 月のほうがまだやりやすい。なお，常緑樹でも寒さに強いものは梅雨期よりも 3 ～ 4 月か 10 月のほうが移植適期とされている。

ウ．常緑針葉樹

通常 3 ～ 4 月上旬が最適期で，次いで 9 月下旬～ 10 月下旬とされている。南方産針葉樹のシマナンヨウスギやチリーマツは寒さに弱いので，4 月に入ってからのほうが安全とされている。

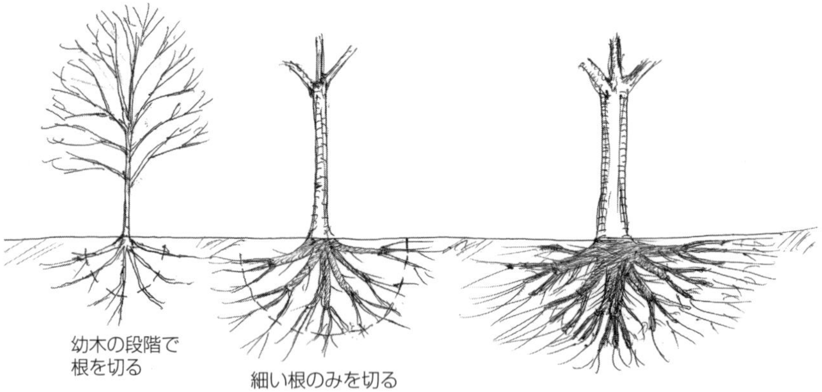

図7.16　植木圃場で行われている根回し

以上，移植適期について述べたが，根回し（鉢取り）の適期はほぼこれに準じており，適期の幅がもう少し広い。

（2）根回し

苗畑にあって，時折，根切りや床変えを行っていつでも植木として出荷できるようにしている樹木は，常時根回しを行っているようなものであり，根元近くに多くの細根がある（**図7.16**）。しかし山林，神社，公園等の樹木は，障害物さえなければ根が根元からかなり遠くまで伸びており，水分や肥料成分を吸収する機能のある細根は根元近くには極めて少ないのが普通である。もしそのような木に「直接移植法」を適用すると，養水分吸収機能のある根は移植時点でほとんど失われてしまうので，枯損の危険性が高くなる。根回しは直接移植をするのが危険と思われる木に対して行われ，かなり大きな成木が対象となる。

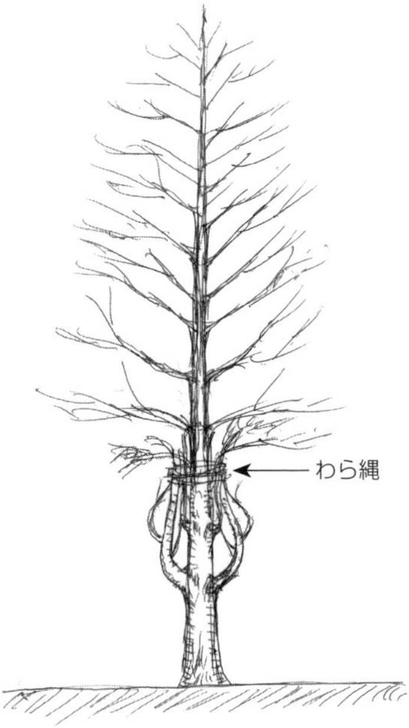

図7.17　枝の持ち上げ

根回しは適期の，しかも土壌が適度に湿っている状態のときに“鉢取り”を行うのがよく，土壌が乾燥しているときは根元周囲に十分潅水する。根元周囲の草本や潅木を刈りとって整地し，対象木の下枝が作業上支障となる場合はなるべく“枝の持ち上げ”

図7.18　根鉢の直径の決定

（**図7.17**）を行い，剪定は可能な限り少なくするが，枯枝はすべてとり除く。特に下枝は樹体の風荷重に対する抵抗性を高める働きがあるので，太く活力のある下枝は可能な限り保存する。もし樹勢が低下していて，移植あるいは根回しまでに時間的余裕がある場合は，根回し作業に入る前に根元周辺の通気透水性の改善，肥料や堆肥の施用などにより樹勢を回復させてから根回し作業に入るのがよい。根回し作業後の発根量は樹勢に大きく左右されるからである。

①移植時鉢径の大きさの決定

鉢径は根元直径（根元のナイロイド形の湾曲部のほぼ中央で測定。覆土されていればそれを剥いで根元を出してから測定。**図7.18**）を基準として，その3～5倍，多くは4倍とするのが習慣的で，木が細ければ細いほど根元径に対する倍率を大きくする必要があり，移植の困難とされている樹種や樹勢の低下している木，貴重木ほど大きくする必要があり，普通，常緑樹は落葉樹よりも大きくする必要があるとされている。また，根回し時期が春の適期から遠ざかるほど大きくし，土壌条件の悪いところほど大きくする。いくらか傾斜した木では根張りの程度が傾斜側とその反対側とでは異なるので，偏形根鉢とする必要がある。しかし，形成可能な根鉢の大きさは土壌の性質，根系の発達状況，特に細根量等によって大きく異なる。根鉢の厚さは，理論上は力学的な支持機能のある一定以上の太さのある側根が出なくなるまでの深さとするのがよいが，一般的には根元径の1.5～2倍とされている。ちなみにナイロイド形の根元で，根元直径が湾曲部の中央とされる理由は**図7.19**に示すように幹と根双方の肥大成長によって幹と根の境がほぼその辺りになると推測されるからである。

しかし，個体の性質の差によって根系の深さは著しく異なり，樹種によって細根密

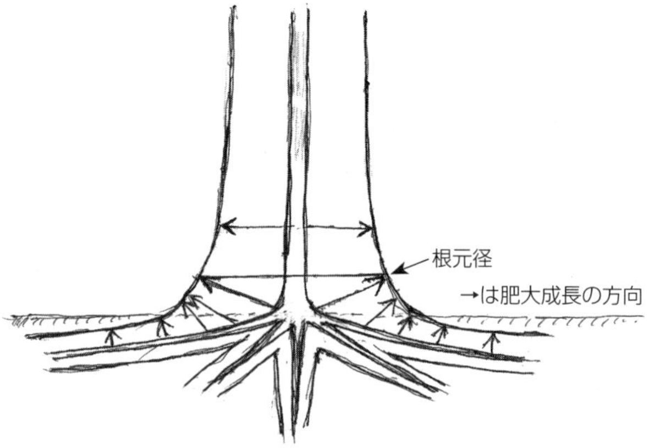

図7.19　根元径は幹と根の境界で計測

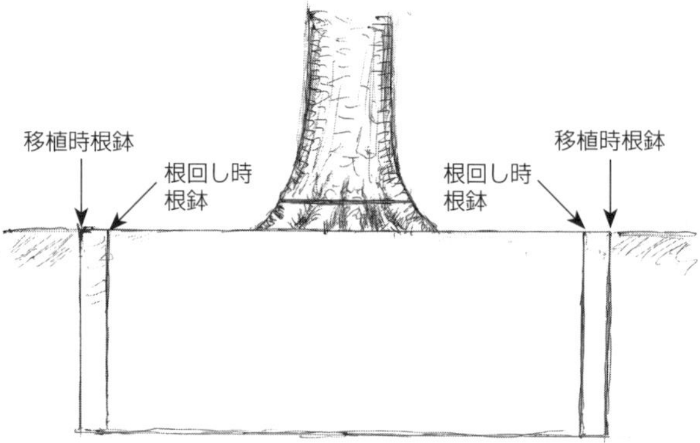

図7.20　移植時根鉢と根回し時根鉢

度の差もあるので，これらの特性も考慮して根鉢の直径と深さ（厚さ）を決定する必要がある。さらに，これらも停滞水や地下水の高さ，乾燥しやすさ，土性，堅密度，礫層・硬盤の有無，独立木か林内木か，平坦地か傾斜地かなどの立地環境によって大きく変わってくる。それゆえ，一般的な概念からこの樹種は浅根性だ，深根性だと決めつけて根鉢の深さを決定するのは危険である。事前の根系調査により土壌根系の深さや広がりを確認しておく必要がある。

②根鉢から出ている根の処理

移植時根鉢の外周を決定したら，次に根回し用根鉢の掘取りを行う。根回し用根鉢の直径は移植時の根鉢の90%とするか，あるいは10 cm程度内側とする（**図7.20**）。根の処理は，根の切断や剥皮により移植時の根鉢内の新根量を多くして根元近くの養水分吸収機能を高め，さらに密生した細根により鉢土を覆って根鉢崩れを防ぎ，植付け後の活着を高めることを目的として行うので，対象木の樹勢や発根能力により，その方法や養生期間が異なる。大別すると次のようになる。

ア．根回し時の根鉢の側面の全周を掘り起こし，根切りを行い，再び埋め戻して半年から1年後に掘りとる。発根しやすい樹種の山取り大径木ではこの方法が採られている。

イ．同様に掘り起こして根切りを行い，樽巻きをして埋め戻し，半年から2年ほど養生して十分新根を発生させる。大径木や発根しにくい樹種で行われている。

ウ．根鉢全周の1/2を掘って根切りや環状剥皮を行ってから埋め戻し，その後の発根状態を見て1年後に残りの部分を掘って根切りを行い，再び埋め戻してさらに1年程度養生して，2年かけて根回しを行ってから移植する。貴重木，発根しにくい大径木，老木などでこの方法が採用されている。

エ．林試移植法。林試移植法については環状剥皮の方法とともに後述する。

③根回し時の根巻き

環状剥皮や細い根の処理後，根巻きを行う。根巻きは，移植時に根鉢崩れを防ぎ移植後の活着を容易にするために行われる作業であるが，根回し段階でも，根回し後に再び掘りとるときの鉢取りを容易にするために行われることがある。

④埋め戻し

根の処理が終わったら，少量ずつ土を棒で軽く突つきながら埋め戻し，土と根の剥皮部が十分に接するようにする（**図7.21**）が，突き固めしすぎると根系の酸欠を招くので注意する。後述の林試移植法A法の場合，発根はシートの内側で行われるので，シートの外側に埋め戻す土の質にはあまり気を遣わなくてよいが，通気透水性には十分に注意す

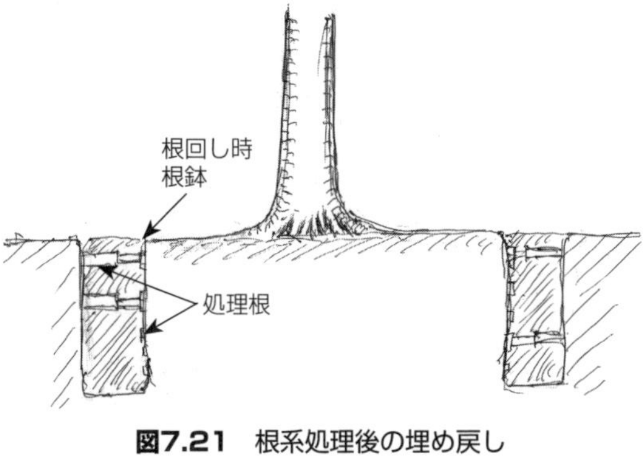

図7.21　根系処理後の埋め戻し

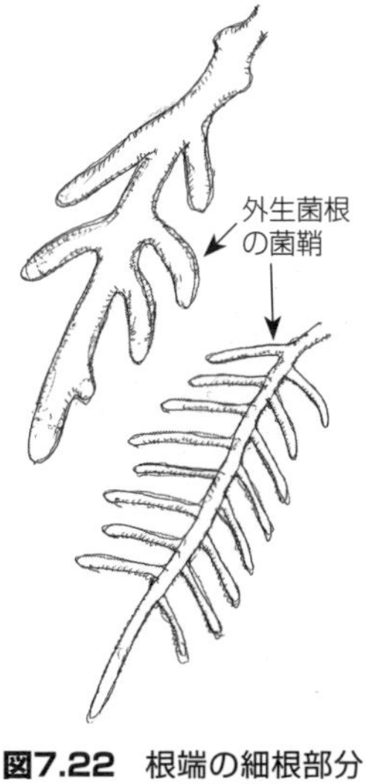

図7.22　根端の細根部分の外生菌根

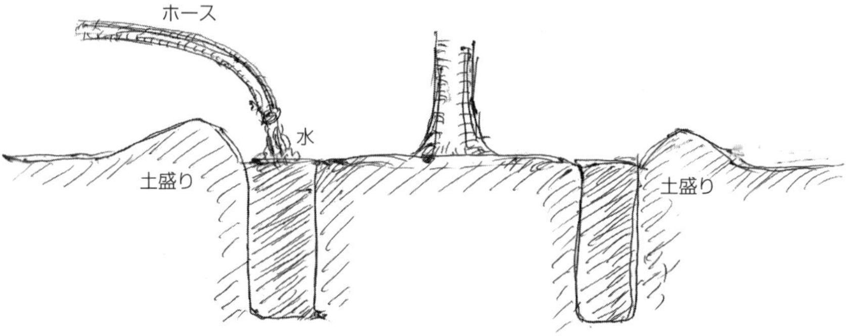

図7.23　水極め

る。シートを使わない場合は埋め戻し土に混ぜる堆肥の品質を十分吟味しなければならない。また木質系堆肥の場合は，あらかじめリン酸肥料を少量混ぜておくと発根効果が高まるとされている。リン酸は細胞のエネルギー代謝に深く関わっているが，植物が最も吸収しにくい肥料成分であり，通常は菌根菌がそれを補っている。しかし根回し直後は細根に形成されている菌根（**図7.22**）がほとんど失われている状態なので，植物が利用しやすいかたちのリン酸肥料の供給は有効と考えられる。ちなみに環状剥皮法は根端部分に形成されている菌根の働きも利用している。

埋め戻し後，根元に水鉢を切り灌水する「水極め」（**図7.23**）が行われているが，樹種や土性によって灌水量や突き固めの程度を変えなければならない。水平根の細根部分の呼吸量がとても多いマツ類は灌水をしない“土極め”のほうがよい場合が多く，特に粘性の強い土で強く突き固めたり過剰な灌水を行ったりすると酸欠状態となり，かえって発根を阻害してしまう可能性が高い。乾燥害や寒害を防ぐためには，防草シートや稲わらを根元にマルチングしたりバーク堆肥や落葉を根元に敷き詰めたりするとよい。即効性の化学肥料等を高濃度で施用することは避けたほうがよい。根の発生と伸長の最も盛んな時期（７月下旬～９月上旬の盛夏期）に降雨が少なく乾燥害が出そうなときには，液肥を通常使用濃度よりもさらに5～10倍程度薄めた液（例えば，通常500倍で使用するものならば2,500～5,000倍）を，根系の範囲にできるだけ深くまで達するように十分灌注するとよい。薄い液肥は水極めの際にも使用できる。薄い液肥であれば，移植や根回しの傷やストレスにより一時的に柔細胞内の糖濃度が下がり，浸透圧が低くなった根でも，肥料焼けを起こさずに水分やミネラル・窒素を吸収することができる。

⑤支柱

支持根がかなり切断され倒伏の可能性がある場合は仮支柱をするが，根回し段階では垂下根は切断されてなく倒れる心配は少ないので，頑丈な支柱は不要であり，簡単なものでよい。大径木の場合はケーブリング（ブレーシング）を併用することもある。樹木は樹体がいくらか風で揺れるほうが発根量の多いことが観察されているので，がっちりと固定しないほうがよい。しかし，樹高の高い木や片枝木，傾斜木など重心が根元の真上からずれている木は，根系分布が偏っていて根鉢を形成するのが難しいうえに，支持根の切除量も多くなり，風による倒木（根返り）の可能性が高い。また樹体が安定していないと発生した新根が切れてしまう可能性もあるので，強風時に倒れることがないようにしっかりとした支保が必要である。

環状剥皮法では太い側根が切断されずに樹体の支持力を保持しているので，簡単な支柱ですませることができることも利点である。しかし，砂地のような土壌粒子間の結合力が小さく緊縛力の弱い土壌では，風上側の根が浮いて強風で倒れてしまうことがあるので，かなり頑丈な支柱が必要である。

⑥整枝剪定

とり除いた根の量に応じて枝葉の除去を行うことが普通に行われているが，実際には可能な限り多くの葉を残したほうが発根性がよい。十分な根回し処理，特に環状剥皮をした樹木に対しては，枯れ枝や衰退枝の切除程度のごく軽い剪定がよい。剪定量を少なくして十分な葉量を保っていれば，当然光合成量も大きく低下することはなく，光合成量が多ければ発根に必要なエネルギーも相対的に増え，発根を促進する植物ホルモンの量も増える。根は葉で生産される糖分等の代謝産物に依存して細根を発生させるので，葉量が多いほど発根性もよくなる。根を切られて水が上昇しなくなった枝葉は，多くの場合，樹木が自らその枝を枯らすので，切除するのはそれを待って枯れ枝のみを行うとよい。根を切断後にどの枝葉が枯れるのかを事前に予測することはできないので，剪定によって“水分バランス”を図ろうとする行為（**図7.24**）は，過度に行えばかえって危険である。

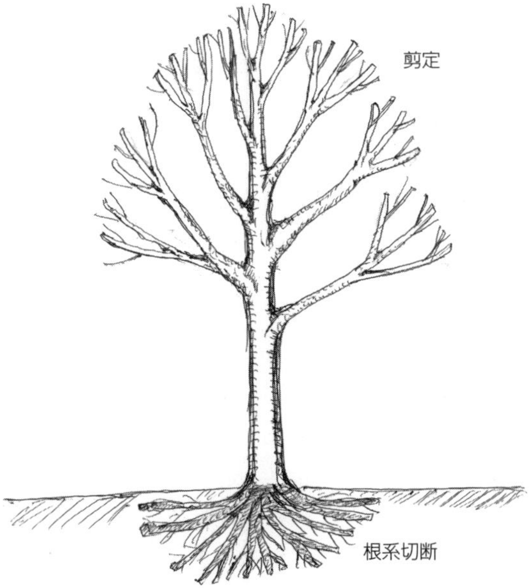

図7.24　根の切断と枝の剪定によって水分バランスを図ろうとする行為

環状剥皮が理想的に行われ

ていれば，剥皮部よりも先の部分の細根が徐々に枯死していく量と，剥皮部で細根が徐々に発生する量とが均衡を保ち，水分やミネラルの吸収能力がほとんど低下しないので，成長量は抑制されるが，枝葉の枯れはほとんど生じないはずである。残念ながらこれは理論上の話であって，環状剥皮を行える根は全体のごく一部であり，いくらかの枝枯れが発生するのは避けられない。

（3）掘取り・運搬・植付け

①掘取りと根巻き

根回し後，一定期間養生して根回し用根鉢より外に十分な新根が発生した時点で移植する。移植可能な時期は根回しをしない樹木に比べて幅が広く，丁寧に行えば盛夏期や厳冬期を含めてほとんどの時期で可能である。確実性を高めるためには樹種ごとの移植適期に合わせて行うのがよいが，たとえ盛夏期のような不適期であっても，丁寧な根回しを行っていれば移植の成功の可能性はかなり高い。

まず，根鉢が崩れないように十分な根巻きを行う。運搬にあたっては，枝しおりができず運搬上の支障枝を最小限の量で剪定し，残りの枝は枝しおりをして，樹木損傷を可能な限り少なくするように注意する。なお，枝しおりは樹種や樹形によってかなり容易さが異なり，また時期によって樹皮の剥離のしやすさも異なるので，実施にあたっては十分な検討が必要である。さらに，容易な樹種でも急激な枝の曲げは樹皮の剥離や材内部の亀裂，枝折れを招くので，十分な時間をかけて徐々に行わなければならない。普通，樹皮は春から夏の，形成層が盛んに細胞分裂をしている時期は樹皮と材が密着していないので剥がれやすく，秋から早春にかけての休眠期は剥がれにくいとされている。

なお，根回し後に遮根シートを設置しないで埋め戻しをした場合，掘取り段階でせっかく発生した根を切ってしまい，根回しの意味を半減させてしまうことが多いが，それを防ぐには埋め戻し土を側面から少しずつ突き崩して発生根を垂れ下がらせ，垂れ下がった根を鉢になでつけるようにしながら根巻きを行うと活着率が格段に向上する（**図7.25**）。垂れ下がらなくても曲げられる根は曲げて根巻きを行う。埋め戻し土は締め固まっていないので崩すのは容易であり，新根はリグニン含量が極めて少ないので，枝と違って曲げても折れることが少なく，また

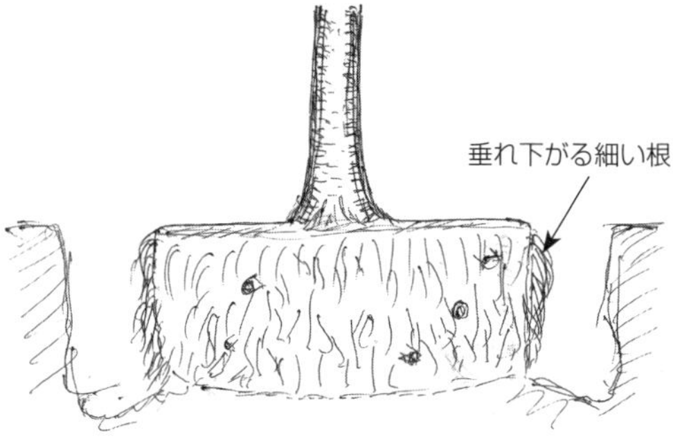

図7.25　根鉢から垂れ下る細い根の保存

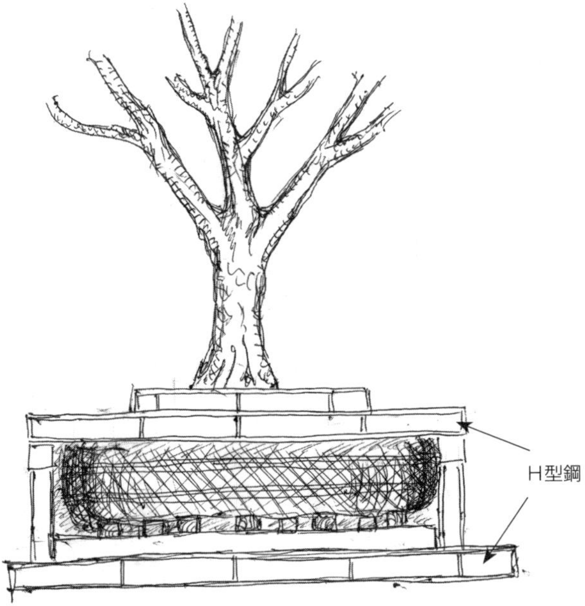

図7.26　H型鋼での井桁組みによる根鉢の補強

折れても一部でもつながっていれば保存するほうがよい。

②運搬

貴重木や大径木の場合，“立曳き”によって掘りとった樹木を植え穴まで移動することがある。これは運搬距離が比較的短く障害物がない場合にのみ可能な方法である。立曳きは大きな樹冠や根鉢でも樹形を損なわずに移動できるが，公道を通ることができず経費もかなり多額となるのであまり行われない。実施する場合は鉢径よりも幅の広い溝を掘っておき，レールを敷いて油圧プレッシャーやウインチ，あるいはブルドーザーにより水平移動させる。

移動距離がやや長い場合は，根鉢を崩さないようにH型鋼等で井桁を組み，巨大なクレーンで吊り上げてトレーラーに立てたまま乗せ，ワイヤーなどで固定して定植場所まで移動する方法がある（**図7.26**）。根鉢は重心を低くして安定させるため，通常よりも鉢取りを少し大きくする。樹木が倒れないように注意しながら移動する必要があるので，風の強い日の作業は避けるほうがよい。

③植付け

植付けは荷ほどき，植穴掘り，立て入れ，埋め戻し，突き固め，水鉢切り，灌水，支柱立てと一連の作業を含み，根を乾燥させないようにすばやく仮植または定植する。ゆえに風の強い日や乾燥した日はできるだけ避けたほうがよいが，実際には日を

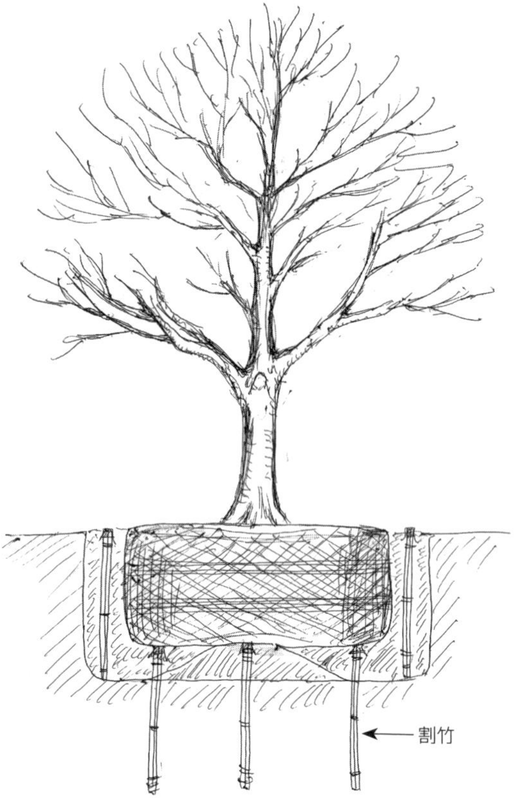

図7.27　植え穴内への割竹埋設

選ぶことができないことが多いので，そのときは根鉢に灌水するなどして，根の乾燥枯死を防ぐようにする。荷ほどきは根と土が離れないように注意して行う。遠距離の運搬，工事工程上の都合等によって掘取り後から植付けまでにかなり時間がかかるときは，菰やシートなどを被せて根と土が乾かないように注意する。根巻き資材が腐りやすく短期間で土壌化するような材質であれば，外さずにそのまま植えつけてもよい。

植え穴は根鉢よりもかなり大きく掘る。植え穴が乾燥しているときはあらかじめ灌水しておく。植栽地の土壌が瓦礫を多く含んでいたり土性が不良であったりしたときは，現地土を篩にかけて瓦礫等を除いてから堆肥などの土壌改良資材を攪拌混入して根鉢の根系の隙間に埋めてから植え穴を埋め戻す。しかし，埋め戻し土には木片・落葉・雑草などの未熟な有機物が混入しないようによく注意する。植え穴の直径は大きければ大きいほどよいが，深植えは根の呼吸を阻害することが多く，根腐れの原因と

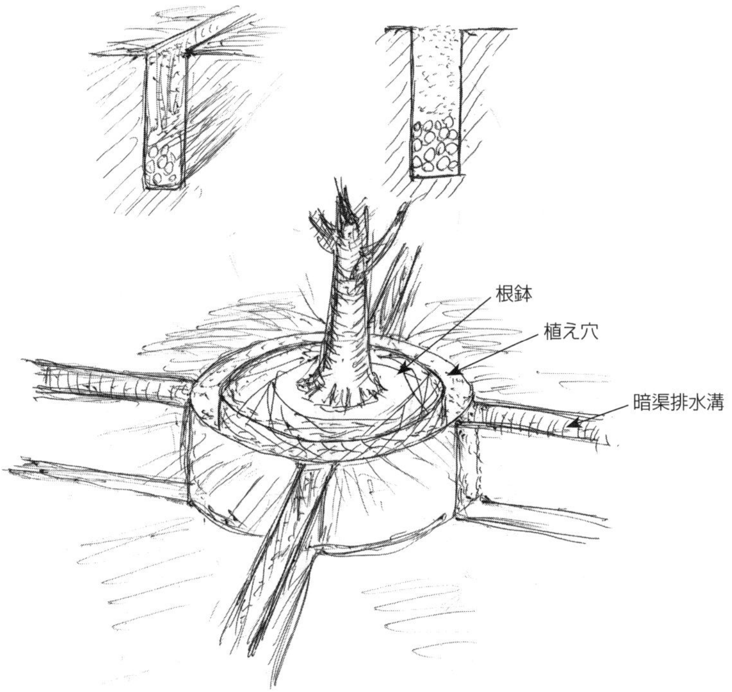

図7.28　植え穴周辺の暗渠排水溝

なるので注意する。

埋め戻しの際，植栽地が粘土質の堅密な土壌で停滞水を生じやすい場所では，過度の水極めはかえって根腐れの原因となるので注意し，縦穴式土壌改良の要領で割竹を埋設する（**図7.27**）か排水溝を設ける（**図7.28**）かして，通気透水性の改善を図っておく必要がある。

植え穴に埋め戻す土は可能な限り現地土を使用する。少々土質が悪くても堆肥等で改良できる場合は，堆肥を適宜混入して改良する。そのとき，パーライトなどの岩石を焼成発泡した人工的資材はなるべく使わないほうがよい。土壌改良はあくまでも自然資材，廃棄される有機資材を使って行うべきものである。自然資材であっても良質土の客土はできればしないほうがよい。良質な客土の採取場所は農地か林地であり，どこかで農地や林地を破壊していることになるからである。緑地をつくり育てる行為のなかで，どこかの自然を破壊するというのは大いなる矛盾である。

ア．仮植

工程上の都合から本植することができず，いったん別の場所に仮植（仮置き移植）

することがある。仮植地として望ましい立地条件は樹種によって異なるが，普通は，日当たりがよくて風当たりが弱く，緩やかな片勾配か土層の深い平坦地で，水が停滞しない場所である。平坦地で基盤が固結している場合は，十分な深さまで全面耕耘した後 30 ～ 50 cm盛土して排水性をよくする。排水のよい場所が選べなかった場合は溝を掘って排水網を設置して十分な高植えとする。

後述の林試移植法 A 法の場合，仮植後，本植までにどのくらいの期間があるかによって，根回し時に根鉢の外側に巻いた遮根シートをとり外すか否かが決まってくる。仮植後 1 年以内に本植する場合は，シートをとりつけたまま仮植地に植えつけることも可能である。1 年を越えて仮植地に置く場合は，根回し時の遮根シートをとり外し，鉢底と根鉢周囲に完熟堆肥を 10 ～ 15 cm程度の厚みで詰める。いずれの場合も植え穴の深さは根鉢の高さの 50%とし，根鉢全体はやや高植え状態とする。また，根鉢の上には客土しないことを原則とし，根元の張り出しが見えるようにする。決して深植えにしてはならない。植付け後，根鉢から 20 ～ 30 cm程度離して緩効性あるいは遅効性の肥料を植穴土壌に埋め込む。

イ．本植

植付けにあたっては可能な限り大きく穴を掘り，土壌を膨軟にすることが肝要である。植付け場所が排水不良の場合は，植え穴の底にあらかじめ縦穴式土壌改良の要領で割竹を挿入するか，暗渠排水網を設置するのが望ましい。暗渠排水網の設置が困難な場所では，割竹を設置してから高植えにする（**図7.29**）。通気透水性が良好であれば高植えはしないほうがよい。通気透水性が極めてよく乾燥しやすい場所ではいくら

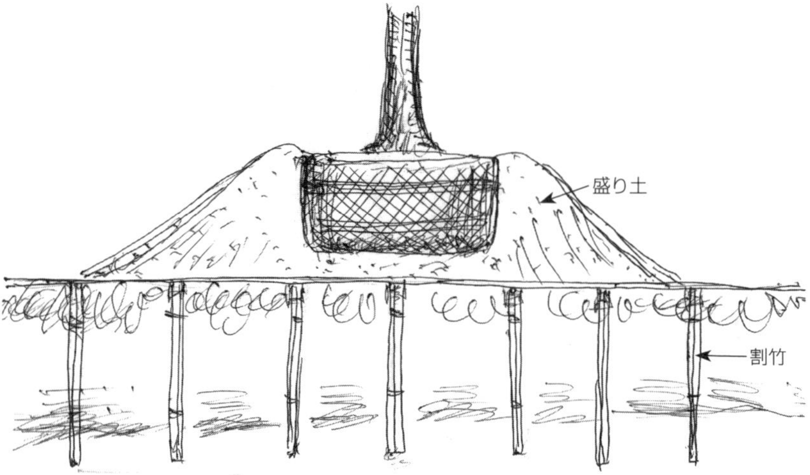

図7.29　高植えをする前の割竹埋設

か深植え状態にする（**図7.30**）。

埋め戻し土は現地の土壌が還元状態にあったり有害物質を含んでいたりするなどの問題がない限り，現地土を改良して使うようにする。現地土の状況によって変わるが，普通は現地土に良質な完熟堆肥を1/2～1/3混ぜれば埋め戻し土として使うことができる。改良した土壌を植え穴周囲の基盤土壌（壁面および底面）と混和するように撹拌しながら植え穴に入れていく。林試移植法で根回し後，シートを巻きつけたまま仮植したものは，シートをはずしてわら縄や菰で根巻きを行う。

④幹巻きと泥塗り

幹巻き（**図7.31**）は，大径木で枝葉を極度に切り詰めたもの，衰退したもの，樹皮に割れがあるもの，あるいは時期はずれの移植木

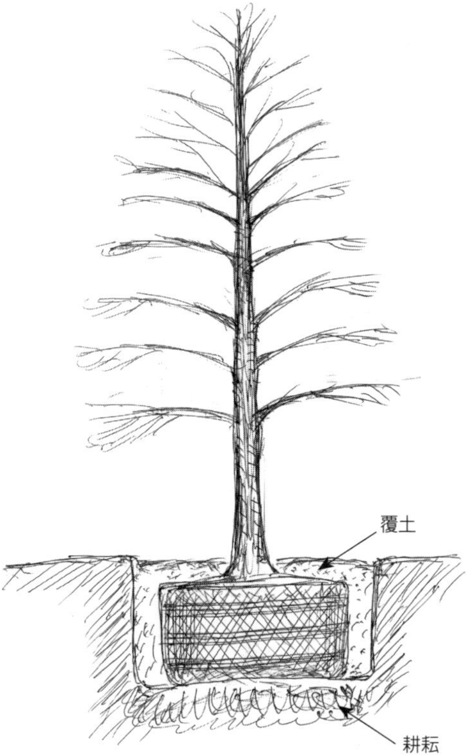

図7.30　乾燥しやすい排水良好土壌での深植え

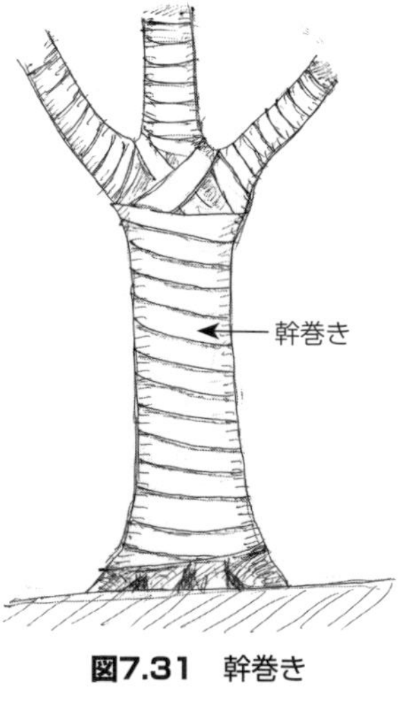

図7.31　幹巻き

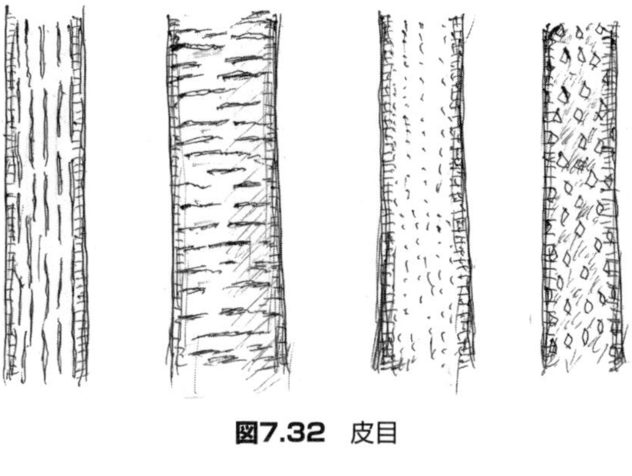

図7.32　皮目

などに行う。この効果は，樹皮からの蒸散を防ぎ，直射日光による皮焼けや寒害・乾燥害を防ぎ，また，作業中に幹が傷つくのを防ぐ効果もある。しかし，ときには作業中にできた幹の傷を隠すために行われることがあり，胴枯れ病や皮焼け現象が生じていても気付かれにくいこともある。粘土を用いた“泥塗り”は，近年は滅多に行われないが，皮目（**図7.32**）を通しての樹皮からの蒸散を防ぐ以外に，樹皮内の害虫を殺したり，その侵入を防いだりする効果もある。ただし，益虫を殺してしまう可能性もある。

⑤支柱

支柱は,大径木の場合は3～4本の八ツ掛け支柱（**図7.33**），列植の場合は布掛け支柱（**図7.34**）が一般的であるが，ワイヤーブレース（**図7.35**）もある。ワイヤーブレースは広いスペースが必要であるが，樹体が風で揺れるように少々緩めておくことも可能であり，そのほうが発根性がよいという実験結果がある。大径木や老木の本植の場合，支柱が必要か不要かは樹形によって変わるが，背の高い樹木の場合は，普通10～20年は必要である。このように長期間支柱をしておくと，移植後の成長がよい場合，幹や枝にあて木や棕梠縄，ワイヤーなどが深く食い

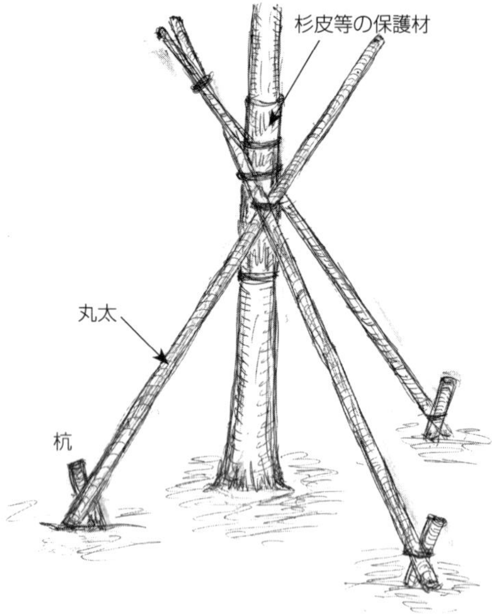

図7.33　八掛け支柱

図7.34　布掛け支柱

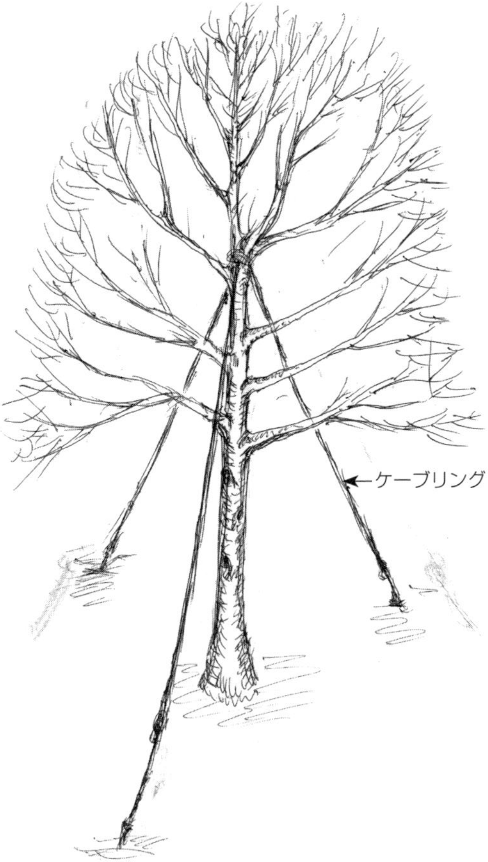

図7.35 ワイヤーブレース

込むことがある。できれば5年程度を目安として結束位置を変えたほうがよい。それゆえ，支柱はとり外し可能なものを使用するほうがよい。樹体を支える方法として支柱とブレーシング（ケーブリング）とどちらがよいのかがしばしば問題となるが，十分な空間がありブレーシングが可能であれば，ブレーシングのほうが丸太などの支柱よりもよい結果が出やすい。それは，樹木は樹体にかかる力，すなわち力の流れに反応して必要な部分に必要な材を形成し，支持根を発達させる性質をもっているので，ブレーシングを少し緩めて樹幹が風によってわずかに揺れるようにしたほうが，丸太支柱のように固定してしまうものよりも根系と幹の発達が促進されるからである。近年，ブレーシングにポリプロピレン製の強靭なケーブルも使われるようになっている。軽くて柔軟なのでワイヤーブレースよりもはるかに設置が容易である。

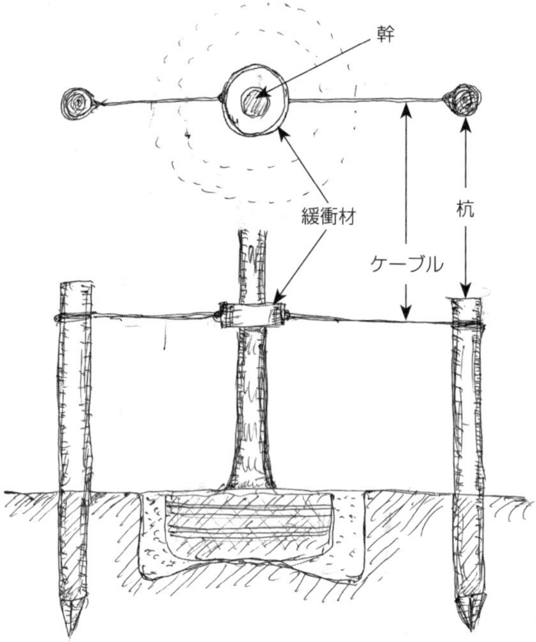

図7.36　丸太とケーブリングの組み合わせ

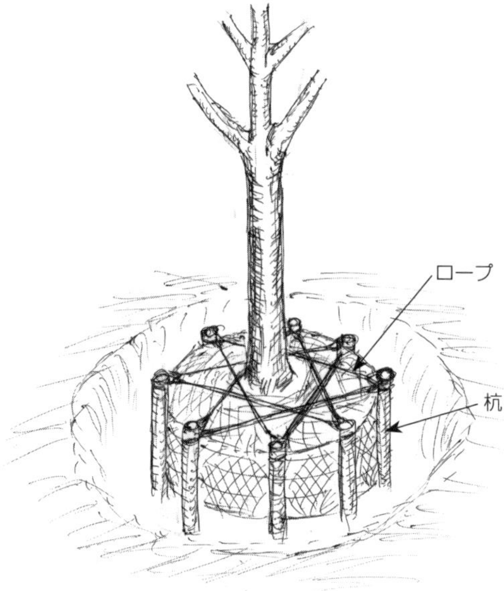

図7.37　地下支柱の例

丸太支柱とケーブリングを組み合わせた**図7.36**のような方法は欧米でよく行われている。

地下支柱（**図7.37**）にはさまざまな方法があるが，根系の肥大成長によって支柱部材が根元の幹や根を絞めつけたりのみ込まれたりして，根を傷める現象がしばしば見られる。しかし，土中のことなので気付かれにくい。地下支柱を実施する場合は施工段階で十分に工夫するとともに，ときどき点検するなどの十分な注意が必要である。

3）作業上の注意事項

（1）根回し作業

根回し作業にあたって注意すべき点について次に記す。

根鉢をつくるために根鉢周囲を掘り上げる際に，バックホウなどの重機を用いて掘り進めることがしばしば行われているが，このような方法は根を傷め，特に太根が折れたり裂けたり，樹皮が剥がれたりすることがある。ゆえに人力で慎重に掘り進めるのが望ましいが，土壌が固結して人力で掘るのが困難というような理由で重機を使う場合も，太根を強引に切断することは絶対にしてはならない。万が一，重機によって切断してしまった場合は，荒い切り口や割れた部分を切り戻す必要がある。

環状剥皮の作業を行うときの溝は，作業できる深さと幅を確保するが，可能な限り狭くする必要がある。環状剥皮の場合，根の先端部分を傷めず，養水分吸収機能を維持することが極めて重要である。

根回し作業のために根の周囲を掘る際，剥皮するほど太い根がどの方向にどの深さで分布しているかについてスケッチや写真で記録しておくと，移植時の再掘取りの際に根系を傷める危険性が少ない。

環状剥皮を成功させるには丁寧な作業が必要である。樹種や樹勢，時期によって樹皮のむけやすさはかなり異なるので，熟練者の指導のもとで練習しておく必要がある。水平根の下向き側は特に目が届きにくく作業しにくいので，形成層のとり残しが生じがちである。そのようなときは手鏡を使って作業するとよい。

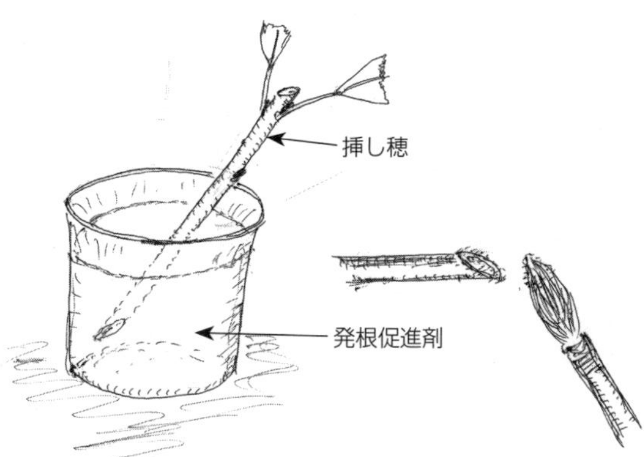

図7.38　挿し木における発根促進剤の利用

挿し木では発根促進の目的で植物ホルモン剤を利用

することが多い（**図7.38**）。挿し木のように枝葉がほとんど残されていない枝では，オーキシンはほとんど生産されていないので，オーキシン液に挿し穂の切り口を浸漬する意味がある。後述の林試移植法A法による根回しの場合，剪定による仕様の切り詰めを極力少なくするので葉からのオーキシン供給は十分にあり，さらに根におけるオーキシンの有効濃度が茎に比べて極めて低いことを併せて考えると，根回しでのオーキシン剤の効果はほとんどないか，発根という意味ではかえって有害かもしれない。

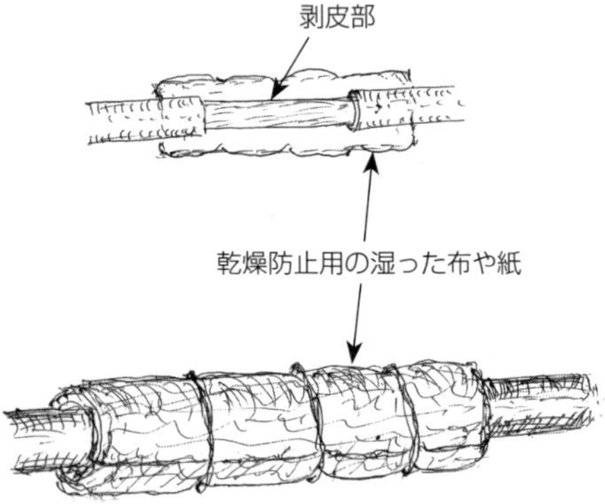

図7.39　環状剥皮部の保護

環状剥皮した部分の切り口や露出した木部が乾燥しないように，濡れた紙，雑巾，不織布などを巻いたり当てたりして保護するとよい（**図7.39**）。

（2）移植作業

移植作業にあたって注意を要すると思われる点について次に記す。

- 場外移植の場合は，搬入・搬出ルートの確認と必要な届出などの手配を漏れなくしておく必要がある。特に樹木を載せた車輌が移植先まで通行し，現場に進入することが物理的に可能かどうかを確認する。
- 樹木を植え穴に入れて高さを調節する際は，移植後に根鉢が沈むことも考慮して高さを決める必要がある。特に深植えを嫌う樹種や水はけのやや不良な場所では，植えつけたときにちょうどよい高さにすると，その後，沈降して深植え状態になってしまった場合，樹勢が衰退したり枯死したりすることがあるので注意が必要である。
- 掘り上げた根鉢を植え穴に入れるまでの作業が一気に進められず，掘り上げた状態で長時間，場合によっては数日間も据え置かなければならないことがある。そのようなときは，根鉢が乾燥しないようにシートを被せ，霧を吹きかけるなどの乾燥対策をとる必要がある。
- 土壌が崩れやすく根鉢をつくりにくいとき，あるいは長距離移動が必要なとき，根巻きには特別な工夫が必要である。
- 多くの場合，幹巻きが行われるが，これは作業中の損傷を予防する効果と移植後に樹勢が回復するまでの皮焼けを予防する効果が期待できる。しかし，幹巻き用の薄いテープだけでは損傷を防ぐことは無理なので，作業中に損傷を受けやすい部分はさらに菰で巻いたり布団や毛布を当てたりするとよい。割竹や垂木をすだれのように編んで幹に巻きつけるのも作業中の傷を防ぐよい方法である。

- 移植作業は建設工事に付随して行われることが多く，他の作業との関連で作業に変更や余分な作業が生じることがある。できるだけ余裕をもって作業工程を組んでおくのが望ましいが，常に建設工事が優先されるために建設工事の進捗状況に左右されがちで，十分な根回し期間がなく，突然，移植日程が決まることもある。そのような状況のときほど慎重かつ丁寧な作業が要求される。
- 排水性のあまりよくない場所に移植せざるをえない場合は，植え穴を掘り上げた時点で，縦穴式土壌改良の要領で底の部分に不透水層を貫くまでの深さに割竹を数本打ち込んでおくとよい。排水不良地では，移植木の根が十分発根するまでは過湿状態となって根腐れを生じさせるおそれがあるが，割竹挿入はそれを回避するのに役立つであろう。
- 夏の乾燥期に移植をせざるをえず，蒸散を抑制したい場合は，労力は要するが，枝を一切切らずに葉の部分だけを摘みとる摘葉法（**図7.40**）が理想的である。この場合，頂芽と腋芽は保存されているので，移植後の新たな葉の展開が円滑に行われる。ただし，発根のためには同化産物が必要であるので，摘みとる量に注意する。だいたい1/2～1/3量の摘葉が適正といわれている。
- 樹木を移植先に移動する前に整姿剪定を行うことがあるが，これはすでに枯死した枝や支障枝，衰退枝，腐朽した枝，途中で折れた枝などに限定するのがよい。不適期に，

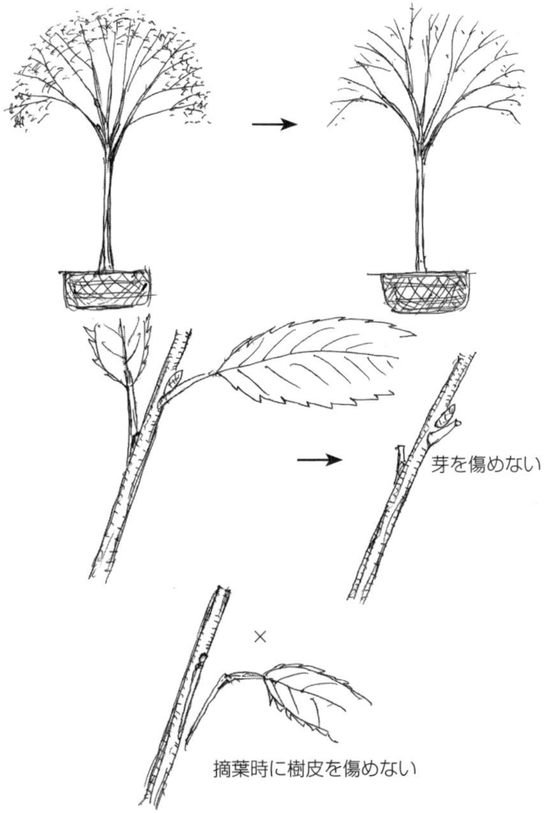

図7.40　摘葉法

しかも乾燥に弱い樹種を移植しなければならない場合は，前述の摘葉か樹冠形を損なわない枝抜き剪定（透かし剪定）を最少量行うのがよい。

• 移植に先立って発根状況を確認することがある。発根状態は根回し部分を根を傷めないように注意しながら掘ってみればわかるが，掘らなくても順調に発根していれば根の吸水によって根鉢周囲の表面の土が乾燥して白っぽくなることから判断できる。

• 移植するときがきたら，畦シートなど土中で腐らないものはとり外してわら縄などで根巻きを行う。発根がうまくいくと，細根が多量に発生してシートに沿ってびっしりと回っているのが認められる。このようになっていれば，シートを外しても土が崩れ落ちることは少ないが，発根が思わしくない場合は土が崩れやすいので注意を要する。根巻き作業をする際は，細根を乾かさないよう手早く行うのが望ましい。環状剥皮の際に残した太根は，新しく出た根を傷めないように注意しながら切断し，切り口がなめらかになるように切り戻す。太根の切断にあたり，樹木が傾かないようにあらかじめロープなどで支持しておく必要がある。

• ラフタークレーンで安全に樹木を吊り上げるとき，何 t のクレーンを用意すれば適当であるかを判断しなければならないので，根鉢の大きさや容積から重量を予測する必要がある。樹木の重量は大半が根鉢の重さであるので，その場所の土壌に応じた比重で計算しなければならない。自然土壌や農耕地土壌で孔隙に富む場合は小さく，踏圧等の影響を受けているときはより大きな比重となる。ちなみに関東ローム（火山灰起源の黒色土）では乾燥しているときは容積比重 1.3 程度，湿っているときは 1.7 程度であるが，吊り上げるときの荷重計算は常に最も重い湿った土壌状態を想定して行わなければならない。重機は大きくなるほどリース料がかかるので，小さいものを用意して能力ぎりぎりの作業をする業者もいるが，根鉢を落としてとり返しがつかなくなることもありうるし，かといって大きすぎると大きな作業領域が必要となり作業がやりにくくなることもある。適切な判断をするには正確な計算が必要である。

• 樹木をラフタークレーンで吊り上げるのに失敗して樹木を落とし，その後，枯れてしまった例を知っているが，枯れる理由として，落下の衝撃で導管内の水柱が切れて水分通導が阻害されること，細い根が衝撃で切れること，土粒子と根が分離してしまうことなどが考えられる。落としたり幹の一部に大きな荷重をかけたりすると，樹木にとっては大きなダメージとなるので，吊り上げる際はスリングベルトをかける位置や重機を設置する位置などを慎重に選び，落とさないように注意することが肝要である。スリングベルトの締め付けによる幹の樹皮の圧迫と剥離は樹体に大きなダメージを与えるので，可能な限り根鉢の下から持ち上げるようにしたい。

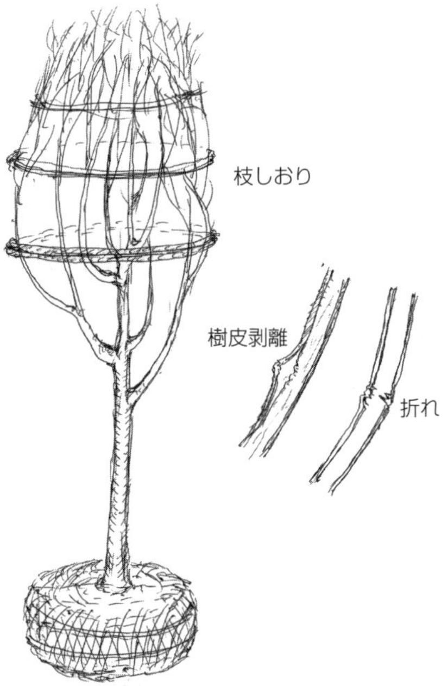

図7.41　枝しおりの際の樹皮剥離や材の亀裂の発生

- 芽が動き出したり，すでに葉が展開したりしている時期に移植作業を行わなければならないことがしばしばあるが，形成層が盛んに細胞分裂をしている時期は樹皮と材との結合が緩んで樹皮が剥がれやすいので，幹や大枝に局部的に大きな荷重をかけて損傷させないよう十分注意しなければならない。
- 剪定をせずに枝のしおりで対処しようとする場合，難易度は樹種によって異なり，また時期によっても異なる。成長期のように形成層が盛んに分裂して樹皮と材の結合が緩んでいるときは，曲げによって樹皮が剥離しやすい（**図7.41**）ので，特に注意して慎重に作業しなければならない。無理にしおって枝を傷めることのないように時間をかけて徐々に行う。しおりが可能な樹木は積み込みや運搬が容易になり，過度の剪定をしなくてもすむようになるので，この技術はさらに向上させる必要があろう。
- 根鉢を巻く資材は，土中で速やかに分解して腐植となるものを選択する。
- 双幹や株立ち，太い枝が幹に対して鋭角に出ている樹木は，樹皮が叉に内包されていて分岐部の結合の弱いことが多い。このような樹木は，運搬する際に幹が大きく揺さぶられたり枝に過重がかかったりすると，樹皮の内包された部分の両側に応力が集中して幹折れや枝折れを生じることがある。移動中は幹どうしあるいは幹と枝をロープなどでしっかり連結しておくほうがよい。

4）移植後の手当て

最も判断に迷うのが，移植後に樹勢が衰退しはじめたときにどのような処置をとればよいか，またはどのような処置をとってはならないかを判断することであろう。衰退の原因は複数あることが多く，原因究明が困難なことがしばしばあり，そうかといって原因究明をせずに放置しておくと枯死してしまうかもしれないので，とりあえず何らかの処置をとることになる。灌水や施肥で対応することは多くの人が最初に考えつく処置であるが，外見上の葉の萎凋原因が土壌の過湿であった場合は，これがかえって樹勢衰退を促進してしまうことがある。移植後も定期的に観察を続け，異変に早く気付き，原因を速やかに究明できる体制を整えておく必要があろう。

移植後の樹勢衰退の主な要因は次のようである。

ア．地上部に比べて過小な根鉢（**図7.42**）
イ．根回し不足（**図7.43**）
ウ．不適期移植
エ．移植先の土壌条件不良，特に過湿や通気透水性の不良
オ．過度の剪定（**図7.44**）
カ．過度の潅水

常緑樹の場合，新葉展開後に移植前から着いていた古葉が落葉することがある。これは順調に離層が形成されつつあることを示していることが多い。ただ

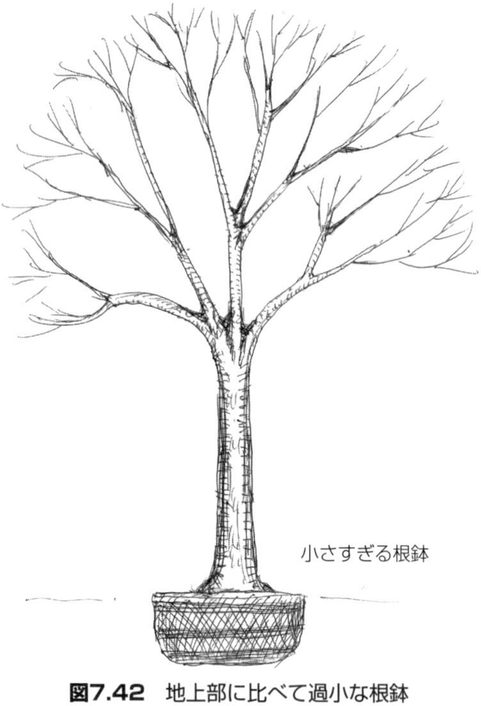

図7.42　地上部に比べて過小な根鉢

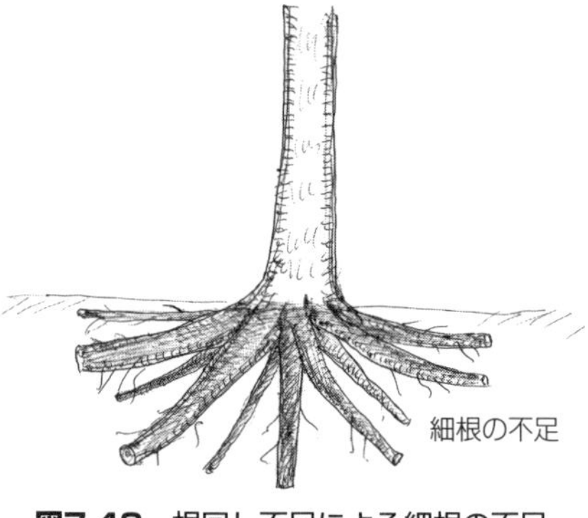

図7.43　根回し不足による細根の不足

し，新葉まで落葉するときは活着するか否かを心配しなければならない。多くの常緑樹では，移植後活着せずに枯れてしまうときは，葉が褐変し，離層が形成されずにそのまま枯葉がついている現象が多く見られる。

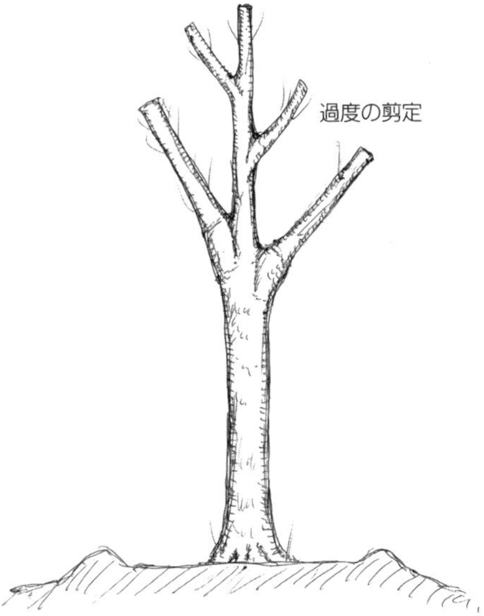

図7.44　過度の剪定

5 林試移植法

1）林試移植法の意義

林試移植法は農林省林業試験場（現 独立行政法人森林総合研究所）浅川実験林長であった植村誠次博士によって基本的アイデアが出され，筆者が20代後半の数年間，財団法人日本緑化センター（現 一般財団法人日本緑化センター）において試験開発を担当して実用化を図った技法である。基本技術が開発されてからすでに40年にもなるが，現在でも樹木を最も良好な状態で移植できる実用的な根回し法は本法であると考えられる。

発根促進のために利用する堆肥に“バーク堆肥”を使う理由は，林野庁補助事業として日本緑化センターが国立林業試験場の協力を得て実施した開発研究であるので，廃棄処理に困っていた製紙工場や製材工場から排出される樹皮・おが屑の木質系資材のリサイクル利用を重視したことと，初期のバーク堆肥は長年製紙工場のチップヤードに野積みされてかなり腐朽の進んだ樹皮を原料としたため，品質のよい堆肥が製造できたこと，さらに樹皮堆肥は肥料効果よりも土壌改良効果が高く，しかも長続きすることなどである。しかし，バーク堆肥でなければならないということではなく，腐熟の十分に進んだ良質の堆肥であれば，原料は何でもよい。

今でも頻繁に行われている直接移植法では，蒸散抑制のために1/3～2/3程度の枝葉を剪定することになっている。「根を切るのであるから蒸散を抑制するために枝葉も切除しなければならない。蒸散と吸収のバランスが大事」と考えるからである。しかし，このように大量の枝葉を切除すると樹形が崩れて樹木本来の美しさや機能が失われてしまううえに，その後の樹勢回復に時間がかかり，たとえ移植に成功したとしても，樹木の機能をとり戻すまでに数年から十数年以上を要してしまう。さらに剪定傷から幹や大枝の材に腐朽が入り，根株にも腐朽が進行して（**図7.45**）幹折れ，大枝折れ，根返り倒伏の可能性の高い“危険木”となってしまう。これらの問題を解決するために

- 活着の確率を上げること
- 移植に際して除去する枝葉を最少量にして樹木のもつ美しさや機能を保持すること（枝葉量の減少を目的とした剪定を止め，枯枝や支障枝を除去するだけの整枝にとどめる）
- 移植可能期を拡大すること（厳寒・酷暑の一時期を除き，ほぼ通年可能とする）

などをめざした移植法の実用化試験を昭和48年度から3年間行い，その結果として林試移植法A法が開発され，現在までに多くの実績を上げている。なお，池の縁や急斜面などに樹木が立っていて通常の根鉢形成が困難なときに，後述するB法と組み合わせて根回しを行ったこともある。

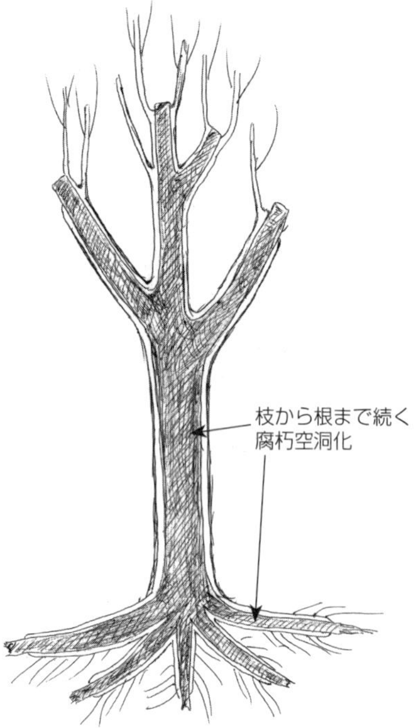

図7.45　剪定傷や衰退根からの腐朽進行と空洞化

2）林試移植法の種類と方法

林試移植法にはA法，B法，C法の3種類があるが，その内容について次に紹介する。

（1）A法

環状剥皮による根系処理と，根回し用根鉢と畦シートの間にバーク堆肥を詰める方法である。選木や根回し期間，根鉢周囲の掘取りなどは一般的な根回し方法と同じであるが，発根性が極めてよい。

本法の当初の開発目的が，国立林業試験場が東京都内から茨城県茎崎町（現 つくば市）への移転に伴う場内樹木の軽量化と安全な移植であったことから，初期の頃は運搬しやすさ，すなわち移植作業のしやすさに重点が置かれ，鉢径を可能な限り小さくする方法として本法が採用され，一時期は鉢径を根本径の2倍程度まで縮小することも試みられた。しかし，根鉢を小さくすれば移植後の活力回復が遅く，結局のところ最低でも3倍，普通は4倍は必要と考えられる。貴重木や大径木の移植にあたって

は，根鉢の大きさを小さくすることを目的とせず，十分な根鉢の大きさ（根元直径の4～5倍以上の鉢径）とし，活着率を高め，移植後の樹勢をよくするために本法を用いるのが正解であろう（**図7.46**）。

根元直径の4～5倍の範囲を畦シートなどの遮根材で囲み，根回し用根鉢と畦シートの間に適度に湿ったバーク堆肥を入れ，その外側は掘取り土で埋め戻す。畦シートは地表に5～10 cm出るようにし，その高さまでバーク堆肥で埋める（**図7.47**）。枝葉の切除はまったくしないか，する場合も最少量にとどめる。その後，簡単な支柱をして一定期間養生する。良質なバーク堆肥は非常な発根効果をもち，さらに剥皮や発根促進剤を塗布しているので，早ければ半年ほど，通常は1年程度で根鉢全体に緊密に新根が発生して移植が可能となる。比較的発根の容易な樹

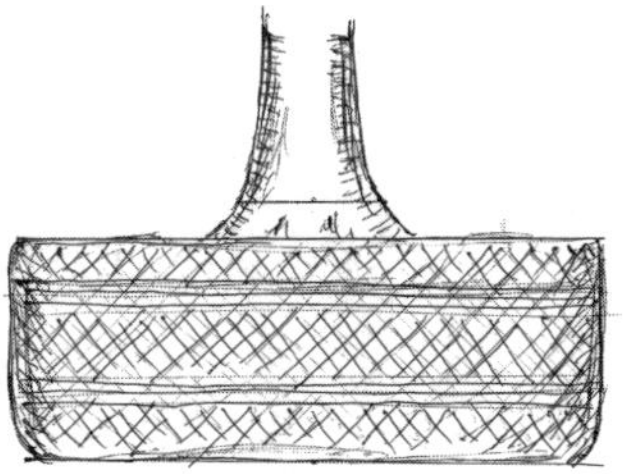

4倍

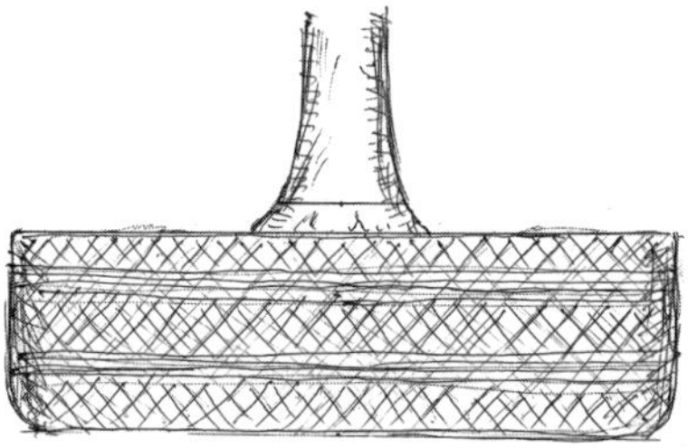

5倍

図7.46　大径木移植の際の根鉢の大きさ

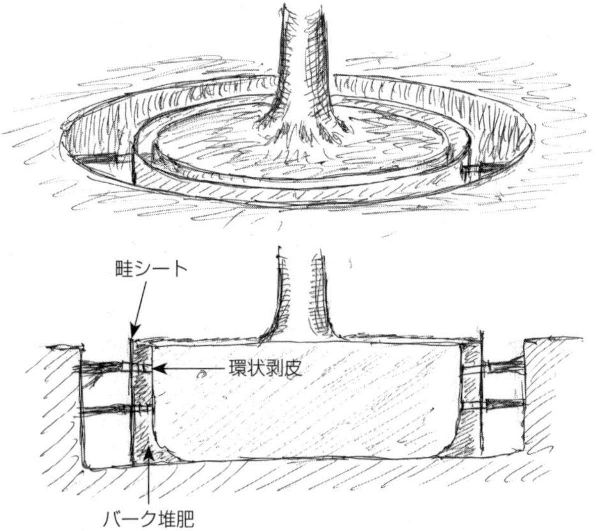

図7.47　林試A法における堆肥の充填

種では，成長期の半年ほどで十分な発根が期待できる。ただし，堆肥の品質が非常に重要であり，根回しを成功させるには完熟した品質のよいものを十分吟味して用いることが必須である。

①切断根の発根促進処理

従来の根回し方法と同じ手順で，側根の環状剥皮と切断を行い，次に傷の部分を発根促進剤によって処理することが行われている。発根促進剤はインドール-3-酪酸（IBA）やα-ナフタレン酢酸（NAA）などのオーキシン系植物ホルモン剤が多く使われ，剥皮部や切断面に水溶液を散布するかペースト剤を塗布する方法が行われているが，オーキシン剤は高濃度とならないよう，挿し木等で使用する濃度よりもかなり希釈して使うことが必要と考えられる。その理由は，剪定をほとんどせず葉量が十分に保たれている林試移植法Ａ法の場合，生育中の若葉や枝の先端の成長点で生産されるオーキシンが根に順調に供給されるので，樹勢が旺盛であればオーキシン系植物ホルモン剤は不要と考えられるからである（後述）。サイトカイニン剤は普通，発根促進剤としては使われていないが，場合によってはサイトカイニン系の植物ホルモン剤が有効となることがあるようで，昔，筆者が行ったクロマツやクスノキの発根促進試験ではそのような結果が出ている。しかし，これに関しては一部の樹種の試験結果だけであり，多くの樹種に対しては未検討であるので明確な答えは出せない。

②環状剥皮

まず前述のように移植時に想定される根鉢の直径の90％の大きさ，あるいは10 cmほど内側を根回し用根鉢の直径とする。その根鉢の外周に沿って溝状に掘り下げる。鉢土の崩壊しやすい乾いた砂地ではあらかじめ十分灌水しておく。掘り下げる深さは鉢径の半分が標準であるが，樹木の状態，特に根の形状によって異なるので，根系状態の十分な観察が必要である。掘り溝の幅は剥皮根を傷めないためには可能な限り狭いほうがよいが，中に入って根の処理などの作業を行う必要があるので最低50 cm程度は必要である（**図7.48**）。

根鉢から出ている水平根のうち，直径2～5 cm以上の太根（支持根としての機能をもつ）は切断せずに残し，それ以下の根は鋭利な刃物で根回し用根鉢

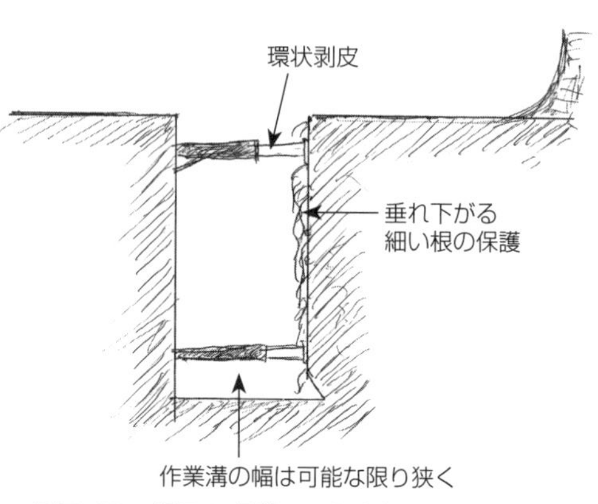

図7.48　根回し段階での根部処理の際の溝幅

表面に接した位置で切るが，下方に垂れ下がるほど細い根は切らずに残す。切断面は鋭利な小刀等で切り口を戻して平滑にする。なお，切断した根の切断面には防菌・癒合の促進，不定根発生の促進のために切り口に防菌癒合剤等を塗布するとよいとされているが，それがどの程度防菌・癒合あるいは発根に効果的かは試験例がほとんどないので不明である。活力のある根の防御力はとても強いことを考えると，何も塗布しないでもよいかもしれない。

支持根は鉢に接する位置から外側に10～20 cm（普通は15 cmほど）の幅で，樹皮を形成層まで完全に剥ぎとる（**図7.49**）。2 cm未満の根を環状剥皮の対象としないのは，蓄積エネルギーが少ないので，環状剥皮後，それより先の部分より先が長く生きられず，剥皮の利点が小さく，また剥皮本数が多くなると作業時間が長くなってしまうためである。現場でどの程度の太さ以上を環状剥皮の対象とするかは，根鉢より外に出ている根の太さ別の本数によって決まる。

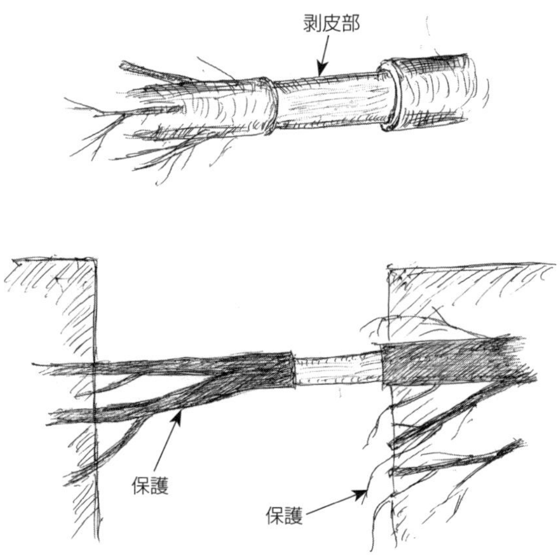

図7.49　根の環状剥皮

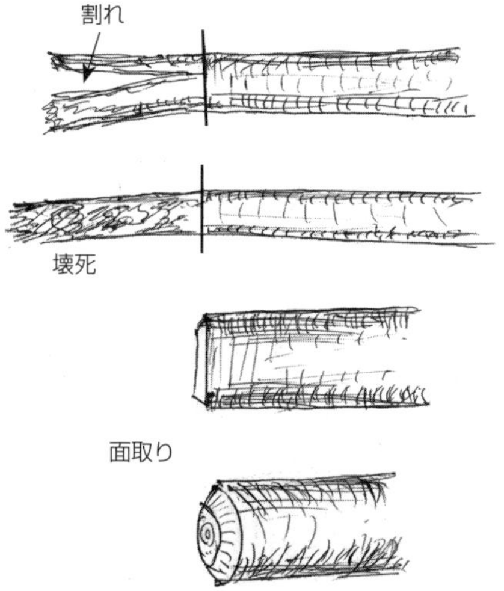

図7.50　切断根の面取り

根を切断する際は，断面が割れたり避けたりしないように注意し，丁寧な作業をすることが肝要である。切断面で材が割れたり樹皮が剥がれたりすると，そこから腐朽菌等が侵入しやすくなるとともに，篩部を下降してくる糖分が切断面まで供給されにくくなって発根が阻害され，根の壊死部が広がる可能性があるので，切断の際は十分な注意が必要である。切り口の皮が浮いたり剥がれたりしたときは“面取り”（**図7.50**）を行うことがある。面取りは切り戻しの一種で，切断部に浮いた皮がないようにする作業であるが，挿し木のときに穂木を斜めに切って吸水および発根の断面を広げるのと同じ効果がいくらかあると考えられる。

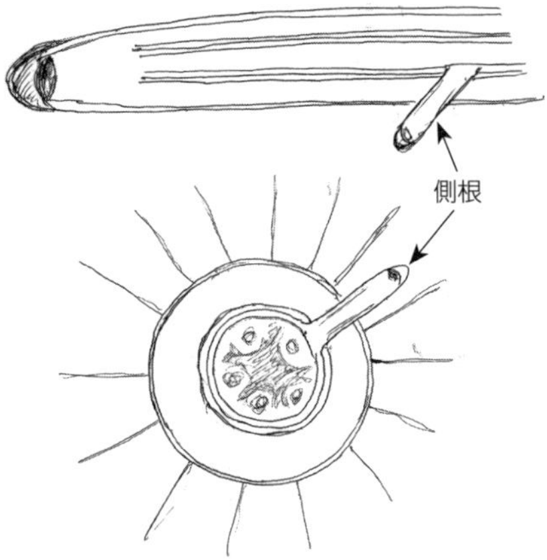

図7.51　内鞘から発生する側根

環状剥皮をした根では，若い葉や活力の高い芽で最も多く生産されて内皮の篩部柔細胞を下降してくるオーキシンなどの植物ホルモンとスクロースなどの炭水化物は，剥皮上端部で移動を阻止されて蓄積される。一方，木部はつながっているので，根の先端では，根に蓄積されている糖を使いきるまでの間は細根での養水分吸収機能が維持され，木部を通じて樹幹のほうに養水分を送り込むことができる。さらに，細根の先端で最も多く生産されるサイトカイニンの幹への供給も養水分の吸収とともにしばらく維持され，剥皮部分の根元側ではオーキシン，サイトカイニンなどの働きにより傷口の形成層の細胞分裂が促進され，カルスすなわち癒傷組織が形成されて少し肥大する。そして，オーキシンと傷ついた部分の細胞で生産されるエチレンの働きによってカルスが根の原基に変わり，新根の発生が促進される。新根は表面がコルク化した太い根では維管束形成層の分裂によっても形成されるが，先端近くの細い根では側根の原基はオーキシンの働きによって内鞘で形成される（**図7.51**）。

以上から，環状剥皮法では剥皮部での木部の通導維持とともに，その先の細根の保護が極めて重要であることがわかる。側根発生にはオーキシンとエチレンが最も大きな影響を与えているが，根の細胞伸長にはジベレリンも強く作用している。根端で最も多く生産されているサイトカイニンは根端の伸長成長，幹の肥大成長，側芽の形成と成長，葉の活力維持等に大きな影響を与えている（**図7.52**）ので，環状剥皮した根の根端からのサイトカイニンの供給は，茎葉の光合成機能の維持にも貢献しており，結果的に根鉢全体の発根の促進にもつながっている。剥皮部から先へは炭水化物の供給が途絶えるので，剥皮部より先は次第に衰退し枯死するが，多くの場合，枯死する

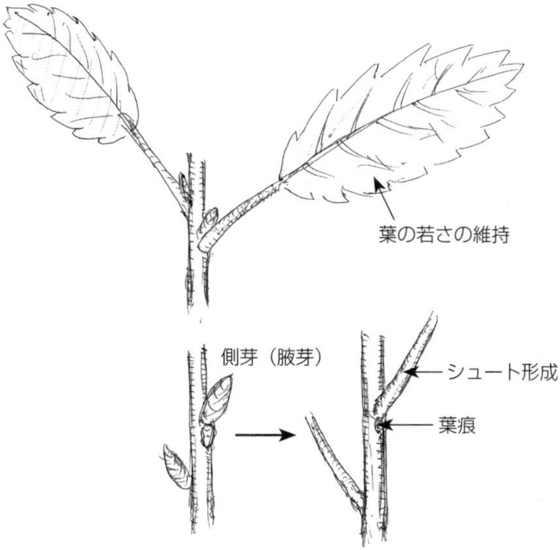

図7.52　サイトカイニンによる側芽の発芽と成長，葉の活性維持

までの間に剥皮部分より根元側の根に新根が多量に形成され，先端の吸収根に代わって養水分の吸収を行うようになる（**図7.53**）。

環状剥皮作業で注意すべき点は，剥皮部の形成層をすべて除去するが，材部（導管や仮導管の通導機能）を傷つけないことである（**図7.54**）。少しでも形成層や篩部が残っていると，再び樹皮が形成されて篩部がつながり，剥皮部より先はいつまでたっても衰退せず，根元側で側根が発生せず，剥皮の効果が見られないことがある。一方，材部を著しく傷つけると，剥皮部より先の根からの水分と無機養分の供給およびサイトカイニンの供給が阻害され，切断したのと同じことになってしまう。導管や仮導管の通水機能は最も新しい年輪で最も盛んに行われているので，材部の損傷は環状剥皮の意味を低下させる。剥皮した根は速やかに水苔や濡れた布あるいは吸水性の大きい紙で包み，埋め戻すまで乾燥させないようにする。材部が乾燥すると最も外側の年輪での水分通導が阻害される。木部での水分通導は最も新しい年輪が最も盛んに行っているので，剥皮部が乾いて導管に気泡が入ると著しい水分通導阻害が生じる。

なお，剥皮部や切断面を発根促進剤で処理したり，根回し後 4 ～ 5 週間経過したときに，ごく薄い液肥（通常の量よりもさらに 10 倍程度薄めたもの）を散布したりするのも発根促進に有効とされている。インドール-3-酪酸（IBA）などのオーキシン系発根促進剤は，高い濃度ではかえって細胞分裂を阻害する働きをすることが多いといわれているので，極めて薄い濃度に希釈するか，あるいはまったく使用しないほう

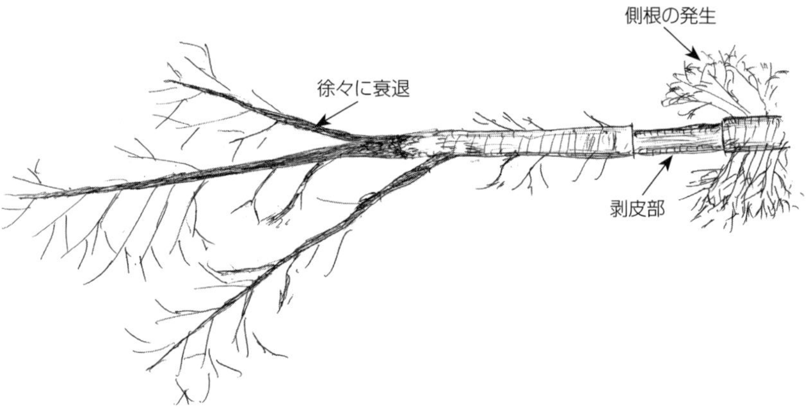

図7.53　環状剥皮部付近からの新根の発生と先端部の衰退

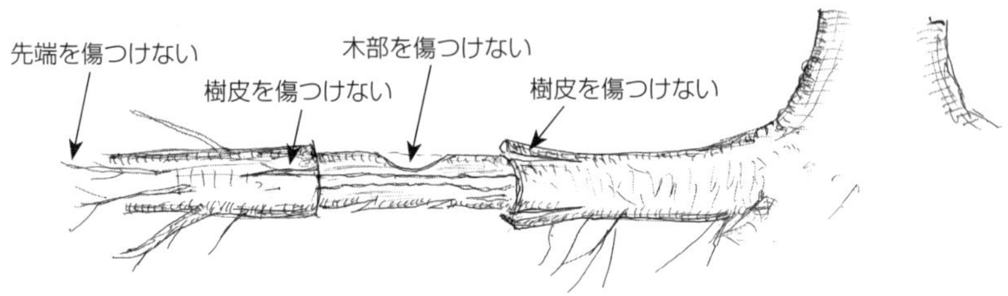

図7.54　環状剥皮の技術的注意点

がよい。挿し木の場合は，普通，所定濃度のオーキシン水溶液につけたりタルク剤を塗ったりして発根を促進する。しかし，十分な葉を着けた生立木の根の環状剥皮では，枝葉からオーキシンが供給され，さらに傷ついた部分の細胞でもオーキシンが生産されるので，挿し木用オーキシン剤を規定濃度で塗布するとかえって濃度障害を引き起こす可能性があると考えられる。このことについては経験的にではあるが，多くの移植作業で肯定的な結果が出ている。

③遮根シートと堆肥の利用

林試移植法Ａ法では，根回し後の発生根の移植段階での切断の防止と新たに発生した根系がネット状に絡み合って根鉢が崩れるのを防止する効果を兼ねて，根鉢周囲を遮根シート（よく使われるのは水田の漏水防止用畦シート）で囲み，根鉢とシートの間に発根促進のための良質の堆肥を充填する。ちなみに，この方法を移植をしないが建設工事等で太根を切断されてしまう樹木の根に対し，事前に太い根の環状剥皮と細い根の切断を半年から１年前に行うと，樹勢低下を著しく緩和することができる（**図7.55**）。しかし，遮根シートは水平方向の通気透水性を阻害するので，特に深い部分

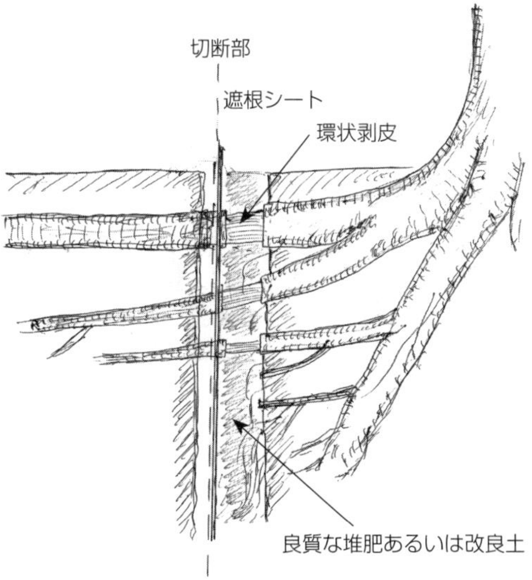

図7.55 建築工事に伴う断根に対する事前の発根処理

での根腐れを誘発する可能性もある。そのようなときは一度縦に割って中の節をとり除いてから再結束した竹筒（直径5 cm程度）をシートの内側に垂直に差し込み，竹の上端は土壌表面と同じ高さにして，土砂や塵芥が入るのを防ぐためにネットを覆せておく。竹筒により深いところにも新鮮な空気が送られ，水も上から下に動くので，根腐れを阻止することができる。

根鉢の側面から10～20 cm程度離して畦シートなどのやや厚めのプラスチック製シートで根鉢の周囲を囲み，根鉢とシートの間にやや粒度の粗い，しかし十分に熟成したバーク堆肥等を詰めて，シートの外側は土で埋め戻す。根鉢が深い場合は，シートをその上に重ねるように積み上げていく。シート上端が地表から5～10 cm程度出るように埋め戻していき，根鉢の表層をバーク堆肥でマルチングをする。根鉢が大きくて深い場合は，シートと根鉢の間隔を一定に保つのが困難なので，シートの外側と内側に長い竹串等をさしてシートを支えるとよい。

なお，土壌条件がよい場所ではバーク堆肥と土壌を混合してもよいが，普通は堆肥のみのほうが発根の状態はよい。しかしここに大きな問題がある。というのは，現在流通している木質系堆肥の代表であるバーク堆肥は品質のばらつきが大きく，完熟した品質のよいものが極めて少ないことである。熟成が進んでいればバーク堆肥は優れた土壌改良資材であるが，熟成期間や発酵温度が不足している場合は，土壌伝染性の病原菌が死滅していないこともあるので注意を要する。発根を阻害するような有害物質の有無については，コマツナ種子の発芽検定などの幼植物検定を行って品質を確認したうえで用いる必要がある。また未熟な堆肥は，微生物が有機物を分解する過程で窒素飢餓現象を起こしたり，逆に畜産堆肥でよく見られるように窒素過剰障害を発生させたり，二酸化炭素が大量に発生して根系の発達を阻害したり，フェノール性物質による根系生育障害を起こしたりすることがある。

④枝葉の切除量の低減と無剪定移植

従来の方法に比べて非常に発根性がよいので，根回し段階での枝葉の切除量は少なくてすみ，樹冠から飛び出した徒長枝の除去程度でよい。場合によっては，枯れ枝以外はまったくの無剪定も可能である。枝葉量の多いほうが発根にも有利であるので，筆者は本法を現場で指導する場合，常に無剪定で実施する可能性を最初に検討し，それが可能であれば無剪定で行うようにしている。また，剪定する場合も最少量ですませようとしている。

⑤掘取り

根回し後，短いものでは半年から長いものでは2年程度養生して，根鉢内に十分新根が回ってから移植する。移植の時期は新根がシート内に十分に発根していれば盛夏期や厳冬期を除いていつでも可能である。老木や衰退木，移植困難とされる種類は一般的に最適期と考えられている時期に行うほうがよい。

発根が良好な場合は根鉢の周囲を非常に密に根が回っているので，しっかりした根巻きは容易である。普通，大径木の根回しでは根鉢の底の部分は根系処理をしないので，鉢の底土が崩れそうなときは菰やシートなどで底当てをする。

なお，根回し期間が半年もとれない場合，根回しをしないのではなく，晩秋から真冬までを除く成長期間であれば，たとえ1か月ほどしかなくても，「まだ1か月ある」と考えて環状剥皮と堆肥を使って根回しをすれば短期間でもかなりの効果が望める。

⑥A法と一般的方法との比較

ア．根鉢の大きさ

A法を用いて移植可能な木の根回しを行えば，通常よりも根鉢が小さくてすみ，掘取り穴の大きさも従来の1/2程度ですむ。また，根鉢の重量が軽くてすむので作業も容易である。掘りとるときの新たな発生根の損傷が少ないことも長所である。しかし，移植の基本は可能な限り大きな根鉢として，根回し段階での根系損傷を少なくすることである。大径木や貴重木に適用する場合，鉢径を小さくしようとは考えず，可能な限り大きな根鉢とし，さらに根量を十分なものとするために本法を用いるべきであろう。貴重木であればあるほど大きな根鉢とすることが肝要である。

イ．樹体の損傷と養生期間

A法は発根が旺盛なので，根回し後の養生期間をかなり短縮できる。また，枝葉の切除量を少なく，あるいはまったくせずにすむので，本来の樹形を損なわず養生期間も短くなる。さらに樹勢の低下も少ないので，傷口からの病原菌の侵入や穿孔虫の穿孔による衰退や枯損も少ない。病原菌等の侵入が少ないのは，葉量が多く残され，エネルギー状態が高く，防御層の形成や抗菌性物質の生産が多いからであろう。

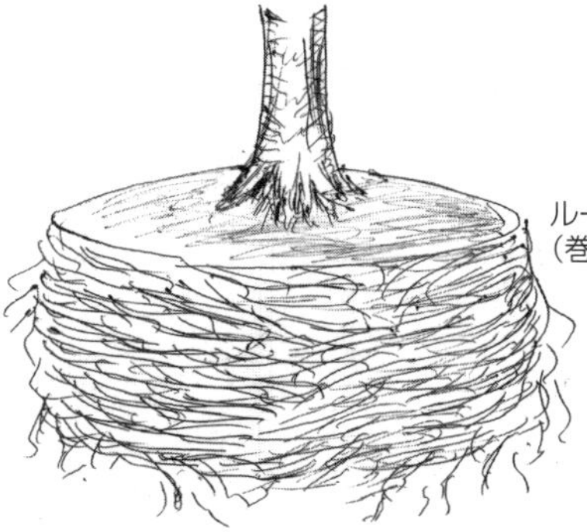

図7.56　畦シート内のルートボール状態

以前は根回し後，移植までの養生期間について，短いもので成長期間中の半年，長くて3年と考えられてきた。養生期間をどの程度にすればよいかを一概に決めることはできないが，長ければ長いほどよいというわけではなく，おおむね2年が限度であろうと考えられる。その理由として，A法は一般的に発根がよいので，長くおくと植木鉢に長く苗木を入れたままにしたのと同じ状態となり，新根がシートの中で絡み合い，“ルートボール”（**図7.56**）を形成して成長が衰えるからである。また，シートによって側面方向への水や空気の動きが阻害されるので根腐れもしやすくなる。さらに根が狭い根鉢の中で密になりすぎると，水の動きが遮断されることもある。以上のような理由によって養生期間が長すぎると弊害が生じるので，移植まで時間的余裕がある場合は，移植時期に合わせて根回し時期を決めることが重要である。

ウ．費用

本法でやや欠点といえるのは，シート，バーク堆肥，竹串や棒杭などの材料購入費，熟練した作業員，時間などが必要なことであるが，実質は大した額ではない。総合的に見れば，大きな樹木や貴重な樹木になるほどA法の長所が活きてきて，費用をかけただけの効果は十分得られるはずである。

（2）B法

根鉢の土壌が粘質で重く吊り上げるのが困難な場合，砂土や礫土のように根鉢が崩れやすい場合，根系がごぼう根（**図7.57**）ばかりで粗く崩れやすい場合などでは，根鉢の重さを軽くして掘取り・運搬・植付けの段階でかかる多大な労力を軽減したり，鉢崩れを防いだりするための方法として本法がある。

シートとバーク堆肥を用いることはA法と同様であるが，根鉢内の土をすべてバーク堆肥と置き換える点が異なる。砂土や礫土など鉢取りが困難な場所での根回しに適すると考えられる。根回しの時期は，一般の適期よりもやや早く，発根がはじまる前

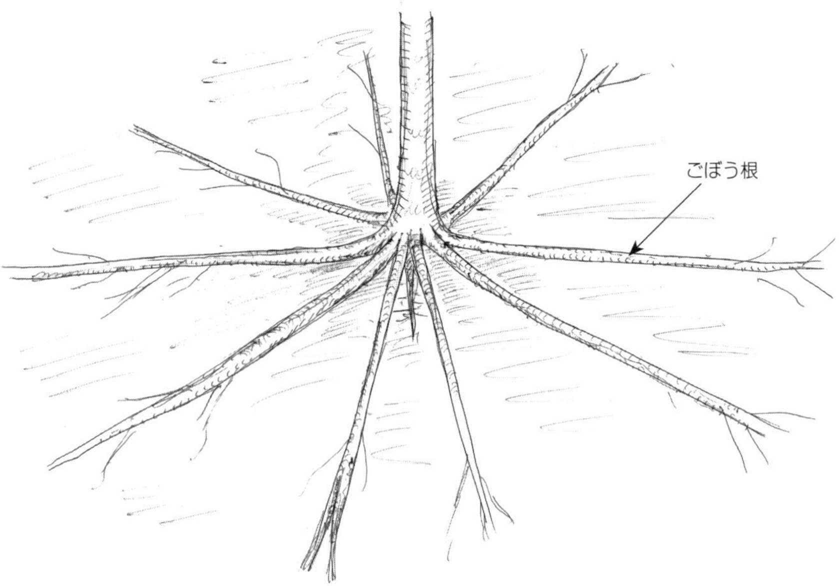

図7.57　ごぼう根状態の根系

の2月末から3月頃がよい。

作業はまず，根を掘り出す範囲を根元径の4倍程度，深さを支持根の深さまでとり，その範囲の土を全部掘り出して根系を露出させる。側根や主根は切除せず可能な限り多く残し，細根は作業中に自然にとれてしまうものはやむをえないが，意識してとるようなことはしないようにする。この作業はエアスコップ等を使った圧搾空気による土の吹き飛ばしやジェット水流で洗い流して泥水をジェクター等で吸いとると極めて容易に行える。ただし，エアスコップは風圧が強く，細根が切れてしまうので注意が必要である。次に，側根や主根を根回し用根鉢から外に出ている部分で環状剥皮を行い，剥皮部分や切断面に防菌癒合剤を塗布する。

本法のバリエーションとして，ふるい根法との折衷的な方法（**図7.58**）もある。筆者は水はけが不良で停滞水（宙水）がごく浅い層にあり，根系が浅く水平方向に大きく広がっていて，普通の根鉢形成が困難なシダレザクラの根回しで，この方法を採用したことがある。

十分な発根が得られ移植可能となったら，シートから出ている支持根を切断し，主根は鉢底で切断し，縄掛けをしてから移植する。この方法では根鉢が軽く安定が悪いので，本植，仮植のいずれもしっかりとした支柱が必要である。

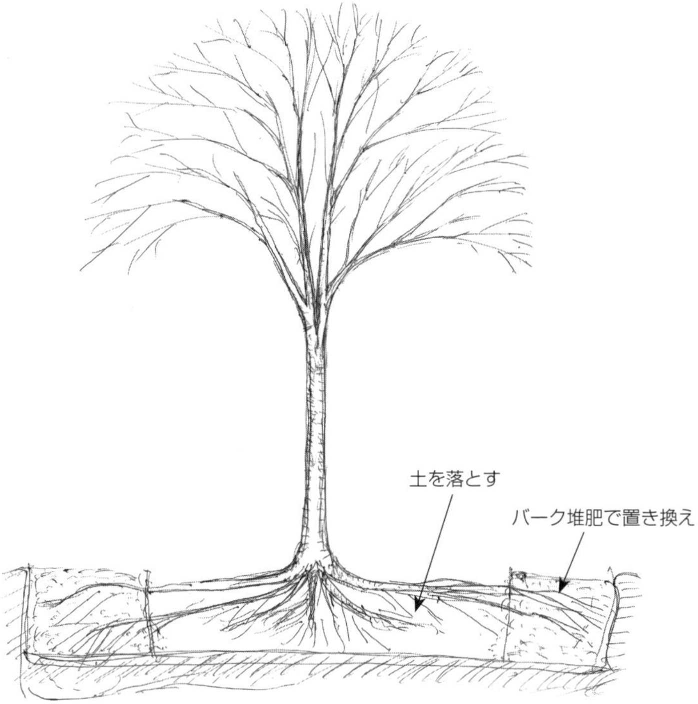

図7.58　ふるい根法とB法との折衷的方法

（3）C法

発根性の高い樹種の小径木や中径木にはC法（**図7.59**）を用いることができる。根を根切りチェンソーなどを使って切断し新根を発生させても，新根が根鉢よりも外に伸びると掘取りの際にかなりの根が脱落する。それを防ぐために隙間にシートを挿入する。

まず一般的方法と同様に根鉢周囲を掘りとってシートを巻きつけて埋め戻すか，根切り用チェンソーで根鉢境界の根系を切断してからシートを挿入し，一定期間養生する。根の切断面から出た新根は畦シートの内側に沿って伸長し，半年後には完全に根鉢を囲むようになって鉢崩れのおそれがなくなる。そのような状態になったら周囲を掘りとり，シートの外側から縄掛けをして移植する。

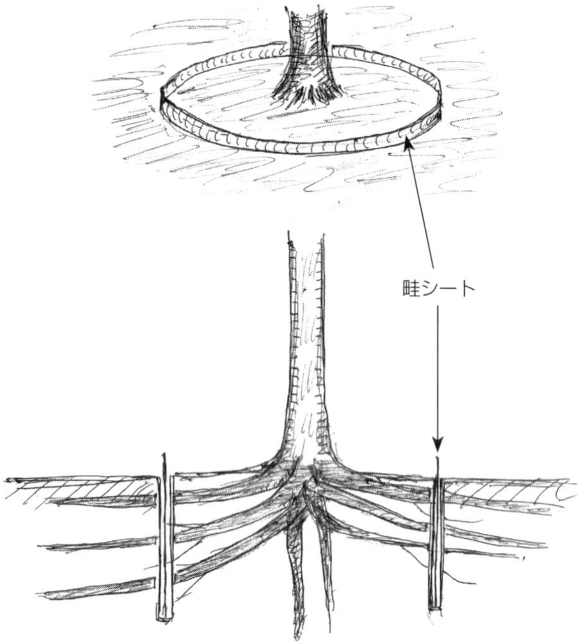

図7.59　C法による根回し法

3）林試移植法に用いる資材

（1）遮根シート

遮根シートのなかで最も使いやすいのは畦シートである。畦シートは水田の畦の漏水を防ぐための硬質塩化ビニル製シートで，根回しには厚さ 0.4 mm，幅 30 cmのものが多く利用されている。畦シートには波型のものもある。畦シートを利用する目的は発生した新根をシート内に限定することなので，この目的に沿うものであれば他の資材でもよい。ただし，網目状のものは新根が外に出てしまい，それを外すとせっかく出た根がかなり脱落するので好ましくない。また不織布も発生根が絡まってしまうことと，材質が柔らかすぎて扱いにくいことから普及していない。しかし，これらの資材はシート内外の水や空気の流通は維持され，根鉢の深い部分でも発根性がよいという利点がある。また，天然繊維の資材は土中で腐るので，そのまま埋めても支障がない。近年は塩化ビニル製資材の使用は環境負荷が大きく使用を控えるほうがよいと考えられているので，塩素を含まず比較的環境負荷の小さい資材を用いるほうがよいのであろう。しかし，畦シートは紫外線などで劣化している部分を除き，くり返し使用することができるので，使い捨てを避ければ大きな負荷にはならない。

（2）堆肥の選択と堆肥の見分け方

バーク堆肥に限らず，堆肥や厩肥には窒素などの肥料成分が含まれているが，それらの肥料成分の大部分は有機態の形で存在し，無機化して樹木の根が吸収可能になるまでに時間がかかるので，肥料成分による発根効果も長く持続することが昔から認められている。それとは別に，腐植化した有機物そのものに根系の発生や伸長を促す働きがあることが知られている。腐植は根系内のある種の酵素の作用を促進して根の生理活性を高める作用をもつと考えられている。また，土壌微生物による有機物の分解過程において生成されるアミノ酸や核酸物質中に不定根の発生を促す物質（インドール-3-酢酸（IAA）などの植物ホルモン）が含まれていることが明らかになっている。さらに堆肥中に棲息する微生物もオーキシンなどの植物ホルモンを生成することがわかっている。この腐植と根系発達のメカニズムについてはまだ十分に解明されていないが，樹木の根元に施与した堆厩肥の部分に細根が豊富に存在することはよく知られている。

しかし，バーク堆肥の最大の長所は肥料効果よりも土壌改良効果であろう。バーク堆肥中の腐植が土壌粒子どうしを結びつけて団粒構造の形成を促進し，また微生物や土壌動物の活性を高めて土壌の自然耕耘を促進し，通気透水性の向上と毛管水増加の両方を可能とし，結果として根系の活性化を促進する。

このような堆厩肥の発根促進効果は，土壌を改良する効果，含有する肥料成分の効果，腐植の分解過程で生じる前述の植物ホルモンの効果，土壌微生物の活性を促して土壌病害を抑制する効果の4つが相乗的に作用するものと考えられている。

バーク堆肥は製材工場や紙パルプ工場から発生する大量の樹皮やおが屑（くず）の処理が問題となっていた昭和40年代，前述の植村誠次博士の指導をもとに堆肥化試験が行われ，土壌改良材として農業や園芸，緑化などに使われるようになったものである。製品化された当初は，貯木場やチップヤードなどに野積みされて放置され，半ば腐熟化が進んだ古い樹皮を原料としていたため良質な堆肥が生産でき，おおむね高品質であったが，近年は新鮮な樹皮を原料とし，しかも製法や熟成期間をほとんど変えていないことから，未熟な製品がかなり出回って，品質のばらつきが大きくなり，バーク堆肥全体の信用が落ちる結果となっている。

未熟でC/Nの値の大きい堆肥を施用すると，窒素は有機物を分解する微生物の蛋白質合成にほとんど消費されてしまうので，植物は窒素飢餓となる。未熟でpHが高い（アンモニアなどの影響と考えられる）ものや植物にとっては有害な成分（多様なフェノール類）を多く含んだものも少なくなく，そのような堆肥は根の成長を阻害するおそれがあるし，それ以外にも土壌病菌を含んでいたり，根切り虫の卵を含んでいたりすることもあって，病虫害発生の原因となることさえあるので，品質には十分注意し，不審な点があるときは使用しないようにする。堆肥の品質の見分け方は特に重要なので，その基準を次に示す。

完熟した品質のよい堆肥であれば高い発根効果が期待でき，樹木移植のための根回しや植付け後の成長促進には欠かせない資材である。その反面，品質のばらつきが大きいことから，袋に記されている数値を鵜呑みにせず，自分で品質の良し悪しを判断することが肝要である。しかし，品質不良といってもさまざまな状態が考えられるので，判断の目安となる点について次に整理する。

①外観

ア．色：黒褐色～黒色

イ．臭気：森林土壌のA_0層下部のＦ層（発酵層）やＨ層（腐植層）で発せられるような腐植の匂(にお)いがすれば良質である。フェノール性物質や樹脂の臭(にお)いが残っているものは未熟であり，アンモニア臭や魚が腐ったようなアミン（NH_3の水素原子をアルキル基－Ｒまたは芳香族原子団で置き換えた分子構造をもつ化合物の総称）臭，卵の腐ったようなメルカプタン（メルカプト基－SHをもつ有機化合物）臭があれば，過湿状態で嫌気的発酵をした不良品である可能性が高い。アミン臭やメルカプタン臭は畜産堆肥に多い。

ウ．湿り気：強く握るとわずかに水分がにじみ出てくる程度がよい。過湿なものは嫌気的発酵をした不良品の可能性が高く，逆に乾いているものは発酵熱によって水分が蒸発してしまったのに十分な水分が供給されなかったために発酵が止まってしまった未熟品の可能性が高い。

エ．手触り：手でもむと堅い芯がなく，すぐに崩れてばらばらになるものは腐熟がかなり進んでいる。堅い材やコルク質が残っているものは未熟である。ただし，木片の多い剪定枝条堆肥やバーク堆肥は，かなり腐熟が進んでも堅い材が残ってしまうのが普通である。

オ．粒度：5～20 mmで尖った角がない状態。

カ．カビやキノコの発生，菌糸の有無：なし。堆積状態で表面にキノコやカビが発生したりハエがたかったりしているものは発酵温度が低く，雑菌が死滅していなかったり，易分解性有機物の分解が進んでいない不良品である可能性が高い。易分解性有機物の多い堆肥を施用すると，急速な分解で多量の二酸化炭素が発生し，根腐れを起こす可能性があり，また根の病気の原因となることもある。

キ．夾雑物：プラスチック･金属・ガラス片を認めないこと。

②pH

ほぼ中性から微アルカリ性がよい。中性から微アルカリ性であれば有機物の分解過程で有機酸が生成されず，またミネラル類が順調に無機化している可能性を示す。酸性になっていれば，嫌気的発酵により有機酸が生成されている可能性がある。

③発芽検定

一定の条件下で一定の発芽率が保証され粒度の揃っているコマツナ種子（ハツカダイコン・カイワレダイコンなどでも可）の発芽状態で堆肥の腐熟度を検定する方法で，比較的容易で確実な方法である。堆肥中の可溶成分を水で抽出して，それにガーゼや濾紙を湿らせて種子を蒔く方法と堆肥に直接蒔く方法がある。堆肥に直接蒔く方法は，堆肥に水を少し加えたものをシャーレに入れ，そこに種子を蒔いて発芽状態を観察する。対照区として洗浄した砂や赤玉土を用意し，その種子がほぼ100％発芽した時点で，検定堆肥の発芽率と根の発根状態を観察する。対照区の培地のものと比較して発根状態に異常を認めないことを確認する。堆肥に直接種子を蒔いたとき，カビが生えて発芽が阻害されたり，枯死したり，発芽しても発根が阻害されたり胚軸下部が壊死したりしている場合，その堆肥は不良品である可能性が高い。

この検定では発芽率だけではなく根の発生状態も重要で，白い根が出ているか，定根・幼根が十分に発根しているかどうかを観察する。堆肥が少々品質不良であっても種子は発芽することがあるが，その場合，胚軸は伸びるが根はまったく伸びず，胚軸下部は黒く壊死していることが多いので，発根の状態をよく観察する必要がある。

④幼植物生育検定

堆肥をポットに入れて苗木を植えつけ，その生育状態を観察する方法で，時間はかかるが最も確実な方法である。まず，①堆肥100％，②堆肥75％＋基土（山砂または赤玉土）25％，③堆肥50％＋基土50％，④堆肥25％＋基土75％，⑤基土100％の5区分でポットに培養土を入れ，そこに植物を植えつける（堆肥と基土の比率は必要に応じて適宜決める）。一定時間経過後に枯損個体数，供試植物の上長成長量，茎の根元径成長量，地上部と地下部の重量，葉色，葉の大きさなどを計測する。

堆肥が不良品であれば生育が阻害され，無機態窒素の多少は上長成長量，葉色，葉の大きさなどに影響を与える。この試験の際に注意しなければならないことは，植物を植えつけるときに移植前の培養土を，根を傷めないように注意しながらよく洗脱させることである。

発芽検定と幼植物生育検定を一連の試験で行うこともしばしば行われている。

⑤炭素－窒素比（C/N重量比）

30以下（理想は20～25とされている），葉や細い茎を多く含むものは15～20である。30以上では窒素飢餓を起こすおそれがあるとされているが，木質系の場合は分解が遅いので，35程度では窒素飢餓現象はほとんど生じない。

⑥陽イオン交換容量（CEC）

70 meq/100 g（乾燥土）以上がよい（良質な腐植は100 meq/100 g以上ある）。

meqはミリグラム当量の意味。

⑦堆積中の温度変化

堆積の山の中心部分では，切り返しの一時期を除き，長時間にわたって高温（60℃以上80℃前後）を維持していること。

⑧窒素の状態

アンモニア態がほとんどなく，硝酸態が多いこと。

⑨有害物質

肥料取締法による有害物質規制値を参照。

（3）発根促進剤

微量で植物の成長や期間の発生を調節する物質を植物ホルモンまたは植物成長調節物質という。現在，明らかにされている植物ホルモンを大別するとオーキシン，ジベレリン，サイトカイニン，アブシジン酸，エチレン，ブラシノステロイド，ジャスモン酸，サリチル酸，フロリゲン等となるが，ほかにも近い将来植物ホルモンと認められそうな物質群はいくつかある。これらのうち，樹木の発根促進剤として用いられているのは，主にオーキシン系の成長調節物質である。

天然オーキシンとして代表的なものはインドール-3-酢酸（IAA）であり，IAA関連物質としてインドール-3-酪酸（IBA），α-ナフタレン酢酸（NAA），α-ナフチルアセトアミド（Nad）などが合成されている。これらの合成オーキシン剤は最も安定した効果の高い発根促進剤として知られており，植物体内でIAAに変化する。

オーキシン類以外ではヘリアンジン，アブシジン酸の一種，サイトカイニン類のベンジルアデニンが不定根の発生を促進することが報告されている。また，ジベレリンとサイトカイニンを組み合わせて用いると大きな発根効果があるとされており，オーキシンとアブシジン酸を組み合わせても発根性が高くなることが報告されている。

植物ホルモン以外にも発根促進効果をもつ物質が知られている。樹体や根系から発散するある種のテルペン類は発根効果をもつといわれており，アンチジベレリンの成長抑制剤であるN-[ジメチルアミノ] スクシンアミド酸やパクロブトラゾールも発根促進効果を示すことが報告されている。殺菌剤として開発されたイソプロチオラン剤は著しい発根促進効果をもっているとされており，果樹栽培に利用されている。土壌に少量の木炭屑や活性炭を混入した場合，いくらかの発根効果のあることが各種の試験で認められており，これらも一種の発根促進剤といえるかもしれない。木炭類の発根促進効果は，土壌の発根阻害物を吸着する，微生物活性を高める，地温を上昇させるなどの作用の結果として発揮されると考えられる。ただし，木炭類の場合は量が多すぎると発根を阻害することが知られている。

現在，市販されている発根促進剤は，主に挿し木の活着率を高めることを目的としている。植物ホルモン剤は茎の部分と根の部分とでは働きが異なるので，挿し木用の発根促進剤をそのまま根回し時の発根促進剤として使えるかどうかは今後十分な検討が必要である。一般に発根促進剤の効果は幼木や若木では出やすく，老齢になるほど効果が出にくいとされている。

第8章 街路樹

1 街路樹の機能

並木や街路樹には主に次のような機能があり，これらの機能を期待して人々は昔から街路樹を植栽し維持しつづけてきた。

- 景観形成・向上（樹冠の連なり（**図8.1**）・並木による造形，花と実・緑葉・紅黄葉による美観形成，視線の遮蔽，視線の誘導など）
- 生態学的保全（野鳥・昆虫等の採餌・営巣場所，着生植物の生育場所など）
- 生活環境保全（直射光・反射光の遮蔽，防風，潮風緩和，飛砂・塵埃飛散の防止，大気汚染物質の吸着，蒸発熱による気温緩和など）
- 都市文化の向上

以上の目的に対応する街路樹の諸機能のほとんどは樹冠が担っており，豊かな樹冠があって初めてこれらの機能が発揮される。そして，これらの機能を効果的に発揮できるか否かは適切な樹種選択，植栽環境，植栽方法，植栽後の管理等にかかって

図8.1 街路樹による景観形成と視線誘導

おり，特に管理手法の良否が極めて大きな影響を与えると考えられる。ところが，現実の街路樹管理はさまざまな理由からこれらの機能を著しく損なう方法で行われており，それによって街路樹の衰退や傷みが激しくなり，倒木などの危険度を増す方向にも作用していると考えられる。近年，台風や大雪で街路樹が根返り倒伏したり幹折れしたり大枝が落下したりして，自動車を押し潰したり怪我人（けがにん）を出したりする事故が時折発生している。日本の街路樹は定期的に剪定されて樹形が小さく制限されている場所が多いのに，なぜこのような事故が発生するのであろうか。

2 街路樹の生育環境

日本の都市の街路構造および街路樹の状態は次のようになっているところが多く，樹木の生育環境としては極めて劣悪な状況にあり，その劣悪な環境によって樹木の成長が大きな影響を受けていると考えられる（**図8.2**）。

- 車道の両脇に歩道があり，街路樹は歩道と車道の間に植栽されている。歩道は一般的に狭く，背の高いビルがセットバックせずに歩道に直接接して建ち並んでいることが多い。
- 歩道の下にはガス管・水道管・電話線等が埋設されており，最近は共同溝方式が採用されて掘り返されることが少なくなったが，共同溝方式ではないところは定期的な管理や修繕工事で掘り返されている。
- 植栽桝は単独桝が多く，面積は極めて小さい。車道と平行方向に伸びた帯状桝もあるが，その場合も幅が狭いので，表面近くの根は縁石に沿いながら桝内を道路と平行方向

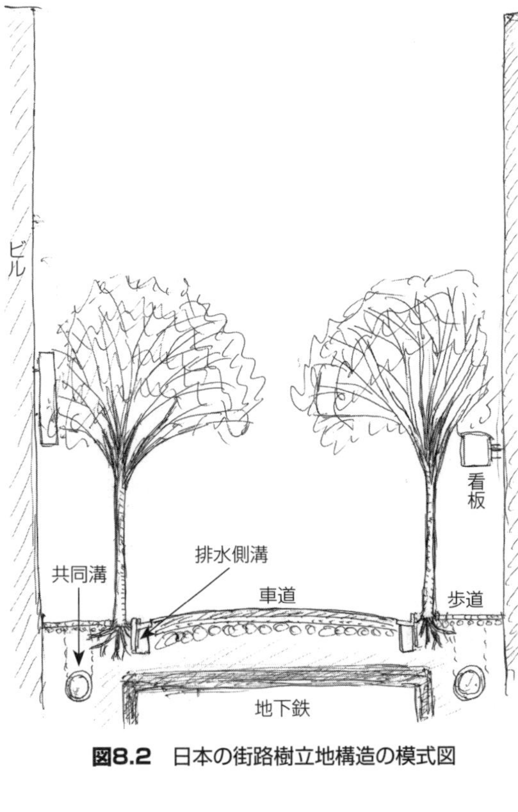

図8.2　日本の街路樹立地構造の模式図

に伸びていき，根系は縁石の下をくぐって桝から外に伸びようとする。

- 帯状桝であっても，しばしば配電盤，道路標識，信号支柱，電柱などが桝中に設置され，根系の生育範囲が制限されていることが多い。
- 植栽されている樹種は双子葉植物の広葉樹がほとんどで，単子葉植物や裸子植物の針葉樹は少ないが，裸子植物のイチョウは比較的多い。
- 高さ5～8 m，幹の胸高直径10～15 cmの木を，強度の切り詰め剪定，根切りを行って植栽することが多い。
- 植栽桝に客入する土壌は地域によってかなり質が異なるが，一般的に上質なものではなく，また土壌の量も少なく，その下は瓦礫やモルタルの混じった建設残土であることが多いので，根系の生育基盤としては劣悪な環境である。それを改善するために土壌改良材として堆肥等が混入されているが，多くの場合，その堆肥も未熟で品質が不良である。
- 車道部分の舗装は極めて厚く，その下の土も締め固められており，さらに車道と歩道の境界にコンクリート製の排水溝があるので，車道側に根を伸ばすことはほとんどできない(**図8.3**)。
- 歩道の下の土も，車道ほどではないが舗装の際に締め固められており，街路樹の根は自由に伸びることができない。
- 歩道はしばしばインターロッキング等の透水舗装が採用されているが，透水性といっても基盤土壌を締め固めなければ舗装にならないので舗装下の土は固結しており，降水が土壌中に浸透できる状況にはなく，雨水は舗装の砕石層に停滞している状態である(**図8.4**)。

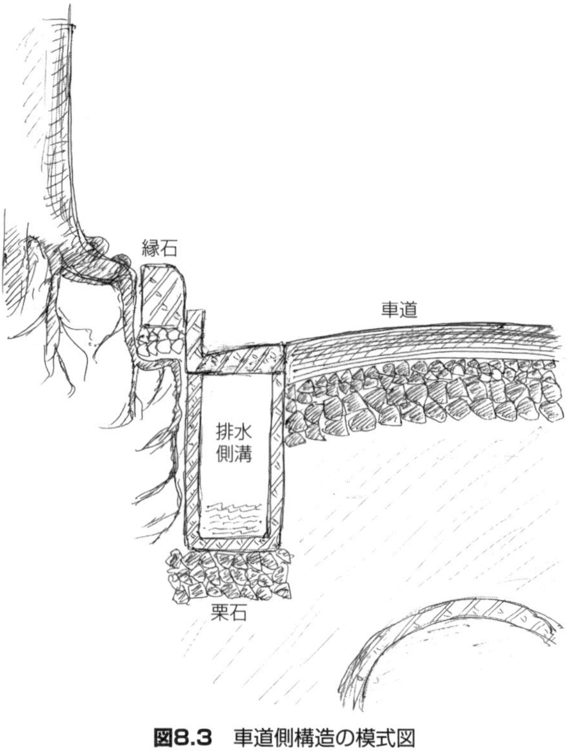

図8.3　車道側構造の模式図

図8.4　歩道の透水舗装下の滞水と根系伸長

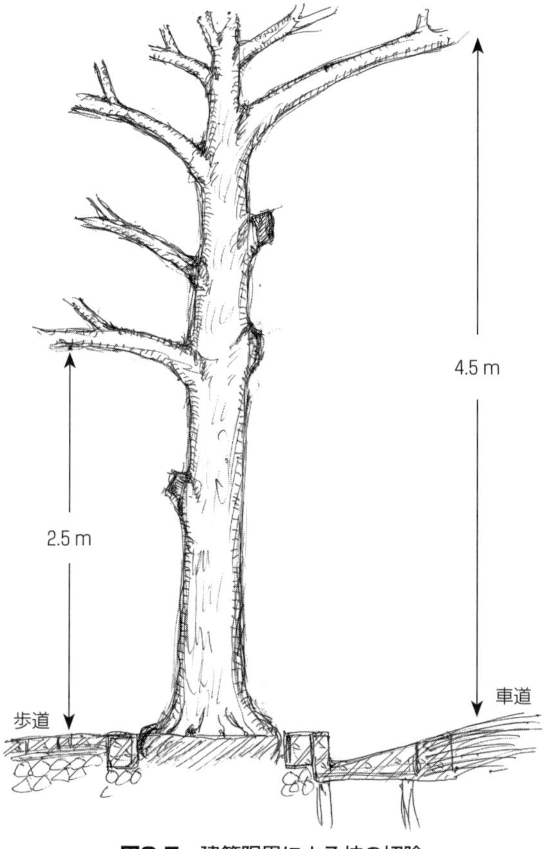

図8.5　建築限界による枝の切除

- その結果，植栽桝の外に出た根は水と空気のある歩道舗装下部の砕石層と固結した土の間のわずかな隙間に伸びようとする。
- 道路交通法上の建築限界では，街路樹の下枝の高さは車道側が路面から 4.5 m，歩道側が路面から 2.5 mと決められており，それ以下の枝は基本的に切除されてしまう（**図8.5**）。

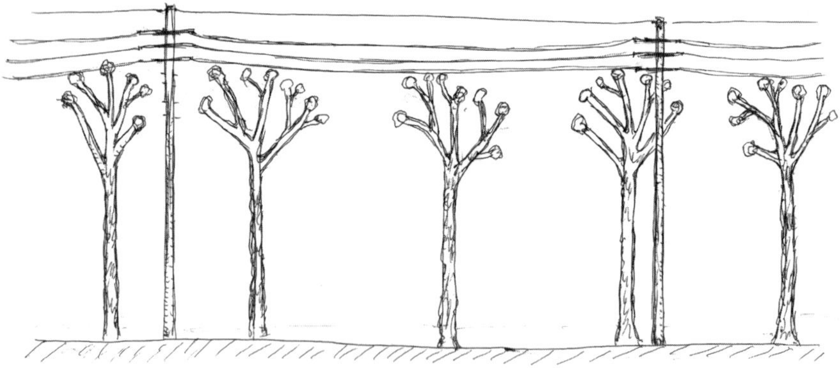

図8.6　電線，電話線保守のための定期的剪定

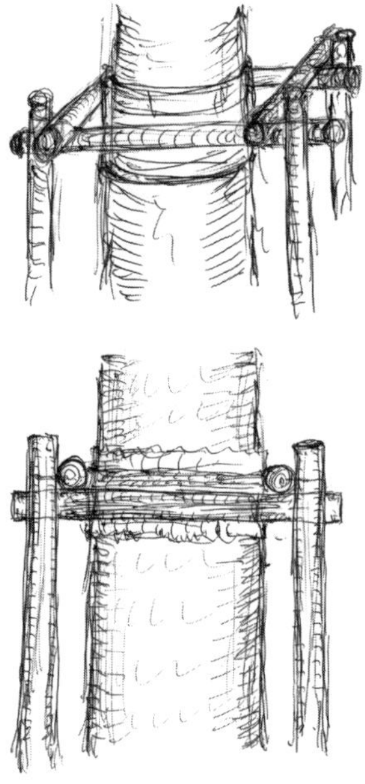

図8.7　街路樹の鳥居型支柱

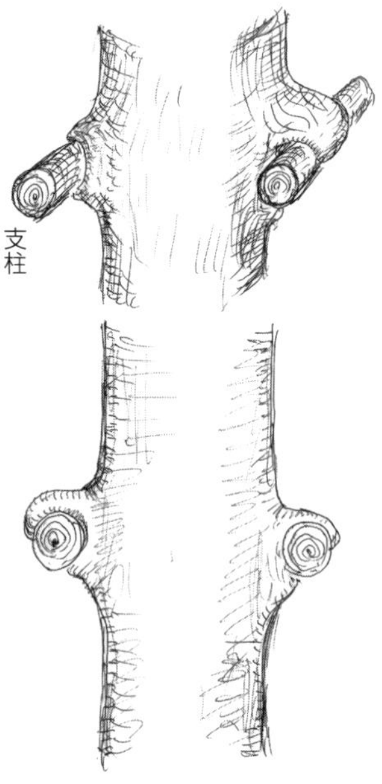

図8.8　支柱に食い込む幹

- 電話線や電線が街路樹の上部を通っていることが多く，これらのケーブルの保守のために定期的剪定がなされている（**図8.6**）。
- 支柱は鳥居型支柱２つを組み合わせて設置されていることが多い（**図8.7**）が，長い間放置されて樹木の肥大成長によって添え木が幹に食い込んでいる状態がしばしば見受けられる（**図8.8**）。この長期にわたる支柱は樹木の根系の発達にも影響を与えている。支柱で長期間固定された樹木の力学的支持根は発達が弱いことが観察されている。さらに，この支柱は植え穴内の膨軟な土に埋め込まれており，力学的な保持効果はほとんどない。

3 街路樹に対して行われている管理

普通，街路樹は定期的に剪定管理され小さく切り詰められている（**図8.9**）が，そのような管理を行う理由として

- 台風による枝折れや倒伏の防止
- 枝条が電線等のケーブルにかかることの防止
- 信号や標識に対する視界確保

などが挙げられている。以前は８～９月の晩夏から初秋にかけてと冬期の年２回，習慣的に剪定するところが多かったが，近年，地方公共団体の街路樹関係の管理費用が少なくなったためか，剪定を３年に１度あるいはそれ以上に長い間隔で行うことが多くなっている。しかしその分，１回あたりの剪定強度も強くなっている。

最近は以上の理由に加え，

- 秋にいっせいに落葉して飛散してしまうことの防止
- 毛虫等の害虫の集団発生防止
- カラスの営巣防止
- ムクドリの集団ねぐら防止

などの理由により断幹，大枝切断等が時折行われている。このような定期的な強剪定により樹高と樹冠径も小さく制限されている。その結果，最初に記した街路樹に求めるさまざまな生態的・環境保全的機能が果たされない状態となっている。以前，真夏に街路樹の強剪定が行われ，その直後に台風が襲来し，逃げ場を失ったスズメが大量に死ぬ現象が発生したことがある。

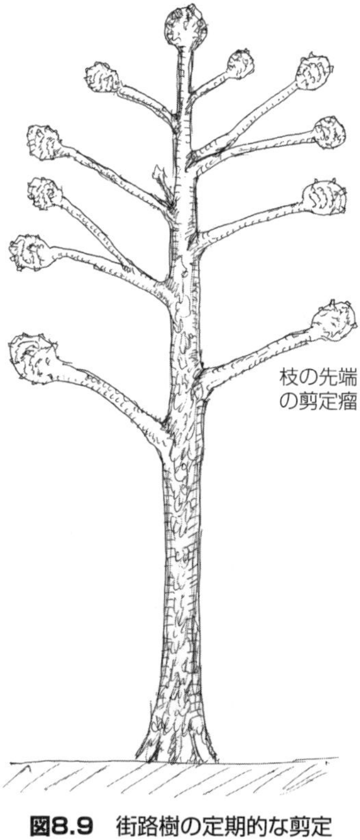

図8.9 街路樹の定期的な剪定

樹木は絶えず成長しつづける生物であるから，ある程度の剪定管理はやむをえないが，一般的に剪定管理の基準とする大きさが樹木のもつ多様な機能を十分に発揮させるには小さすぎるようである。特に真夏の最も日陰がほしい時期における剪定は街路樹の本来の意味を完全に喪失させ，さらに樹勢にも悪影響を与えているように思える。

このほか，食葉性害虫駆除のための薬剤散布，施肥，著しい乾燥時の灌水などの管理が時折行われている。

4 街路樹倒伏・幹折れ・大枝折れを引き起こす諸要因

1）要因の整理

街路樹の倒伏・幹折れ等の原因を組織的・体系的に調査した例は極めて少ないので，倒伏原因を統計的に示すことは困難であるが，これまでに筆者が調査したり見聞きしたりした範囲では，次のような要因が複合的に重なって倒伏・幹折れが発生したと考えられる。

- 歩道側には背の高いビルがあり，車道側のほうに広い空間があるので，光合成に必要な天空からの散乱光は真上および車道側からくるため，樹冠は全体的に車道側に偏り，幹も車道側に傾斜し，樹体の重心は根元より車道側に移動している。その樹体を支えるためには広葉樹の場合，傾斜と反対側すなわち歩道側に樹体を引張り起こすような根を発達させなければならないのであるが，それができない状況に置かれている（**図8.10**）。
- 定期的に行われる過度の剪定は多くの傷をつくるとともに，光

図8.10 傾斜する樹幹を引張る根で支えられない状況

合成能力を著しく低下させて樹勢を衰退させ，病害虫や気象害に対する抵抗性を低下させている。また，過度の剪定や移植時の根系切断は胴枯れ病発生の要因となっている。さらに根系の発達阻害も根腐れの一因ともなっている（**図8.11**）。

- 根株も移植時の切断，不良な土壌環境による壊死などによって活力を失い，根株腐朽菌の侵入によって腐朽していることが多い。
- 不良な土壌環境，特に客土の下の土が砕石や建設残土であることが多く，根系の下層への伸長を妨げ，根系が極めて浅い状態となっている。

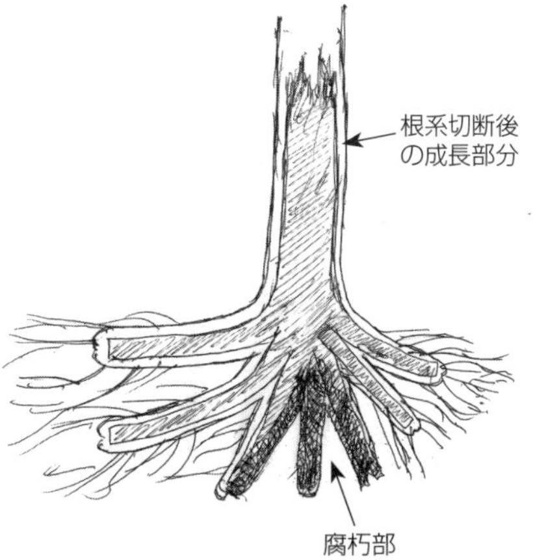

図8.11　植栽時の根系切断や未熟な有機物資材に起因する根株腐朽

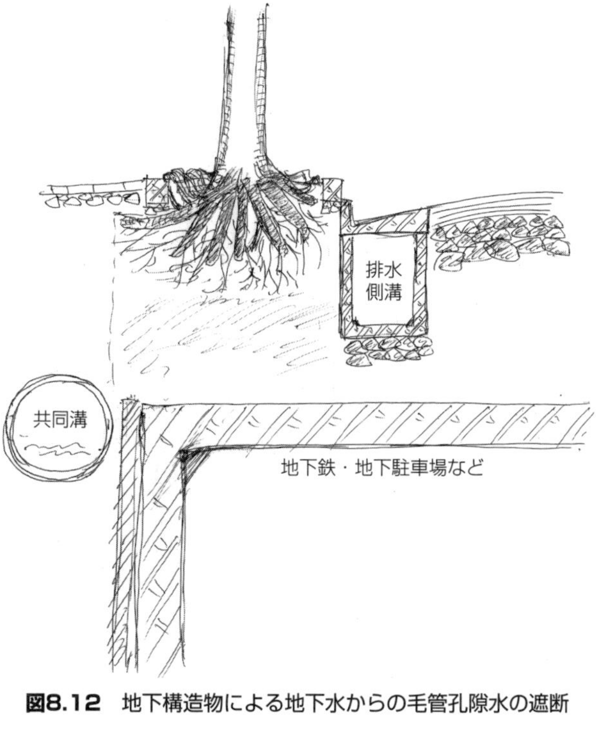

図8.12　地下構造物による地下水からの毛管孔隙水の遮断

- 植栽桝内への雨水の浸透が極めて少ない状況では，樹木にとって下層から上昇してくる毛管水の利用が重要であるが，下水道，共同溝，地下鉄などの地下構造物の存在が地下水の毛管上昇を妨げ，乾燥害の生じやすい状況となっている（**図8.12**）。
- 幹・大枝には剪定時の傷や自動車の衝突などの傷から侵入した腐朽菌による腐朽や空洞化が生じたり，軸に沿って溝状に樹皮が壊死し腐敗する胴枯れ性の病気（溝腐れ）が発生したりして，力学的に弱い状態の木が多く見られる。
- 幹および根株の腐朽の原因菌は，幹では剪定傷から侵入するコフキサルノコシカケによる腐朽，根株では根の切断傷から侵入するベッコウタケによる腐朽が極めて多く見られる（**図8.13**）。両方とも白色腐朽菌である。
- 幹への穿孔虫（カミキリムシ類幼虫，キクイムシ類，蛾類幼虫など）も多く発生している（**図8.14**）が，穿孔虫被害の多さは樹勢の低下が原因となっていることが多い。
- 歩道の下に埋設されている水道管，ガス管などの定期的な管理によって，歩道側に伸びた根は切断され，また舗装の直下を伸びた根は舗装を持ち上げてしまうために切断される（**図8.15**）。
- 根株腐朽は子実体が発生しない限り見逃されてしまう可能性が高い。
- ビルの谷間を通り抜ける際に速度が増幅された風は道路と平行方向に進み，道路側に発達した街路樹の樹冠にあたって幹に強い捩じり荷重を与え，過去に切断され腐朽していた根系が荷重に耐えきれずに破壊され，あるいは引き抜かれて倒伏する。

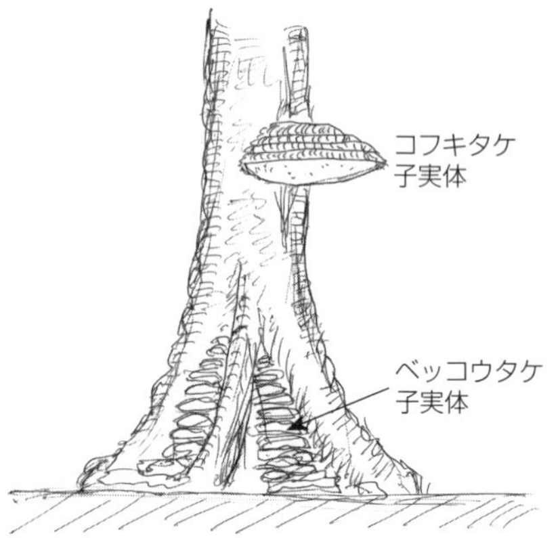

図8.13　街路樹に多く見られるコフキサルノコシカケとベッコウタケの子実体

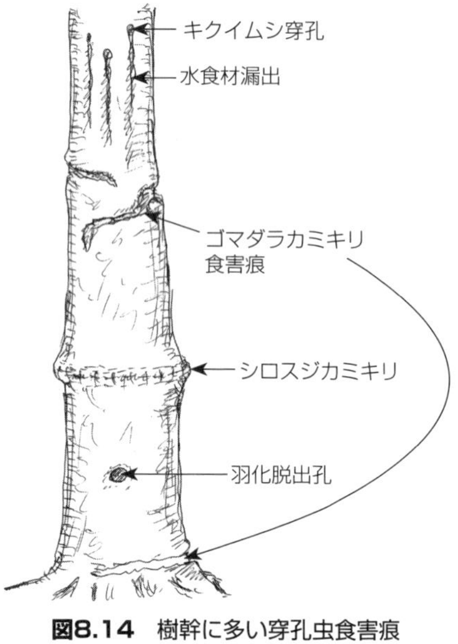

図8.14　樹幹に多い穿孔虫食害痕

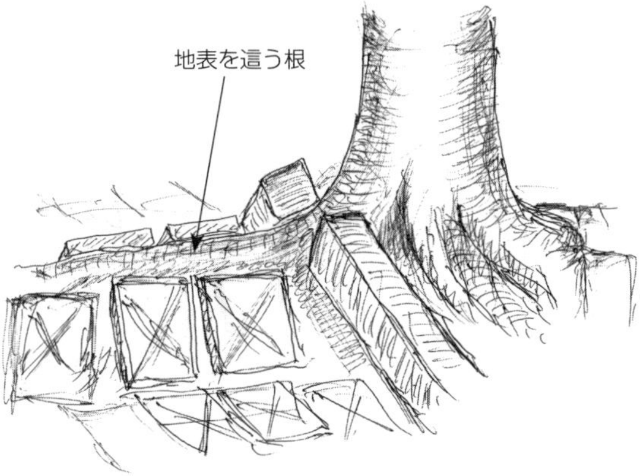

図8.15　舗装基礎の砕石層と固結した土壌の間を伸び，舗装を持ち上げる根系

図8.16　強風によって車道側に倒れる街路樹

その際，倒れる方向はほとんどが車道側であり（**図8.16**），しばしば自動車を潰し，ときには死傷者が出ることもある。

- 叉が入り皮の枝の場合，強風によって入り皮部分が裂けるように折れることが時折生じる。

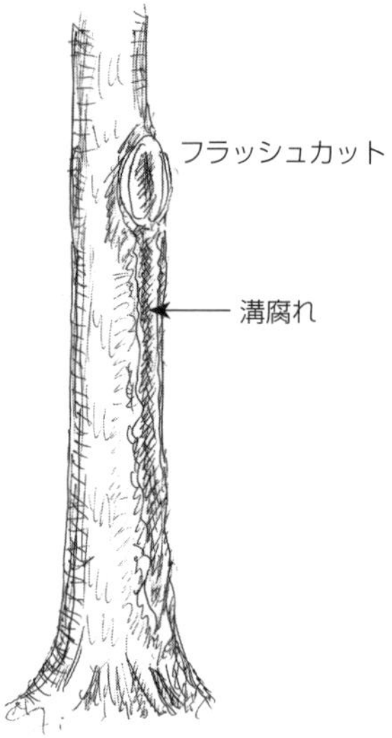

図8.17　剪定傷から発生拡大する胴枯れ病

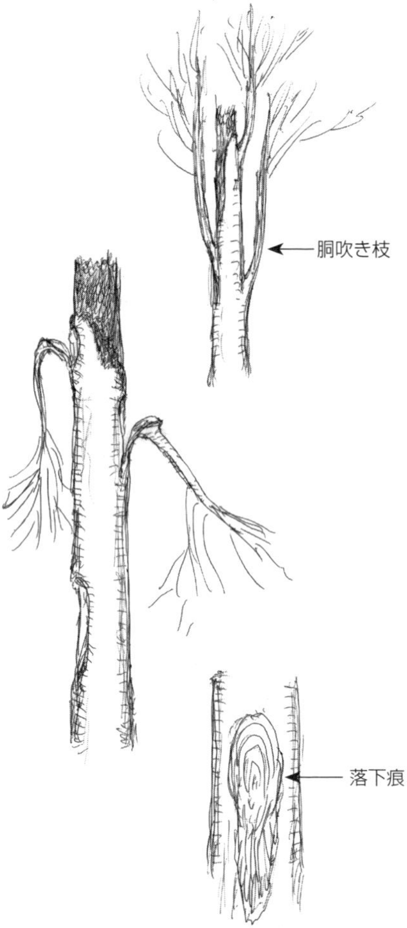

図8.18　胴吹き枝の落下

- 強剪定により，細い枝のほとんどは潜伏芽が起き出した胴吹き枝であり，強風で簡単に折れてしまう。
- 剪定作業を造園業・植木業の熟練者ではなく，素人同然の人が行っていることが多くなっている。そのため，かなり乱暴な切り方がなされ，樹皮が剥げたりしてそこから腐朽・胴枯れが進行していることがある（**図8.17**）。
- 剪定された樹木は幹や枝にある潜伏芽から萌芽枝（胴吹き枝）を発生させるが，胴吹き枝は光合成機能を回復させるために上方に向かって急速に成長して，しばしば入り皮の原因となる。胴吹き枝は枝の組織が入り込んでいないので，強風や冠雪により落下しやすくなっている（**図8.18**）。
- 植栽時に設置された鳥居型支柱が幹に食い込み，その部分が壊死し，そこから腐朽や胴枯れ症状が発生することがある。

2）主な要因の解説

前記に挙げた諸要因のなかからいくつかの事項について次に詳述する。

（1）幹・大枝の胴枯れ病の発生

普通，樹木は豊かな枝葉による庇陰効果で幹や大枝には直射日光が当たらず，また木部年輪の最外層を上昇する水の冷却効果によって篩部と形成層の正常な機能が保たれている。しかし，移植時の枝葉除去と根系切断は葉の蒸散量，根系の水分吸収量を著しく減少させ，さらに樹幹に直射日光が当たる一因ともなる。直射日光のなかでも夏の強い西日が連日当たるような状況に置かれると，樹皮の薄い樹木は外樹皮（コルク層）を厚くして断熱効果を高めようとするので樹皮がざらついてくる。しかし，細根と枝葉の減少により水分上昇による冷却効果が働かず，さらに枝からの光合成産物の供給もない状況が生じると，形成層と篩部は連日の高温ストレスと栄養不足によって樹皮が軸方向に長く壊死し，いわゆる“皮焼け”あるいは“日焼け”という現象（**図8.19**）を呈し，その部分から腐朽（溝腐れ）が進行する。この皮焼け現象には胴枯れ病が深く関係している。枝の剪定痕から侵入した胴枯れ病菌は，活力不足からくる樹体の防御反応の低下によって容易に内樹皮を侵していくが，特に剪定された枝の直下を侵していく。街路樹に多く見られる皮焼け現象は，日射の強さばかりではなく，剪定根からの胴枯れ病菌の侵入も深く関係していると考えられるが，残念ながら街路樹に発生する皮焼け現象に付随する胴枯れ病の原因菌についてはほとんど調べられていないのが実情である。

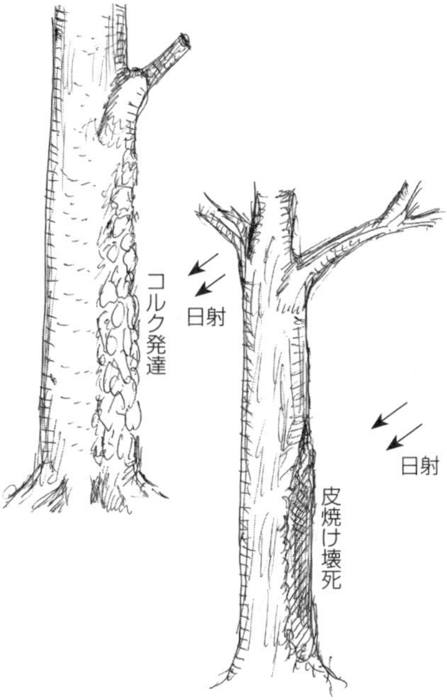

図8.19　樹皮の皮焼け現象

（2）幹・大枝の腐朽と空洞化

街路樹の幹の腐朽・空洞化の直接的原因は木材腐朽菌であり，多くの種類が存在するが，なかでもコフキタケは都会の街路樹の幹折れ原因の最重要原因といわれている。空中を浮遊してきた腐朽菌の胞子は樹木の剪定傷等の樹皮が欠けている部分に付着し，適当な温度と湿り気があると発芽して菌糸を伸ばしていくが，雨が降らずに乾燥が続いたりして発芽条件が揃わないと比較的短期間で発芽能力を失ってしまう。しかしコフキタケ胞子は，かなりの期間発芽能力を失わずにいて，降水などによって発芽条件が揃うと発芽して菌糸を伸ばし，白色腐朽を起こす。都市のヒートアイランド現象により高温乾燥化した都会の環境条件にうまく適応しているようである。コフキタケにはいくつかの系統があるが，本来のコフキタケは北方，高山の寒冷地に分布しており，温暖地の都会に発生しているのは南方系で乾燥耐性の強いオオミノコフキタケ（名前は胞子が大きいコフキタケという意味）であるといわれているが，分類学的には未整理のようである。コフキタケは剪定痕，自動車の衝突傷，胴枯れ病壊死部などの傷から侵入する幹心材腐朽菌であるが，しばしば低い切り株からも子実体（キノコ）が発生しているのが観察される（**図8.20**）ので，根株にも腐朽を起こすことがあるらしい。ほかにカワラタケ，アラゲキクラゲ，カワウソタケ，シイサルノコシカケなどにもよく見られる。

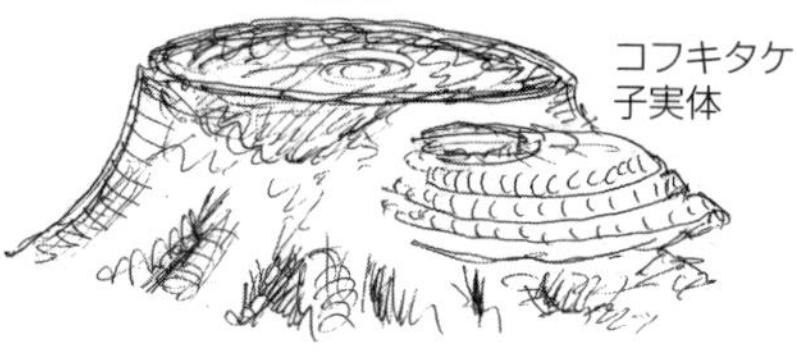

図8.20　低い切り株から発生するコフキタケ子実体

ここで注意しなければならないことは，腐朽菌の子実体が見られなくても腐朽が進行していることがあるということである。むしろ子実体が出ていないほうが多いといって差し支えない。担子菌類が子実体を発生させるには遺伝子の異なる２つの系統が出合って遺伝子交換（有性生殖）をしなければならないが，樹体内で繁殖している腐朽菌糸が１つの胞子だけから増えた場合，子実体を発生させないからである。また，腐朽菌を攻撃する菌が侵入したり，アリが営巣して菌糸を食い尽くしたりしても子実体が出なくなる。

（3）根系切断と根株腐朽

街路樹は普通，車道と歩道の間に存在し，植栽桝の形状としては単独桝と帯状桝があるが，いずれにしても幅が狭く，植栽桝の底土は瓦礫・砕石となっていることが多い。その狭い桝内にわずかばかりの客土を入れて樹木が植えつけられている。普通，車道側は舗装が厚く，その下の土壌も固く締め固められているので，根系は車道側に伸びることができず，歩道側に伸びた根は歩道の下にガス管，水道管等が埋設されているために，時折の掘削工事により切断されてしまうことが多い。また，舗装と締め固められた土壌の間を伸びた根が太くなると，舗装を持ち上げて歩行者がつまずいたりする危険性が高くなる。そのため，しばしば根系を切断して舗装しなおす工事が行われている。

これらによって根系は伸長範囲が極度に制限されているが，そもそも街路樹は小さな苗木を植えつけることはほとんどなく，かなり大きな木が植えつけられるので，植付け時に根系が切断されており，根株腐朽が侵入しやすい状況となっている。

街路樹の根株腐朽の主原因はベッコウタケとされている。ベッコウタケは根株の材を侵し，樹皮まで侵すことは少ないので稀(まれ)に樹木を枯死させることがあるが，多くの場合，枯れる前に根株の力学的支持力の低下によって倒伏してしまう。

ベッコウタケ以外にもマンネンタケ，ナラタケ類，ナラタケモドキ，白紋羽病菌，紫紋羽病菌などもしばしば根株に発生するが，これらに侵されると樹木は倒伏する前に衰退枯死してしまうのが普通である。

（4）穿孔虫害

定期的な強剪定は光合成能を低下させ，その結果，防御力も低下させてしまう。防御力の低下した樹木には多くの病害虫が寄生する。カミキリムシ類，キクイムシ類，ゾウムシ類，キバチ類，スカシバガ類，ボクトウガ類などの穿孔虫のほとんどは樹皮が健全で防御力が高いと樹体内に侵入できないが，活力の低下した樹体には容易に侵入し，内樹皮や材を食害する。その傷から腐朽や胴枯れ症状が進行することがしばしばある。特にケヤキに対するクワカミキリやプラタナスに対するゴマダラカミキリの食害（**図8.21**）は大きな影響を与え，幹折れの一因となっている。

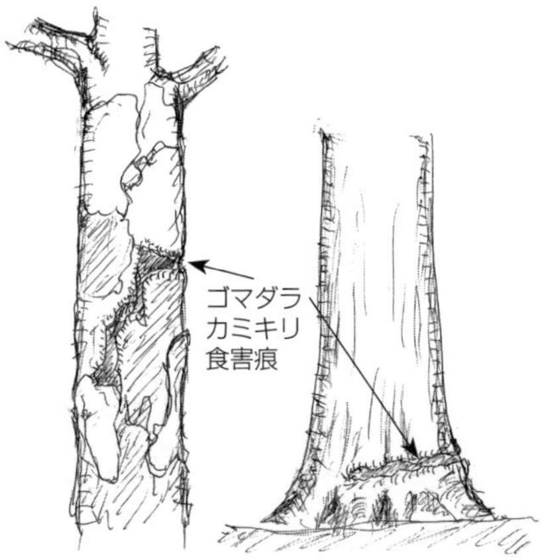

図8.21　プラタナスの幹やシラカシの根元に多く見られるゴマダラカミキリ食害痕

5 考えられる対策

街路樹の倒伏・幹折れ・大枝折れを完全になくすことは困難であるが，減らすことはできる。対策として次のようなことが考えられるので，実際の現場では採用可能な事項があれば可能な限り採用してほしい。

- 植栽する樹木は苗畑時代からこまめな根回しを行い，太根の切断をまったくしていないものとする。
- 植栽桝の土壌改良材として堆肥を使う場合は良質なものとする。また通気透水性を高める資材の施用はかえって乾燥を助長することがあるので注意する。
- 過度の剪定をなくし，大きな樹冠をもち，活力のよい状態を保つ。特に入り皮の生じやすい胴吹き枝を増やすような強剪定を避け，可能な限り枝抜き剪定を行うようにする。
- 歩道部分全体をデッキ方式（**図8.22**）にしたり，逆さにしたU字溝やヒューム管を歩道部分や車道部分に埋設して土壌を入れ，そのなかに根系を誘導したり（**図8.23**）して根系切断をしないですむような街路構造とする。
- 電話線や電線を街路樹と抵触しない位置に変更する。
- 植栽桝内の土壌厚を可能な限り厚くし，植栽時に根鉢の底土や側面に割竹を縦に挿入し，歩道部分の舗装下にも割竹などを挿入して，舗装下にも水と空気が供給されるようにする（**図8.24**）。

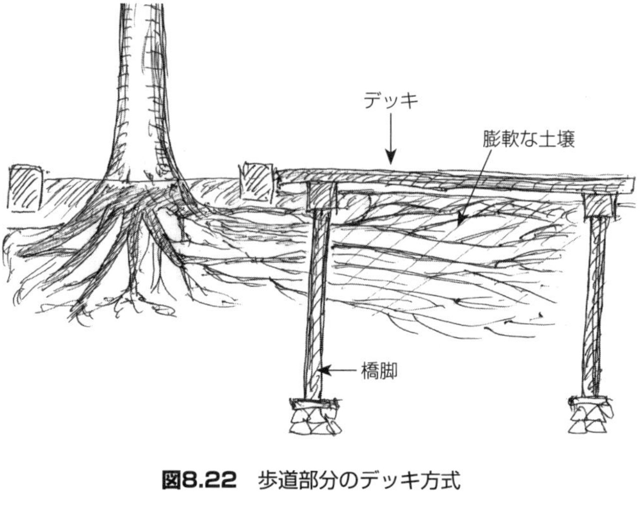

図8.22　歩道部分のデッキ方式

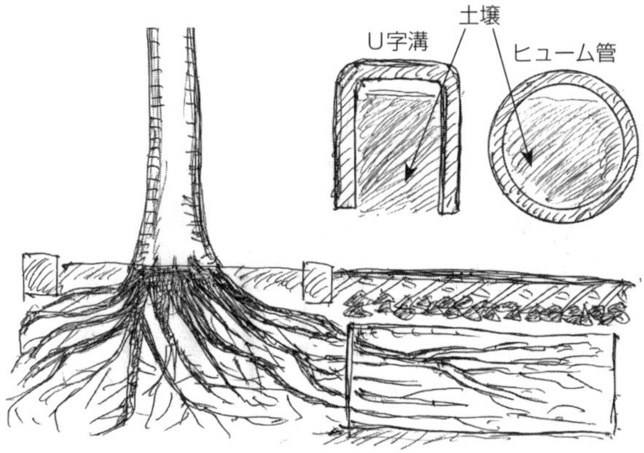

図8.23 歩道部分におけるU字溝，ヒューム管による根系誘導

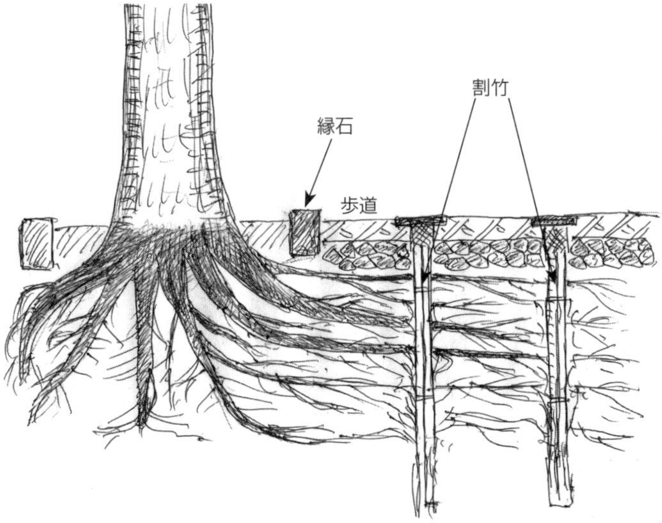

図8.24 植栽桝内や歩道舗装の下での割竹挿入

第9章 平地林

1 武蔵野台地の植生の変遷

筆者は東京都杉並区で生まれ育ったが，入学した区立小学校の校歌の出だしは次のようであった。

「草より出でて草に入る月の武蔵野今いずこ・・・」

筆者はこの出だし部分が好きだったが，在校中に校長が代わり，新しく赴任してきた校長は「内容があまりにも古い」との理由で校歌をまったく別なものに変えてしまった。新しい校歌がどのようであったかほとんど記憶がない。

ところで，前述の歌詞の原典はおそらく次の古歌であろう。

武蔵野は月に入るべき影もなし　草より出でて草にぞ入りぬる

〔万葉集　詠人知らず〕

この歌については「武蔵野は月の入るべき山もなし　草より出でて草にこそ入れ」と書いてある文献もある。さらにこの古歌のイメージから次のような和歌も生み出されている。

行く末は空もひとつの武蔵野に　草の原より出づる月影

〔新古今和歌集　藤原良経〕

武蔵野は月の入るべき峰もなし　尾花がすえにかかる白雲

〔続古今和歌集　源通方〕

後の2首は京の都にいながら武蔵野を想像して詠んだものとされている。

以上のように，武蔵野は一望千里何もないススキの原であるというのが昔の人のイメージだったようだ（**図9.1**）。このイメージは薪炭採取用のナラ類を主とした落葉広葉樹林（**図9.2**）や用材生産のためのスギ林（**図9.3**）・ヒノキ林・サワラ林・マツ林（**図9.4**），用材生産と防風兼用の屋敷林としてのケヤキ林（**図9.5**）が盛んに育成・利用されていた江戸時代においても変わらなかったようであるが，それが明治以降，現

ススキの原

図9.1　昔の人の武蔵野のイメージ

クヌギ・コナラ・シデ類の薪炭林，株立ち木が多い

図9.2　落葉広葉樹の薪炭林

在の渋谷区から小金井市辺りを舞台にした国木田独歩の『武蔵野』や，徳富蘆花の世田谷区粕谷辺りを舞台にした『みみずのたはごと』などが人々に広く読まれることによって，“雑木林”が武蔵野を表すイメージとなっていったらしい。

関東平野はいくつかの洪積台地と沖積平野によって形成されているが，洪積台地は現在よりもかなり温暖で海面が現在よりも高かった縄文時代あるいはそれ以前に，山地地域から流れ下ってきた河川によって運ばれた土砂によって扇状地あるいは沖積平

根曲がりは少ない

図9.3　平地のスギ林

いくらかの傾斜は見られるが海岸林ほどではない

図9.4　平地のマツ林

野が形成され，その部分がその後の海面低下により台地となったものである。関東平野とその周囲の山地には，関東平野の西側から北側を囲むように連なる火山群からの火山灰が大量に降りつづいたので，河川から供給される土砂量が膨大な量であったこ

図9.5　屋敷周囲のケヤキ林

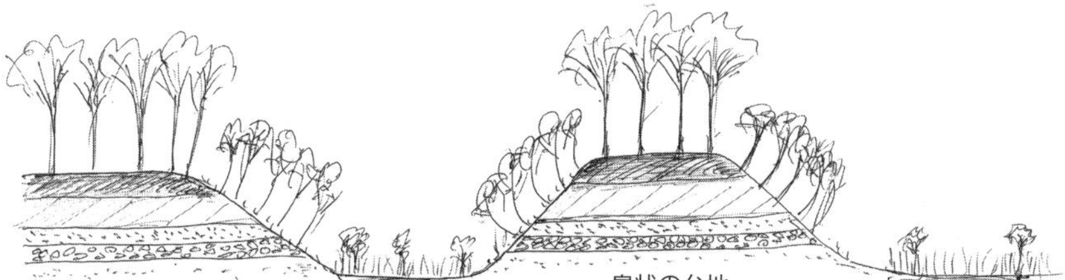

図9.6　浸食によって切り離された台地

とも日本一大きな沖積平野形成につながったと考えられるが，その後の寒冷化による海面低下後も火山灰は降り注ぎ，次第に厚みを増していったと考えられている。これらの台地上には多数の小河川が存在し，水の流れによって開析が進んで谷地形（河岸段丘）が形成されている。そのため，台地の連続性が絶たれて，頂部の平坦な小高い山のようにとり残されている部分（**図9.6**）も多い。

東京の西から北西に広がる武蔵野台地は富士山，愛鷹山，箱根山，浅間山などの火山群の火山灰が堆積した洪積台地である。今よりも平均気温が高く海水面が現在よりも2～3m，あるいはそれ以上に高かった縄文時代中期の原植生は，シイ・カシ類を林冠の主要構成種とする常緑広葉樹林すなわち照葉樹林と考えられている。しかし武蔵野が文献に登場する頃にはすでに見渡す限りススキ草原が続く状態であったようだ。このススキ草原は古代から戦国時代までの間，落雷などによる野火，焼畑，軍馬飼育のためにイネ科草本の硬い茎葉を軟らかい茎葉と入れ替える火入れ，炭俵や屋根葺き材料としての茅の採取などによって保たれてきた。

関東平野の台地の代表的土壌は火山灰起源の黒(くろ)ボク土(ど)（黒色土）であるが，この黒ボク土には腐植が極めて多く含まれており，その腐植の中にはイネ科植物の表皮を構成する厚壁細胞の細胞壁に含まれるケイ酸すなわち籾殻の表面や葉縁に滲出した非結晶含水ケイ酸体（$SiO_2 \cdot nH_2O$，プラントオパールという）が多量に存在し，さらにイネ科草本の花粉も多量に含まれることから，厚い黒ボク土層が形成される間はススキ草原の状態が長くつづいていたと考えられている。武蔵野台地がススキ草原になった重要な因子として，土壌の母材が火山灰であったことが挙げられる。火山灰には多量の活性アルミニウムが含まれ，この活性アルミニウムは植物に対する強い毒性を示し，さらにリン酸と強く結びついてリン酸を不溶化し，植物がリン酸を吸収できないようにする。活性アルミニウムが多量に含まれる火山灰土壌に，ほかに先駆けて生育することのできる植物は，日本の場合はアルミニウム耐性が高く，多量の根酸によってアルミニウムと結びついて不溶化しているリン酸を可溶化し吸収することのできるススキである。ゆえに新鮮な火山灰土壌ではススキ草原が最初に成立するが，土壌中に腐植が増えるに従い，有機物－アルミニウム複合体が増えてアルミニウム毒性が低下し，普通の高木性の木本類も侵入できるようになる。アルミニウムは植物遺体から生成される腐植や有機酸と結合して有機物－アルミニウム複合体を形成する。有機物－アルミニウム複合体は極めて分解されにくい物質であるため，腐植が年々多量に蓄積されていくことになる。しかし，火入れなどで植生遷移が抑制されるとススキ草原が長期にわたり続くことになる。このように自然の植生遷移ではなく人為的な要因などで植生遷移の方向が変わることを"偏向遷移"という。

ところで，黒ボク土はなぜ黒いのであろうか。同じ火山灰に成立した土壌でも，草原時代が短く長期にわたり森林状態が続いている場合，A層の土色は褐色あるいは黒褐色で，黒ボク土のような黒さはない。黒ボク土の黒さはススキ草原と密接な関係があると考えられている。ススキの根株の腐植がアルミニウムと結合すると黒色を呈するという説もあるが，近年の研究で有力視されているのが大量の微小な炭化物の蓄積が原因という説である。この炭化物は野火や火入れによる有機物の燃焼が原因らしい。世界にはアメリカ中部のプレーリー土，東ヨーロッパからシベリア西部にかけてのチェルノジョームなど，火山灰起源ではない黒色土が分布しているが，それらはアルミニウム活性が高くなく，カルシウム含量の多い土壌である。このカルシウムが有機物と結合して微生物の分解しにくい有機物－カルシウム複合体を形成し，多量の腐植を蓄積することになるが，色の黒さはやはり野火等による炭化物に起因しているようである。

戦国時代が終わって徳川家康が江戸に幕府を開いた後，江戸の町は急激に人口を増やしていったが，人々の生活に必要な食料と木材・燃料を得るために武蔵野台地に麦畑・野菜畑，スギ・ヒノキ・サワラ・アカマツなどの用材林とコナラ・クヌギ・シデ類などの落葉広葉樹薪炭林が急速に増えていった。ススキ草原に代わって畑や樹林が増えた理由のひとつとして，戦乱が終わり軍馬の需要がなくなったことも挙げられよう。しかし，江戸町民に"ススキの原のイメージ"が続いたのは，茅採取のためのススキの原もかなり残されていたことと，台地上の開析低地の湿った部分に外見上ススキとよく似たオギが湿生草原を形成していたことも関係していよう。

江戸時代，現在の四谷周辺は「四谷丸太」の集産地であった。四谷丸太の名は，四谷の地名が示すとおり，4つの主な谷で構成された四谷地域に生育するスギ林に由来すると考えられるが，小さな谷なので資源がすぐに枯渇してしまったため，現在の杉並区や世田谷区の荻窪，阿佐ヶ谷，高井戸，北沢周辺にある神田川，善福寺川，妙正寺川沿いの湧水地の周囲にスギを植林して丸太を生産し（通称は高井戸丸太），それを四谷に集めて四谷丸太の銘柄で売っていたといわれている。杉並の名も青梅街道沿いにスギ並木が植えられていたことに由来する。

江戸時代から盛んに育成され維持されてきたこれらの樹林は長期間続いたが，昭和30年代を境に燃料としての需要が石炭・石油・天然ガスに置き換わっていくに従って急速に伐採され，姿を消していった。そしてわずかに残された樹林も堆肥材料としての落葉採取など農用林としての利用がほとんど行われず，薪炭林採取のための定期的伐採

林内のアズマネザサ群落

図9.7　林床に繁茂するアズマネザサ

図9.8　放置された落葉広葉樹薪炭林内で成長する常緑広葉樹

も行われずに放置された結果，林床にアズマネザサが繁茂（**図9.7**）し，アズマネザサが少ない林床にはシラカシやスダジイなど耐陰性の高い高木性照葉樹が優占種となり，現在はこれらの樹種が上層木のコナラ・クヌギ・シデ類の林冠に迫る高さに達しているところも多い（**図9.8**）。また，雑木林の近くにカシ類やシイ類が存在していない場合，放置された樹林の林床にはクスノキ，タブノキ，シュロ，アオキ，モチノキなど，野鳥によって液果が食べられ種子が散布される樹種が優占している。コナラ・クヌギ・シデの上層木も薪炭に利用するには困難なほど太くなっており，樹高も20 m以上に達している。

シュロは天然には関東平野に分布しなかったが，江戸時代，九州，四国など西方の大名が江戸の屋敷内に郷里を偲んで植えたものが自然に広がったとされている。近年の気候温暖化と都市のヒートアイランド現象によって都市内や都市近郊が昔に比べて寒くなくなったことも著しく増えた要因と考えられる。クスノキの場合は社寺の境内に薬木として植栽されたのが関東地方に広まるきっかけとなったと考えられるが，やはり温暖化とヒートアイランド現象が生育を容易にしている。

現在，都市域ではスギ林・ヒノキ林・サワラ林・アカマツ林もほとんど姿を消してしまい，特にスギ林は東京23区内ではほぼ消滅してしまった。わずかに残されてい

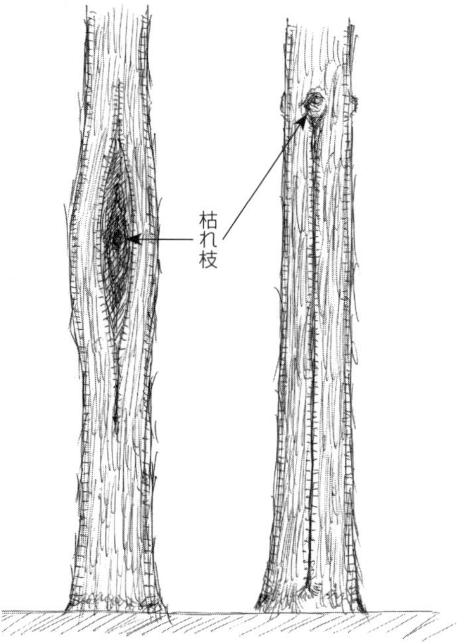

図9.9　平地林のスギに多発する幹の溝腐れ症状

る小規模なスギ林を見ると，ほとんどが幹の溝腐れ症状（**図9.9**）を呈している。この溝腐れ症状にはいくつかの原因があると考えられるが，赤枯れ病に起因するものとチャアナタケモドキに起因するものが報告されている。スギ林の消滅には都市の気温上昇と乾燥化が大きな要因と考えられている。サワラ材はヒノキ材と異なり樹脂細胞が少なく強い芳香がないので，飯用の櫃（ひつ）として使われ，また安価な桶，風呂桶として利用されたが，材価が安く腐朽しやすいために，ヒノキを造林することはあってもサワラを造林することはほとんどなくなってしまった。ただし，造園的にはヒノキよりもサワラの園芸種のほうがよく植栽されている。

2 平地林の再生と管理

1）平地林再生の意義

平地林の立地する場所は現代の土地利用目的の観点からは極めて高い価値のある場所が多く，そのために急速な開発によって平地林は極めて少なくなっている。しかし，平地林は山地林と異なり，人の生活と極めて深く関わってきたものであり，また，都市に近いということからも生活環境保全機能は極めて高い。ゆえに，失われた平地林を以前の木材生産や薪炭生産のような林業・農用目的で復元することは困難であろうが，生活環境保全，生態系保全，都市のヒートアイランド現象の緩和等の目的で造成することは喫緊の課題と考えられる。

平地林の復元には土地の“効率的利用”の問題が常につきまとい，この問題は経済問題であるとともに政策的な問題であるが，技術的な課題も多い。

2）植林

一般的に開発造成地は自然土壌が残されてなく，建設残土による埋め立て，重機による踏圧（固結化），浅い層の不透水層の存在による停滞水（宙水），通気透水性の不良，土木施設・建築物建設の際の地形改変による排水不良，重金属・油・化学物質等による土壌汚染などの問題がある。そのため植栽前の土壌改良が不可欠である。

植林のための土壌改良の基本は，植物の根が高い活力を維持して成長できる条件をつくることである。普通，植林は自然土壌が残された土地に小さな苗木を植えつけるが，開発造成地の場合は自然土壌が残っていないので，耕耘，暗渠排水，水圧穿孔法，割竹挿入法，堆肥施用等の技術を駆使して土壌改良を行うのがよい。

肥沃な農地土壌や林地土壌の客土はどこかで自然破壊をしていることになるので，たとえ植栽木の成績が少々不良であっても，客土によって良好な成績を収めるよりは，総合的に考えればずっとましである。

植林用苗木の生産には実生繁殖と挿し木・接ぎ木・取り木・株分けなどの無性繁殖（クローン繁殖）に大別される。

無性繁殖により得られるクローン苗は親と遺伝的に同一なので，クローン苗で成林した林分は幹形や材質が揃いやすく成長に優劣が出にくいが，特定の病害虫や強風などの気象害に対して弱く大きな被害が出やすいという欠点がある。特に挿し木や取り木の苗は支持根発達が弱い傾向が観察されている。成長旺盛な品種の挿し木苗木は初期の年輪成長が良好であるが，全体的には遅い傾向がある。接ぎ木の場合，台木と穂木との成長差が大きいと台勝ちあるいは台負け現象が生じやすく，特に台負けの場合，根元折れや根返り倒伏を生じやすい傾向がある。

実生苗は外観的な形質と材質にばらつきが出やすいが，その分生態的な多様性が高く，病害虫に対しても森林全体としての抵抗性は高い。実生苗は根系の発達が十分で年輪成長も良好なことが多いが，天然スギのように品種改良の進んでいない野生種は遅い傾向がある。

3）保育管理

保育管理とは目的とする樹種が健全に成長し，良質な材を生産できるようにすることである。下草刈り，蔓切り，除伐，枝打ち，間伐，雪起こしなどの作業が主なものである。保育作業の良し悪しは材質や成林したときの生態的機能，環境保全機能の大きさと質に影響する。

（1）枝打ち

枝打ちは節のない材を生産するために行われるが，末口と元口の太さの差の少ない完満な幹形（**図9.10**）を得ることも重要な目的となっている。樹幹の年輪成長は梢端近く，幹の中央付近，根元近くで異なっており，普通，樹冠を構成する最下の“力枝”の直下部分が最も成長が旺盛であり，力枝から遠く離れる根元近くの幹は成長幅が狭くなる。しかし，根元の内側への湾曲部分では根の成長と幹の成長が重なるので，力学的な支持力をもつ水平根と連結している部分では肥大成長は旺盛になり，連結していない部分では小さくなって，根元の形状が**図9.11**のようになる。ゆえに生き枝打ちによって樹冠底辺を高くすることは，幹の上部の成長に比して根元近くの成長を小さくすることであり，完満材の生産につながる。しかし，完満材は雪害や風害に弱く，幹折れが生じやすいという欠点がある。

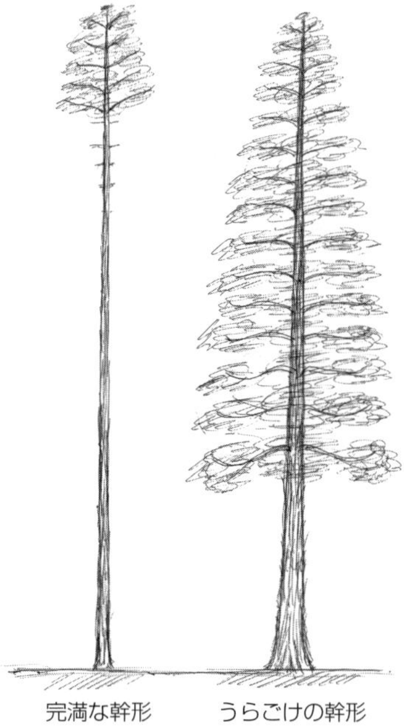

図9.10　完満とうらごけの幹形

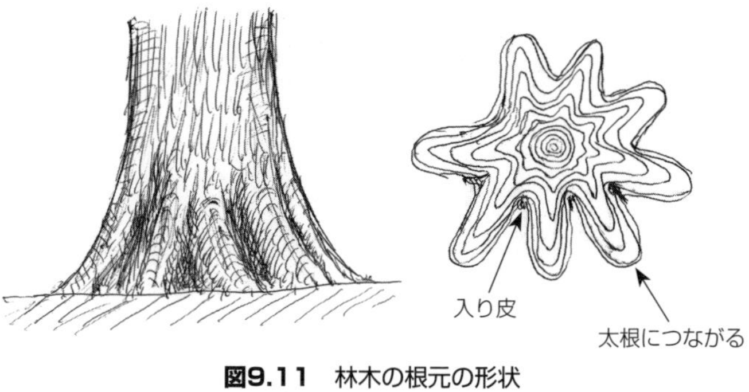

図9.11　林木の根元の形状

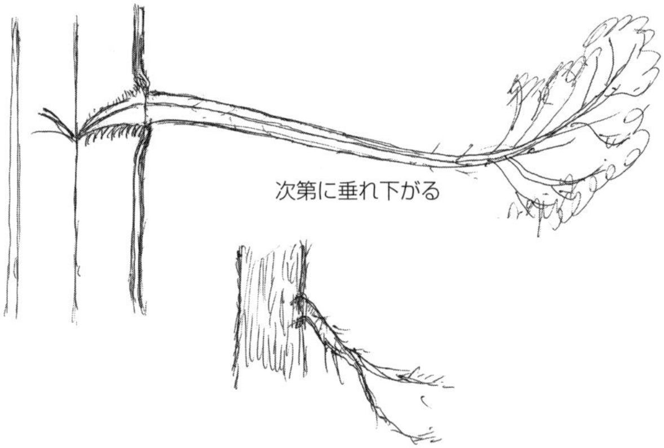

図9.12　スギやヒノキの下枝の形状

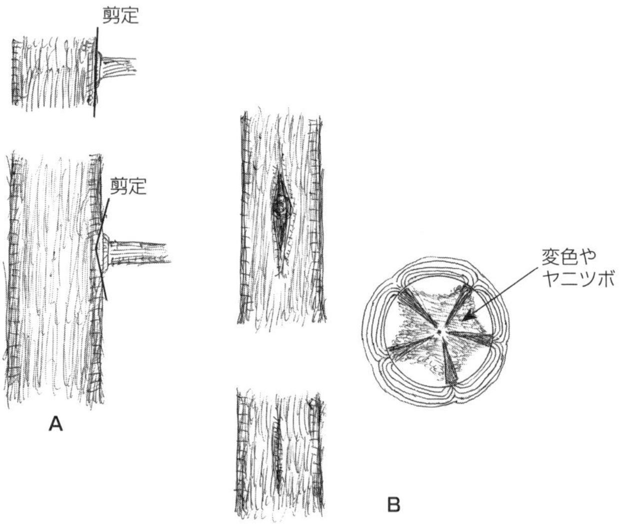

図9.13A　無節材を得るための枝打ち
B　枝打ち後の巻き込み成長と材変色

樹木の成長とともに樹冠が発達し，林内は暗くなって林床植生の植物も変化し耐陰性の高い種が増えていくが，同時に枝にも光が当たらなくなり，下枝は枯れていく。この枯れ枝を放置するとさまざまな病気の発生原因になることがあり，枯れ枝打ちは重要である。枯れ枝から入る病気として，スギやヒノキでは暗色枝枯れ病，溝腐れなどがある。また，枯れ枝打ちには死節をつくらないという意味もある。

生き枝打ち，枯れ枝打ちのいずれも，切断方法によって材質や病害虫に入りやすさ

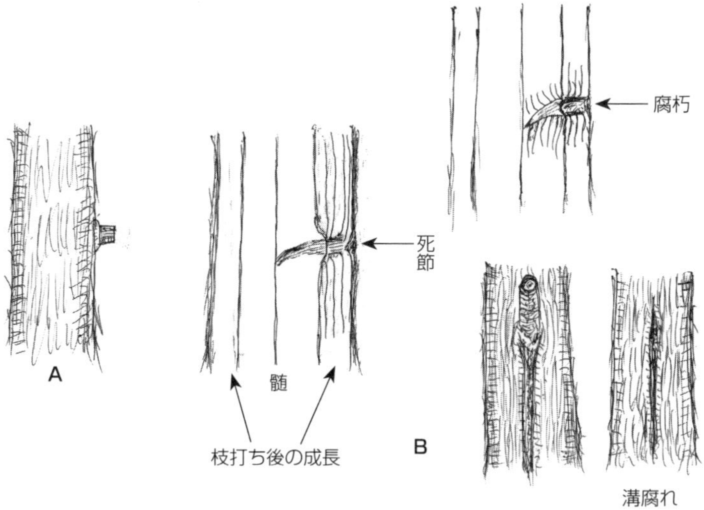

図9.14A　枝を残す切り方
B　枝打ち後の巻き込み成長と死節，溝腐れ

が著しく異なってくる。スギやヒノキの生きた下枝は普通，**図9.12**のような形をしている。枝打ちを行う場合，丸太にしたときに無節材を得るためには**図9.13A**のように切るのが普通である。そうすると，その後の損傷被覆材の巻き込み成長によって**図9.13B**のように外観上は無節となる。しかし，材内部の変色や腐朽，“やにつぼ”などが生じやすくなる。**図9.14A**のように切ると，**図9.14B**のように死節が生じてしまい，また幹の溝腐れや暗色枝枯れ病が生じる可能性が高くなる。**図9.15A**のように切ると無節材は得難いが，死節も材変色や腐朽も生じにくく，**図9.15B**のような巻き込み成長を示すが，長く瘤状態が続く。活力の衰えている枝や枯れ枝は**図9.16A**のような形状をしていることがあるが，そのときは**図9.16B**のように切断するのが正しい。

（2）間伐

間伐には林木を適正な密度にして個々の木の健全な成長を果たすための保育間伐と，木材の収穫を目的とした間伐がある。両者の間に明確な区別はなく，両方を兼ねた間伐が普通である。しかし，近年は材価の低迷と作業員不足により，収穫を考えず，伐った材を林内から搬出せずに放置する保育間伐が増えている。このような間伐を“伐り捨て間伐”という。保育間伐は残す林木の肥大成長を向上させ，材質も向上させることを主目的としている。

間伐の選木は，まず林内木を優勢木，準優勢木，介在木，被圧木（劣勢木）等に分け，さらに幹の通直性，完満性，腐朽の有無，節の多少などの形質の良否を判断し

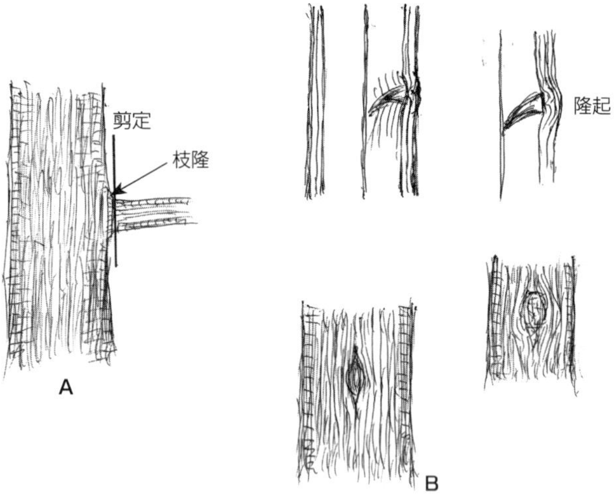

図9.15A　枝隆と枝の境界での切り方
B　枝打ち後の巻き込み成長と瘤状態

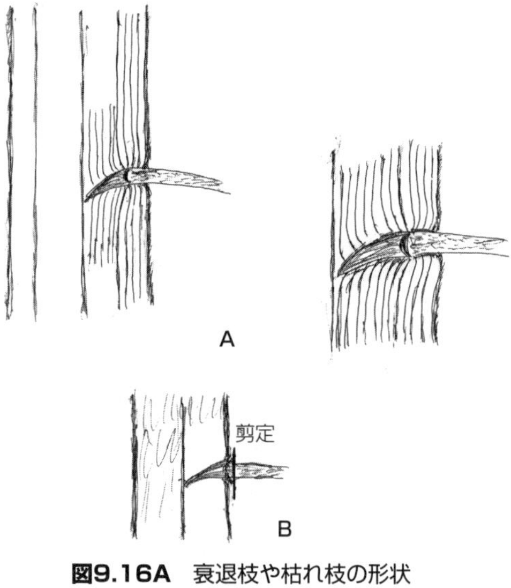

図9.16A　衰退枝や枯れ枝の形状
B　衰退枝や枯れ枝の切り方

て，間引くか否かを決めていく。このとき，形質良好であっても隣接木との距離が近すぎる場合は，近接する2本の木のどちらかが間引きの対象になる。逆に形質不良であっても隣接木との距離が空きすぎている場合は伐採対象としないことがある。選木

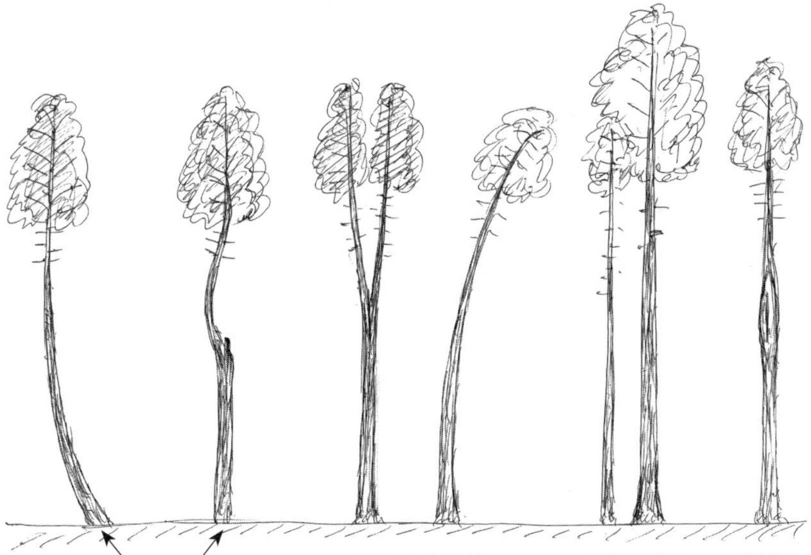

図9.17　間伐の選木基準

の基準を**図9.17**に示す。

間伐にあたって残すべき立木本数（立木密度）の目安として，近年“相対幹距比”が使われている。相対幹距とは，ある林分の樹木とその樹木の上下左右4方向の隣接木との平均距離であり，相対幹距比とは相対幹距を平均樹高で割ったものである。

例：平均距離 5 m ÷ 平均樹高 25 m = 0.2

適正な相対幹距比は，おおむねスギでは 0.17 ～ 0.2，ミズナラなどの落葉広葉樹では 0.25 ～ 0.3，シイ・カシ類などでは 0.2 ～ 0.25 と考えられる。

林分の成長に合わせて相対幹距比 0.2 を維持する場合，

平均樹高 25 mの林分では，相対幹距 0.2 × 25 m = 5 m　つまり 1 本あたり 5 m × 5 m = 25 m^2必要なので，立木密度は 10,000 m^2 ÷ 25 m^2 = 400 本/ha

平均樹高 20 mの林分では，相対幹距 0.2 × 20 m = 4 m　つまり 1 本あたり 4 m × 4 m = 16 m^2必要なので，立木密度は 10,000 m^2 ÷ 16 m^2 = 625 本/ha　となる。

（3）除伐と整理伐

育成対象の木と競合する木，枯れ木，林部を管理する段階での目的外の木，倒伏や幹折れの可能性の高い危険木などを伐採し整理するのが整理伐である。この作業を林分が若いときに行えば除伐となる。

第10章 海岸林と海岸林再生

1 海岸の気候と気象

海岸地域は標高の低い内陸部と比べると，全般的に夏は涼しく冬は暖かい。その原因は海水が陸地の土壌，岩石，植物体などに比べて太陽の直射光を受けても温度が上昇しにくく，いったん温まると熱が逃げにくい性質をもつことからきている。また海岸近くに海流があると，その影響を強く受ける。寒流である千島海流（親潮）は北海道東岸から東北地方太平洋岸北部を南下しているが，その影響を受ける地域では緯度の割に気候が冷涼である。一方，日本海には日本海流（黒潮）から分流した対馬海流が海岸に沿って北海道付近にまで北上しているために海水温が高く，日本海側の地域は冬でも厳しい寒さにならない。しかし，海水温度が高いために水蒸気の供給が多く，冬の北西風が日本海を渡るときに大量の水蒸気の供給によって日本海側は世界でも稀（まれ）な豪雪地帯となっている。降雪量は日本海側でも沿岸部は内陸よりも少ない。

一日の風の変化を見ると，日中は陸のほうが海面よりも温度が高いために陸地で上昇気流が発生し，海から気流が流れ込むために"海風"となり，夜間は陸地表面が放射冷却で気温が下がるのに対して海面は温度が下がりにくいので，海面で上昇気流が発生して陸から海に向かって気流が発生し"陸風"となる。

海風は塩分を含んでいるが，特に台風や低気圧によって強風が吹き波の荒いときは海水の飛沫によって空中に多量の塩分が供給されるため，雨をあまり伴わない海からの風で塩害が発生しやすい。

2 海岸の地形

海岸はさまざまな地形で構成されている。台地と海が海岸段丘のような断崖によって分かれている状態，リアス式海岸のように岬の断崖と入江の小規模な砂浜や礫浜が交互に続く状態，渡島半島西岸のように山地がそのまま海に落ち込んで急斜面の大きな断崖をつくっている状態，九十九里海岸や遠州灘のようにゆるい弧を描いた海岸線と後背部に幅広い砂丘が長く続く状態，河口の三角洲のように河川の岸辺と海岸の区別が困難な状態，東京湾の大規模な埋め立て地のようにコンクリートや鋼板矢板による護岸堤防がつくられて人為的に埋め立てられた状態，鹿島灘の鹿島港のように砂丘の中が掘り込まれて大規模な港湾が建設された状態，東京湾埋立地域のように埋立地と埋立地の間が運河になった状態，六脚ブロックやテトラポットのような波消しブロックが海岸線を埋めている状態など多様である。

海岸砂丘は海流と打ち寄せる波によって海岸に海砂が運ばれ，それが海風によって内陸に吹き寄せられて砂丘を形成したものである。海岸砂丘は砂の供給源である河川からの土砂が，河川上流のダムや砂防堰堤，河川岸辺のコンクリート護岸化によって海に流れ込む量が減少すると，海流と波によって砂が削られて波打ち際が退行することも多い。さらに，海岸に小さな船が停泊できるように防波堤や埠頭が設置されると，海流の流れ方が変わり，ある部分では砂が堆積し，ある部分では削剥が進むということもある。近年，退行の目立っている海岸砂丘の砂を補うために上流のダム湖などに堆積した土砂を浚渫して運び敷きならすということが行われているが，サーファーたちは「自然の砂は角がとれて丸くなっているのに，運搬されてきた砂は角張っているので素足で歩くと痛い」と述べており，その不自然さを敏感に感じとっているようである。山間部のダム湖の浚渫土砂は粒径が不揃いで，かなり大きなものも含まれており，また角のある砂粒は角のない丸い砂粒よりも転がりにくいので，砂が風で動きにくく，さらに栄養塩類も含まれており，草が生えやすくなる。一度草が生えると砂はますます動きにくくなり，いっそう草が繁茂する。このようなことは白砂青松の景観を維持したいという観点からは問題であるが，砂丘の安定という面ではよい点である。

現在，多くの海岸では，汀線には砂の流失を防ぐために波消しブロックが並べられており，また道路や家屋を波浪から守るために長大な堤防が築かれているところも多い。このため日本では自然の海岸線が保存されている区域は極めて少なくなっている。

3 海岸砂丘の地形変化

海岸に堆積した砂は風によって移動し砂丘を形成するようになる。砂は湿っているときは動かないが，乾くと風で動くようになる。砂が動くときに舞い上がる高さは風の強さと砂粒の大きさによって異なるが，日本の砂丘の場合は60 cm程度より高くな

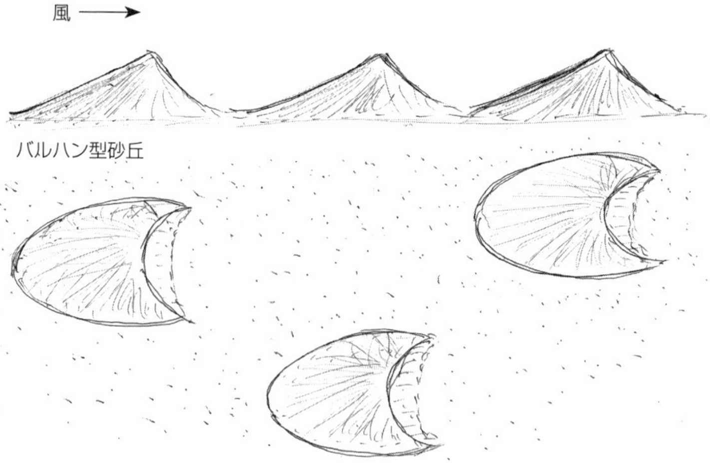

図10.1　砂漠のバルハン型砂丘

ることは稀(まれ)であり，大部分の砂粒はかなりの強風であっても地表を転がるように流動する。砂が動くことによって砂丘は常に形を変えるが，ユーラシア大陸中央部の乾燥した温帯砂漠のように，年間を通じてほぼ一方向の風が卓越する地域では，ひとつひとつが**図10.1**のような形のバルハン砂丘（三日月型砂丘）が見られる。しかし，日本の海岸では海風ばかりではなく陸風もあり，季節によって主風向が変わる。風向が一定していないので明確なバルハン砂丘は滅多に形成されず，また雨が多いので形が崩れやすい。さらに，大部分の砂粒が地表面を転がるように移動するということは，砂丘にイネ科やカヤツリグサ科の草本植物や匍匐植物が生育したり，低いよしず垣，板柵などの障害物を設けたりすることによって砂の移動が遮られ，特定の場所で堆積が進み（**図10.2**），その結果，移動が完全に止まってしまうことがあることを示す。また茎が砂に埋まると，埋まった茎から不定根を発生させ，さらにその上に茎頂を伸ばす性質をもつ植物が存在すると，**図10.3**ように砂丘が次第に高くなっていく。もし砂の供給量が豊富であれば，砂の堆積状況に応じて柵をほぼ同じ場所に設置しつづけると砂丘は無制限に高くなっていく。

日本では周囲の樹林や草原から種子が絶えず供給されるので，表面の砂の移動が遅くなるとすぐに多様な植物が侵入してくる。砂の表面がほぼ植物体で覆われると砂の移動は完全に止まり固定砂丘となる。ゆえに，絶えず海砂が供給されて砂の量が増えつつある砂丘，あるいは波打ち際の直接飛沫がかかる部分を除けば，移動砂丘はいずれはすべて固定砂丘に変わっていく。植生を除去するなどの人為的な管理によって移動砂丘を維持している例が鳥取砂丘である。

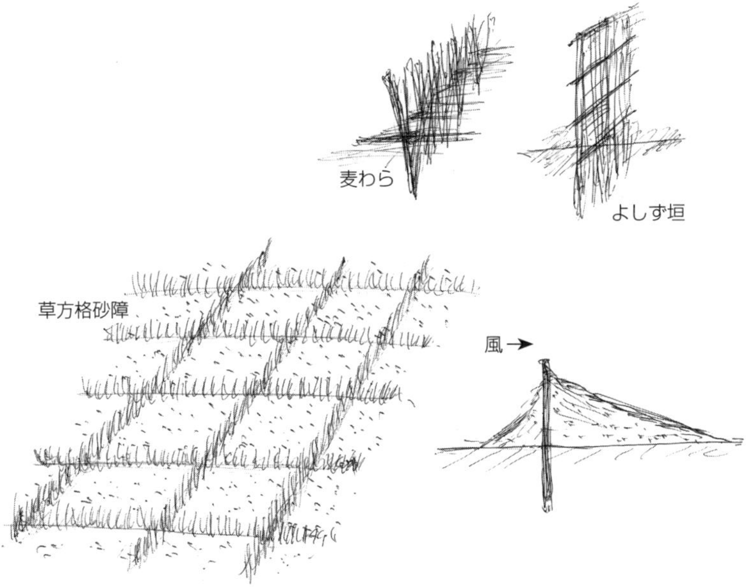

図10.2　砂障による砂の堆積

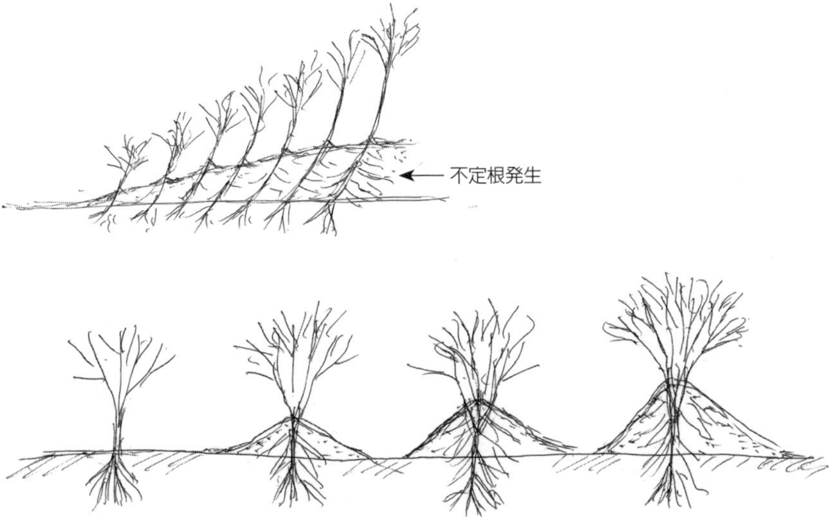

図10.3　砂丘に埋もれた植物の成長によってますます高く堆積する砂丘

図10.4　砂丘内に見られる湿地

砂丘と砂丘の間の窪地は砂土であってもかなり湿った状態になっており，海面との標高差が少なく地下水位が高いような場所は湿地あるいは沼地となっていることもある。また標高差が数 m あっても，下層に粘土分が多いような土層では湿地化することがある（**図10.4**）。東北の被災地では，多くの海岸砂丘で巨大津波の引き波による削剥と護岸堤防の破壊，地盤沈下などで湿地化や海水の浸入が起きている。新潟県の海岸では地盤沈下と信濃川からの土砂供給量の減少による海岸砂丘の退行が大きな問題となっているが，これと同様の問題が全国各地の海岸で多かれ少なかれ生じている。

❹ 海岸砂丘の土壌

自然の海岸砂丘は基本的にほぼ100％砂粒で構成され，土壌化作用のほとんど進んでいない“未熟土”であるが，砂丘上に植生が発達して砂が固定されると，植物遺体が表面に堆積して有機物層を形成し，そのうちの分解しやすい物質は微生物や動物によって徐々に分解されて最終的に二酸化炭素になり，分解しにくい安定した物質が微細

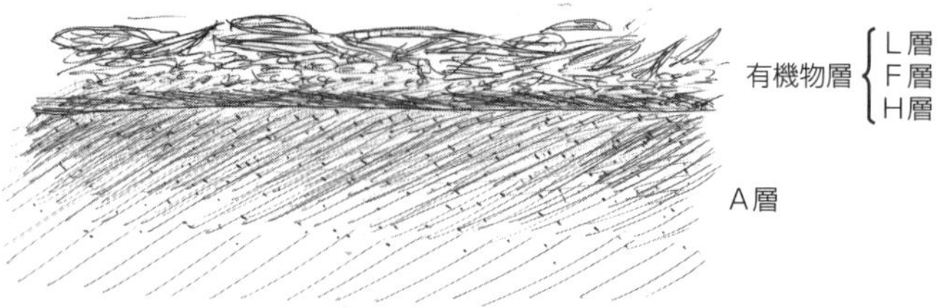

図10.5　砂丘土壌の表層の黒色化

図10.6　植生発達による粗度の増大

なコロイド粒子となって腐植が形成される。コロイド粒子は水とともに移動しやすく，土壌中を雨水とともに徐々に下降していくので，土壌表面が黒褐色に着色されていく（**図10.5**）。さらに腐植のもつ接着効果によって砂粒と砂粒が結合して大きな塊を形成するようになる。これが土壌化のはじまりであり，表層とその下層を区分する層位化のはじまりである。シルトや粘土は移動砂丘では極めて少ないが，植生が発達して粗度（**図10.6**）が高くなり，地表付近の風が弱くなって砂の移動が止まると，遠くに吹き飛ばされていた微細なシルトや粘土の粒子が表面に落下し，植物遺体起源の腐植と微細な土粒子が結合して薄い被膜を形成する。被膜が形成されると砂の移動が完全に止まり固定砂丘となる。固定砂丘になると植物の侵入がますます容易になり植生が豊かになってますます土壌化作用が進むようになる。被膜形成には腐植ばかりではなく地衣類，藻類，苔類も大きな役割を果たしている。特に地衣類の菌糸は土壌粒子を連結する働きが大きい。日本の砂丘土壌は乾燥が続く状態であっても数十 cm 掘ると湿った状態になり，植物が利用可能な自由水は多いので，砂丘に成立する植物も乾燥害で枯れることは少ない。

砂丘の砂に砂鉄が豊富に含まれていて黒色を呈している状態が全国各地で見られるが，これは河川の上流域の山岳地帯の地層に砂鉄の母岩となる火成岩があり，それが浸食によって河川を流れ下り，海流と波に洗われながら海岸に打ち寄せられ，その後，波浪，強い日射と冷気による表面の温度差，雨滴などによって砂粒が壊されて細粒化し，比重の軽い部分は風で内陸側に飛ばされ，比重の重い鉄分が波打ち際にとり残された状態である。この砂鉄が昔は重要な鉄資源となり，鉄鋳造のための燃料として天然海岸林が伐採され，また海岸林を造成する際も燃焼カロリーの高いクロマツが選択されたのである。

岬の突端の断崖上のように風が強く乾燥しやすい場所では，乾性褐色森林土が発達することがあり，また西日本の各地には化石土である赤黄色土の上に発達した褐色森林土，すなわち赤黄色系褐色森林土が見られることがある。このような土壌は海岸段丘で明確に認められることが多い。

5 海岸の自然植生

臨海部に生育する植物は基本的に耐塩性が強いが，同時に風の強い場所であるので乾燥に対する抵抗性も強い。砂が動いていても定着することのできるごく一部の植物，すなわち匍匐茎や地下茎，蔓で広がる植物が最初に生育する。波打ち際に近い砂丘の最前線ではハマヒルガオ，コウボウムギ，ハマボウフウ，ハマニンニク，コウボウシバ，ハマゴウなどが生育する。これらの植物を“砂草”という。

人々が定住生活をはじめてから長い歴史をもつ日本の海岸では，人為的な影響をまったく受けない自然植生はほとんどない。ゆえに海岸が裸地状態から植生が発達して最終的にどのような樹林が成立し極相を呈するようになるかははっきりしていないが，海岸近くの社叢林や断崖の樹林など，ところどころに残る自然度の高い樹林から推測すると次のようになる。

北海道などの寒冷地の砂が安定した場所では，ハマナス，ヤナギ類，カシワ，ミズナラ，エゾエノキ，ハルニレ，ハンノキ，ヤチダモ，アカエゾマツなどの木本植物が

図10.7 北海道沿岸のカシワ・ミズナラ低木林

侵入するが，特にカシワやミズナラが優占する独特の斜傾した樹幹で構成される低木林（**図10.7**）となる。風当たりの弱い岩陰などでは常緑広葉樹のマサキが低木状態で混じることがある。

東北地方の北部の海岸の断崖等にはアカマツが多く生育し，広葉樹ではカシワ，ミズナラ，コナラなどに加え，エノキ，ハルニレ，センノキなども混じり，また低木性常緑広葉樹のマサキやヤブツバキ，匍匐性落葉灌木のテリハノイバラも混じることがある。東北地方の日本海側は秋田県以南，太平洋側は岩手県南部より以南では海岸植生に低木性常緑灌木のトベラが見られるようになるが，高木性常緑広葉樹のタブノキ，シロダモ，スダジイは落葉広葉樹林やマツ林に交じって生育し，常緑広葉樹だけで純林を形成することは稀（まれ）である。

関東地方や北陸地方の海岸ではトベラ，シャリンバイ，マサキ，ハマヒサカキ，テリハノイバラなどが普通に存在するようになり，植生の最前線近くに低木林を形成し，タブノキ，シロダモ，ヤブニッケイ，ヒサカキなどが，その後背地に高さ10～15 mほどの照葉樹林を形成する。常緑性の低木林は北方から南方に下るにつれて次第に丈が高くなり，高木性常緑広葉樹も同様の傾向が見られる。

西日本以西ではタブノキ，シロダモなどの照葉樹に加えてウバメガシや亜熱帯性の樹種が時折混じることがあり，九州南部の断崖には天然生のクロマツ（**図10.8**）なども見られる。

奄美諸島や沖縄県の亜熱帯地域ではアダン，タコノキなどの熱帯・亜熱帯性海岸植物が自生する。また入江の汽水域や遠浅の海岸ではマングローブ（**図10.9**）が成立している。

東北北部から九州までの海岸の断崖に共通する樹種は針葉樹ではアカマツ，落葉広葉樹ではエノキ，常緑広葉樹ではマサキとヤブツバキである。京都府の天橋立はクロ

図10.8　西日本の断崖のクロマツ

図10.9　南西諸島のマングローブ林

マツ林であるが，アカマツやエノキが混じっており，瀬戸内地方の島々でもアカマツは普通に見られる。

6 海岸林の成立と構造

1）海岸林の構造

海岸砂丘に成立する海岸林は基本的に**図10.10**のような構造をもっている。北海道のカシワ−ミズナラ林のような落葉広葉樹林の場合，春先の新芽や新葉が耐塩性のな

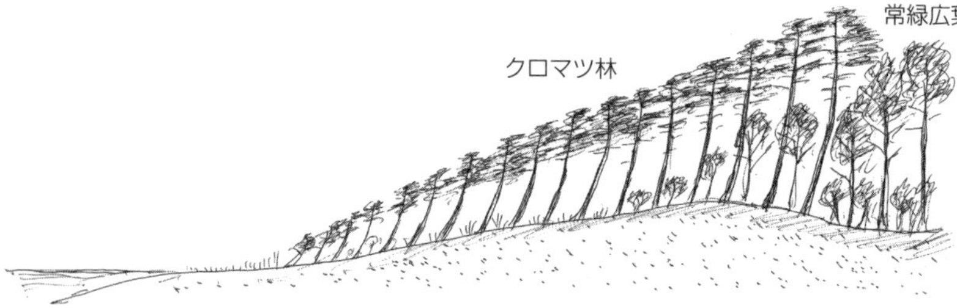

図10.10　一般的な海岸林の構造

い状態のとき，汀線に近い最前線の樹木は濃い塩分を含んだ海風や波しぶきによって海側の芽や枝葉が枯れ，陸側の芽や枝葉が生き残り，生き残った枝葉は新たな幹になろうとして上方を向くように屈曲し，また翌年に同様の状態をくり返すことによって**図10.11**のような幹の形状となる。本州の関東以南の常緑広葉樹の場合は，葉の表面に厚いクチクラ層をもち，耐塩性の特に強いトベラやシャリンバイが最前線を構成するので，落葉広葉樹ほど芽や新葉が枯れないが，それでも強風による乾燥と多少の塩害によって海側の成長が陸側よりも抑制されて**図10.12**のような形状となる。その陰となる陸側の常緑広葉樹は次第に高さを増していくが，クロマツが枯れて倒れた段階でクロマツ林に置き換わって常緑広葉樹林になる。

クロマツ林の場合は落葉広葉樹よりも海側の芽が死ぬことは少ないが，強い海風に

図10.11　海岸の広葉樹が陸側に傾斜する理由

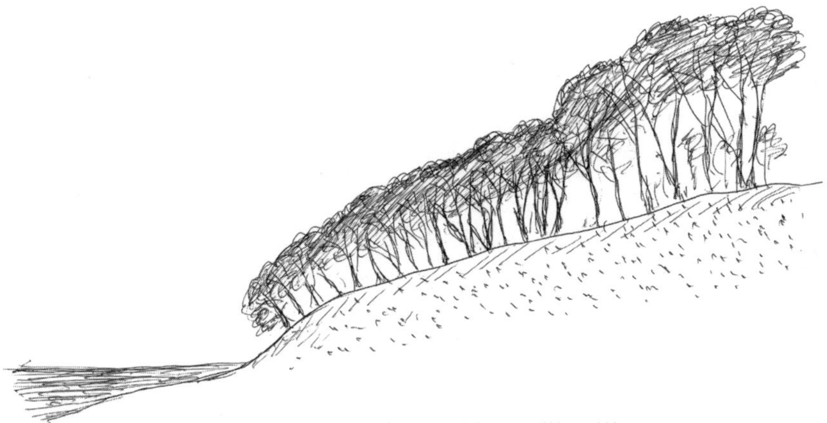

図10.12　海岸の常緑広葉樹低木の樹冠形状

より柔らかい新梢が陸側に傾き，そのまま固まって越冬芽を先端に着け，その芽が翌年伸びてまた陸側に傾くということをくり返して陸側に傾斜した幹形となる。しかし，時折，台風などで波しぶきがかかったりすると芽や新梢が枯れることがあり，そのときは陸側の枝が生き残って新たな幹になろうと起き上がり，ところどころ急に曲がった幹となる（**図10.13**）。樹木の葉や芽が塩害で枯れるのは，塩分によって細胞膜の内部と外の水との間の浸透圧に大きな差が生じ，細胞外に水が抜けて細胞が壊死するからであるが，葉内，芽内への塩分の侵入には飛砂や葉どうしの擦り合いによる傷，虫の食害痕などの有無が深く関係しており，クチクラのまったく健全な葉は少々の塩分では壊死しない。

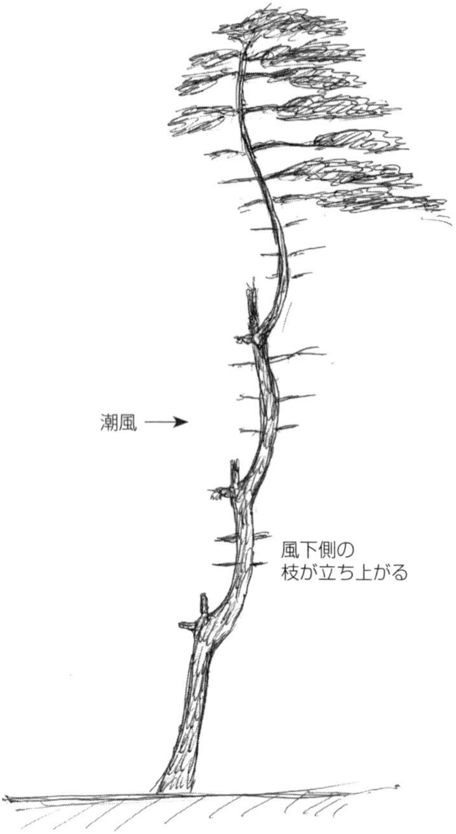

図10.13　クロマツの曲がった幹

海岸林内を陸側に進むと次第に樹木が高くなり，幹の傾斜と湾曲も小さくなっていく。また林床に最前線には成立できない耐陰性の高い樹木が見られるようになる。北海道のカシワ－ミズナラ林ではハルニレ，シナノキ，オオバボダイジュ，イタヤカエデ，エゾマツ，トドマツなどであり，東北北部のエゾエノキ，コナラ等の落葉広葉樹林やアカマツ林ではモミ，シナノキ，ミズナラなどであり，東北南部ではクロマツ林の中でタブノキ，シロダモ，ヤブニッケイ，ツバキ，ヒサカキなどの照葉樹が生育する。これらの照葉樹は冷涼な地域では落葉広葉樹やマツ類の庇護のもとに林床で発芽し，周囲の高木によって寒風から守られながら成長し，成木になって耐寒性や耐乾性が増したときに台風などで上木が枯損すると照葉樹林が成立する。しかし，これらの照葉樹は，海岸では樹高がせいぜい15 mであり，アカマツやクロマツの樹高を超えることはほとんどないので，アカマツやクロマツが健全な間はマツ林の亜高木層を形成する状態となる（**図10.14**）。2011年の大津波によって破壊された宮城県以南の海岸林では，クロマツ

図10.14　マツ林内で亜高木層を形成する常緑広葉樹

林内でクロマツに庇護されながら育っていた常緑広葉樹がクロマツの消失後に低木林を形成する状態となっているところがいくつか見られる。しかし，冷涼な地域には高木性常緑広葉樹が順調に生育する好条件の場所（後述）はそう多くないので，照葉樹林は断続的にしか成立しない。関東地方や北陸地方より以西の沿岸部には最前線の常緑広葉低木林と，その内側のクロマツ人工林の内側にタブノキ，シロダモ，ヤブニッケイ，モッコク，ヒサカキ，ヤブツバキなどからなる照葉樹林が連続的に成立する。

2）海岸林の主な機能

海岸林には多様な機能が求められ，複数の種類の保安林指定がなされているところが多い。海岸林がもつ機能は多岐にわたるが，特に海岸林に強く求められる機能は次のようである。

（1）防風機能

強い海風を弱める働きがあるが，特に春の作物や樹木の芽出し時期の防風効果は極めて大きい。普通，海岸砂丘林は幅が広く樹林密度が高くなっているので樹林内での風の透過性が低く，樹高に対する風下側への防風効果の距離倍率は農耕地を囲むように設けられた防風林と比べるとやや小さくなっている。海岸防風林は海から吹く強風によって植物が枯死したり成長が停滞したりするのを防ぐとともに，農地の豊かな表土が風で飛散するのを防ぐ働きもある。

（2）飛砂防止機能

海の近くの田畑や家屋に砂丘の砂が流れ込むのを防ぐ。砂丘に成立した海岸林が求められる諸機能のうち，最も重要な項目である。飛砂防止には高木性の樹林ばかりではなく，前線の堆砂垣，低木林や草本の存在が極めて重要である。飛砂防止機能の大きい海岸林は林内に年々砂が堆積していくので，その砂の堆積に応じて根系成長を変化させることのできる広葉樹との混交が必須となる。

（3）防潮機能

海岸林樹木の枝葉が潮風に含まれる塩分を捕捉し，果樹園，耕作地などの植物を潮風害から守る。開きかけの芽やまだクチクラ層が十分に発達していない新葉は塩害に弱いので，春の新葉展開時期に効果が大きい。

（4）防霧機能

海から運ばれてくる濃霧（海霧）で視界が悪くなったり太陽光が遮られて夏でも低温状態となって作物が育たなくなったりするのを防ぐ。北海道釧路地方沿岸では寒流である親潮の影響で濃霧が発生しやすいが，海岸林の枝葉の浮遊水滴補足機能によって濃霧の影響は著しく軽減される。この場合は単位容量あたりの葉の表面積の大きい針葉樹が適している。臨海部の空港では周囲を囲む樹林が濃霧によって航空機の発着に影響が出るのを防ぐ働きをしている。

（5）魚付き機能

海や河川の魚介類が健全に棲息できるように水質を保全する。

（6）波浪津波被害防止機能

台風による高波の飛抹が農耕地の作物等に被害を与えないことを目的としているが，林帯幅が広ければ津波被害も軽減する効果が認められている。

（7）生態系保全機能

哺乳類，鳥類，昆虫類，着生植物など多様な生物が複雑な生態系を形成しながら健全な生活のできる環境を形成する。生態系保全機能は森林構成樹種の多様性，林冠の高さ，単層林か複層林か，立木密度，林床植生の種類と数等によって大きく変化するが，林床が明るく林床植生の種類が豊富で繁茂している状態のときに高い傾向を示す。

（8）庇陰提供機能

枝葉が直接的に日差しを遮るとともに枝葉からの蒸散による蒸発熱によって木陰はかなり涼しい。海岸で海水浴やキャンプを楽しむ人々を強い日差しから守る効果は高い。

図10.15　白砂青松

(9) 景観形成機能

海岸林の存在は海岸線の景観に不可欠である。景観に対する好みは人によって異なっているが，多くの日本人に“白砂青松”（**図10.15**）が好まれ，心の中の原風景となっていることはほとんど疑いない。

(10) ランドマーク機能

海岸林の存在は移動する人間の目標となり，位置を明らかにする。特にほかよりかなり大きな木が１本でもあると明確な目標になる。船舶に対する航行目標としての海岸林は，安全上，極めて重要である。

(11) レクリエーションの場

森林を利用したレクリエーションの場や休憩場所となる。キャンプ場，海水浴客の休憩場所，ハンモック・ツリーハウス・バンガローなどの設置の格好の場所である。

3）海岸林の変遷

海岸林とは海岸に沿って成立しているすべての森林，樹林をさしており，特定の森林状態を表しているわけではない。しかし，海岸の気候・気象環境，土壌環境等の特性から，海岸に成立する森林は共通する特徴をもっている。日本各地の砂浜に成立していた森林は，北海道を除き，古代から農耕，薪炭採取，製鉄や製塩の燃料採取，野火などによって破壊されてきた。特に戦国時代は鉄砲や刀の鋳造のために火力の強いマツ材が大量に消費され，海岸近くの天然生アカマツ林や広葉樹林は急速に姿を消した。その結果，砂が動いて移動砂丘となって田畑が埋まったり，潮風によって塩害に弱い木や作物が枯れたりしたために，16 世紀頃から海岸に森林を造成するようになった。その際，選ばれた樹種が本州，四国，九州では主にクロマツである。

北海道の海岸にあるカシワ・ミズナラ林の多くは天然林であるが，開拓時代に薪炭採取や農耕地化のために一度破壊されている。その後，海岸林を再生するために海岸砂丘上に天然に存在したカシワやミズナラの広葉樹の保護と実生苗の植付けを行うとともに，北海道南部ではアカマツを積極的に植林してきた。近年はクロマツ，ヨーロッパトウヒ，アカエゾマツ，トドマツなどが多く植えられ，アカマツは少なくなっている。ヨーロッパトウヒやトドマツは汀線に近い最前線では生育が困難であるが，少し離れると生育が可能となる。

本州から九州までの海岸，特に砂丘部分では天然自然の森林はごくわずかしか残ってなく，ほとんどが人為的に植栽されたクロマツ林となっている。沖縄県ではタコノキ，アダンなどの植物に代わってモクマオウ（トキワギョリュウ），リュウキュウマツ，シマナンヨウスギ，フクギなどの人工林が多くなっている。

海岸砂丘にクロマツを植栽して強風や飛砂を防ぐ海岸林造成事業は江戸時代以降盛んに行われるようになったが，成立したクロマツ林は薪の採取，木材としての伐採，松脂採取，堆肥原料や燃料としての落葉落枝採取，キノコの採取，山菜採取などに利用され，林内の土壌表面には腐植が堆積せずにいわゆる白砂青松の状態が長く続いた。

第二次大戦後，海岸林の経済的な利用価値が急速に小さくなり，昔からの海岸林が破壊されて臨海工業地帯に変わるところが多くなった。一方で，公害の深刻化や大規

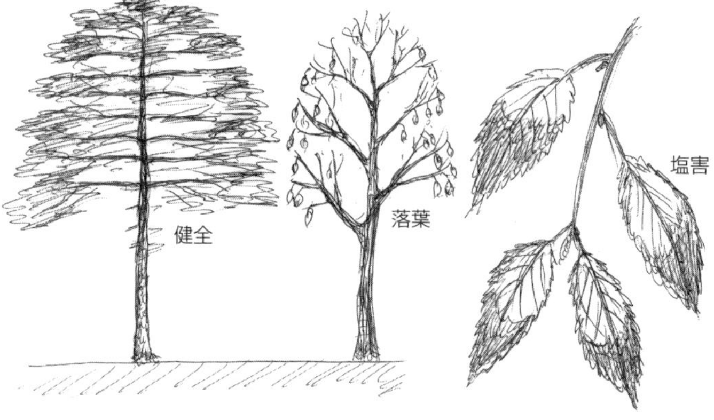

図10.16　クロマツと広葉樹の耐潮性の差

模工業団地の造成，住宅地化によって海岸林の環境保全機能が重視されるようになった結果，臨海工業地帯での海岸林造成は盛んに行われた。しかし，近年は開発のための破壊，経済的価値の低下による放置，マツ材線虫病の蔓延などによって危機的な衰退状況に追い込まれている海岸林が多い。クロマツ林がマツ材線虫病によって衰退した後，海岸林内にはクロマツの庇護のもとに林床で生育していた広葉樹類が主体となった樹林が増えてきている。しかし，海岸林に生育する広葉樹類とクロマツでは潮風に対する抵抗性（**図10.16**）や樹高がまったく異なるので，クロマツ衰退後は極めて貧弱な林相となっている。クロマツの上木から落下した種子は明るい裸地では成長できるが，林床が広葉樹類に覆われている場所では成長できないので，クロマツが枯れた後は落葉広葉樹と照葉樹の混交林となるが，強い潮風のために節間が短く丈の低い低木林状態が長く続く。このような海岸林は当初求められた前述の環境保全機能が著しく小さくなっている。

4）東北地方太平洋岸の海岸林の特徴

青森県から岩手県に至る三陸海岸は千島海流の影響で緯度の割には冷涼で，吉良竜夫博士の温量指数や植生状態から推定すると，冷温帯（ブナ帯）および冷温帯から暖温帯（照葉樹林帯）への移行帯すなわち中間温帯（クリ帯）に該当すると考えられる。宮城県から福島県に至る海岸は黒潮の影響で気温は高くなり，照葉樹林が成立する暖温帯であるが，宮城県辺りは冷温帯的な要素も残る。茨城県から千葉県に至る海岸は寒流である千島海流の影響がなく，暖流である日本海流の影響を受けるので照葉樹林が普通に成立する暖温帯である。全般に積雪が少なく，冬季は乾燥しているので，冬期の寒冷な強風による梢端の枯損が生じやすく，春から初夏にかけては塩類を運んでくる南東風や北東風が強く吹き，耐塩性の小さい樹種では葉に塩類障害が発生しやすい。

東北の太平洋岸の海岸林が他の地域の海岸林と異なる点は，天然生アカマツが多く存在することである。特に岩手県のリアス式海岸の断崖部分ではマツはほぼアカマツに限られる。天然生クロマツは東北地方の海岸に点々と存在するとされているが，真の天然生かどうか疑問視されている。

天然海岸林の樹種は高木性落葉広葉樹としてはアカメガシワ・エノキ・カシワ・コナラなどが多い。タブノキの天然分布北限は青森県深浦町であるが，太平洋側では岩手県山田町の船越半島（北側の山田湾と南側の船越湾を分ける半島）の南側にある船越大島とされており，船越半島の南岸や山田湾の大島にもわずかながら存在する。船越半島は気温的には常緑広葉樹林が成立する限界付近であるが，現存するタブノキは少なくまとまった面積の樹林はない。寒冷地に存在する天然生常緑広葉樹林（沿岸性

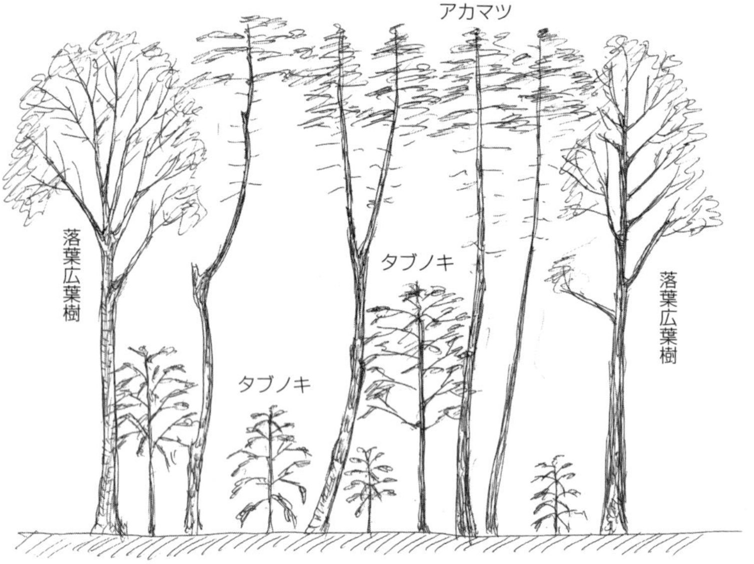

図10.17　落葉広葉樹やアカマツによって寒風から守られながら育つ北限近くのタブノキ

照葉樹林）は，寒乾風から保護されるマツ林や落葉広葉樹林の林内で，野鳥などによる種子散布によって運ばれた種子が発芽し成長したものが，周囲の林木によって保護されながら成長して樹林を形成しており，これらの保護がなければ成立は難しい（**図10.17**）。かなり北まで天然分布がありながら現存する照葉樹林が少ないのは，過去に伐採されたということもあるが，もともと高木性常緑広葉樹が順調に生育し照葉樹林が成立する条件のところが少なく，また一度破壊されると自然再生に極めて長い時間がかかるためである。冷涼な地域の海岸で照葉樹林が成立する場所は，南向きの日当たりのよい斜面で風当たりが弱いところに限定されるが，そのようなところに神社があると，その周囲の境内林は長く保全される。しかし，このような照葉樹林が存在するからといって，海岸の吹き曝しのところに照葉樹を植栽しても大部分は枯れてしまうことになる。

7 海岸林と津波

2011 年 3 月 11 日に発生した巨大津波は何もかもが桁外れの大きさだった。波浪防止のための堤防も多くが破壊されたが，特に岩手県宮古市田老町にあるチリ津波被害の経験をもとに建設された高さ 10 mの巨大堤防も破壊されてしまった。これまでは津波の被害軽減に効果があると考えられてきた海岸林も至るところで破壊され，壊滅状態のところもある。1960年のチリ沖地震によって発生したチリ津波は三陸地方の沿岸部に多大な被害をもたらしたが，陸前高田市にある国指定名勝の高田松原は津波被害を効果的に防いだと報告されている。しかし2011年の巨大津波では，7万本あるマツのうち1本を残してすべて流されてしまった。残された木は樹高30 m，幹の直径80 cmと報道されているが，30 mという数字が正確か否かは別として，写真で見る限りかなり大きな木であったことは確かである。

東日本大震災で発生した膨大な量の瓦礫の中に多量の樹木が混じっていた。これらの流木の中には根の形が箱型で，明らかに街路樹であったろうと思われる樹木が多数存在した。被害直後の被災地の様子を撮影したテレビやインターネットの画像からは，立っている街路樹や庭木をほとんど見ることができなかった。

1983年に起きた日本海中部地震での死者数は104人にのぼるが，そのうちの100人は津波によるものとされている。そのときの津波の高さは，青森県車力村（現在のつがる市車力町）では14.9 mに達したとされ，秋田，山形の両県でも10 mを超える津波が観測されている。このとき津波は海岸林にも大きな影響を与えたが，海岸林がすべて破壊されるようなことはなく，かえって海岸林の存在によって津波被害が著しく軽減されたことが何人かの研究者によって詳しく報告されている。能代市の海岸砂防林における被害状況と津波被害軽減効果については，当時の能代営林署長 月舘健氏が詳しく報告しているが，海岸林による津波被害の軽減は

- 波の勢いを弱くする
- 流されてくる物体を捕捉して家屋などに衝突するのを防ぐ
- 波が引くときに流される物体を捕捉する

などであった。では，過去の津波では被害軽減に効果的であった海岸林が，なぜ2011年の巨大津波に対しては有効にならなかった場所が出たのであろうか。ひとつ予測されることは，津波の高さと規模にあると思われる。2011年の津波は女川町の入江では斜面を遡上した高さが海面からの高さで43.3 mに達したと報告されているが，ゆるい弧を描く砂浜でも多くの場所で10 mを超え，15 mを超えたところも少なくなかったようであり，福島県富岡町では21.1 mの高さに達したとされている。このようなクロマツ林の林冠高をはるかに超える巨大な津波によって粒子どうしの結合力，緊縛力のほとんどない砂が洗い流され，根元の砂を洗い流されたクロマツは根系の支持力を失って根こそぎ流されたと考えられるが，特に押し寄せた波が引き波になったときに多くの木が海に流されてしまったようである。

過去の津波で海岸クロマツ林が津波被害を軽減できたのは，津波の高さが林冠を超えず，林冠部分の枝の絡み合いで勢いを弱められ，押し流す力が弱くなったからだと

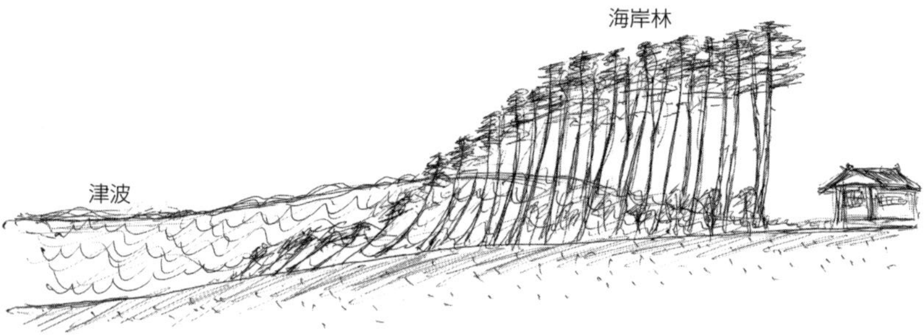

図10.18　海岸林の津波被害軽減機能

考えられている（**図10.18**）。青森県八戸市も今回の津波でかなりの被害を受けたが，海岸林の有無によって被害の程度がまったく異なり，海岸クロマツ林は津波被害を軽減するのに有効だったと報告されている。そのときの八戸市の津波の高さは6～8mだったようである。

普通，海岸林は飛砂防止や波浪対策のために造成，維持されており，津波対策は考えられていない。しかし，2011年の巨大津波に対して，一見するとほとんど無力であったと思われるような海岸林も，仔細に検討すると，被害をかなり軽減していたことがわかる。その効果が明瞭に認められたのは，林帯幅が50m以上からであり，200m以上ではほとんど被害が発生しなかった。

2004年にスマトラ島沖で発生した超巨大地震とそれに伴って発生したインド洋巨大津波では約23万人が亡くなったとされているが，タイやスリランカなどでは沿岸部のマングローブの存在が津波の勢いを弱め被害を軽減したことが観測され，タイ政府は過去にマングローブを破壊してきたことを反省し，海岸にマングローブを復元する事業をいっそう進めようとしている。ちなみに，海岸のヤシ類はほとんど津波の力を弱める効果がなかったとされている。

マングローブが巨大津波にも耐えることができたのは，遠浅で林帯幅が広いことと，陸に近い部分では樹高が高いこと（マングローブ林には樹高30mに達する木もある），湿地帯であるために根系は浅いが互いに絡み合っていたこと，さらに枝どうしも複雑に重なり合って，押し寄せる波に強い抵抗力を示したからだと考えられる。

陸前高田市の高田松原でただ1本残されたマツは「希望の松」と名付けられたが，残念ながら根系の塩害で枯れてしまった。しかし，この木がなぜ流されなかったかを考えると，周囲のマツよりもかなり背が高く幹も太く，根系も深く広かったためであろうと考えられる。また，土壌が締め固まっていて土壌粒子の流失が生じなかったことも要因のひとつと考えられる。街路樹が簡単に流されてしまったのは，根系範囲が植樹桝内に限定されているために根系支持力が弱く，津波の力にほとんど抵抗できなかったためであろう。また，スマトラ島沖地震や東日本大震災の津波では高い木につかまって助かったという人もいるようであるが，東北の被災地の荒涼とした状況の中にもところどころ樹木が立っている。そのような樹木は，だいたい背が高く，枝が大きく張って葉量の多いもののようである。地盤がしっかりして根系が広く深く張っている木は簡単には流されないと考えられる。

8 海岸林の再生

1）海岸植林の特徴

海岸での植林は山地での植林と異なり，次のような特徴をもつ。

- 主要な植栽樹種は基本的に塩害に強いマツである。
- 海側から強い常風が吹き，乾燥害が生じやすい。
- 常風には多量の波浪飛沫塩分が含まれるので，葉に付着して塩類障害が生じやすい。これが土壌に蓄積されて根系の塩類障害が発生することがある。
- 雨の少ない風台風のときなどは特に多量の塩分が樹木に付着する。
- 砂粒どうしの粘着力が極めて小さいので，飛砂（流砂）により根元に砂が堆積して深植えとなるか，逆にえぐられて根が浮き上がるかして枯れる個体が多い。
- 植栽後の成長段階でほとんどが内陸側への傾斜木となり，潮風の影響を直接受ける波打ち際に近いところほど背が低く傾斜角度が大きく，林内木は傾斜角度が小さくなる。
- マツ類にはマツ材線虫病，つちくらげ病，芯くい虫，シロアリなどの被害が多発する。シロアリはクロマツを好んで食害する。これらのなかでも特にマツ材線虫病は深刻である。しかし，耐寒性，耐乾性，耐潮性，高樹高，常緑等の点から考えるとマツ類に代わりうる樹種はない。

2）植林の目的と方向

- 津波被害の軽減が最大目的で狭い林帯幅しかとれないときは，砂などで高い堤防をつくり，その頂端部や法面に植栽する必要がある。しかし，それによって砂丘の景観や生態系が失われてしまう。
- 堤防なしで津波対策をするのであれば，林帯幅は200 mほど必要となるが，これが理想的である。

- 堤防をつくる場合，長い距離の切れ目のない防波堤にすると内陸から海岸へのスムーズな移動が妨げられるので，信玄堤のような構造としたり，松島の島々の存在が津波被害を軽減したように，土手を千鳥足状に点在させたりするなどの工夫をしたほうがよいと思われる。
- 将来的にその地域の極相である林相をめざす場合も，初期の植栽では耐潮性，耐乾性，耐寒性の強い樹種を植栽し，樹下植栽して複層林の形態にしたほうがよい。
- 耐塩性草本を上手に利用する。

3）最初に成林をめざす段階での樹種選択と配植

（1）樹種選択

- 天然に分布するか古い時代から導入されて十分に適応性が実証されている樹種
- 耐寒性の強い樹種
- 耐乾性の強い樹種
- 耐塩害性の強い樹種

（2）植林樹種の組み合わせ

- 高木性樹種・低木性樹種，常緑樹・落葉樹，先駆樹種・極相構成樹種のように組み合わせて選択する。
- 陽樹と陰樹を組み合わせ，先に成長の速い陽樹を植栽し，それが成長して林内が十分に庇陰され，寒乾風や潮風が弱い状態になってから将来の主木である陰樹を植栽する。
- 植栽密度を高くして表層土壌の浸食を防止し，個体どうしの防風効果を高める。
- 飛砂防止柵，防風柵，防風ネットを効果的に設置する。
- 植栽基盤となる土壌（砂）に有機物（堆肥）を十分に混入し，保水力・保肥力・塩類障害緩和力（緩衝作用）を高める。
- 高木層はマツ類を主木とするが，カシワ，エノキなどの耐塩の高い落葉広葉樹を混植する。
- 一般的にはマツ材線虫病抵抗性マツがよいと考えられているが，抵抗性マツは気象害やほかの病害虫に対しては弱い傾向が認められている。よって，植林するマツをすべて抵抗性とするのはかえって危険なこともあり，植栽する場合は，1～2割の混入率程度でよいと考えられる。その代わりに防除はしっかり行う。
- 海岸林の内部が十分に明るいと抵抗性品種と普通の品種の交雑によって林床に実生苗が生育するが，そのなかには抵抗性をもつ個体も出てくるので，そのようなマツは枯れずに成長する。これが長年続くと海岸林全体が抵抗性マツとなっていく。

- 全体に肥料木（ハギ類・イタチハギ・エニシダ等のマメ科植物，オオバヤシャブシ，マルバグミ，アキグミなど）を下木として混植する。
- 海岸に近いほうにはトベラ，マサキなどの常緑性低木を混植する（樹下植栽）。
- スダジイ，タブノキなどの高木性常緑広葉樹を導入したいのであれば，海岸から遠い部分の後背地に，マツ類が十分に育ってから植栽する。

4）アカマツとクロマツの特徴

（1）アカマツ

マツ科の常緑高木で，天然分布は青森県から鹿児島県屋久島までの全土である。耐寒性と耐乾性は極めて高く，強風の吹きすさぶ亜高山地帯あるいは高山にも生育する。立地条件のよい場所では樹高が30 m以上になるが，海岸の天然生アカマツは普通断崖に生育するので20 m程度が上限と思われる。クロマツほどではないが耐塩性も高く，東北地方沿岸部の断崖などに見られるマツはほとんどがアカマツである。また，西日本各地の沿岸部の断崖などにも自生しているのが普通に見られる。山地生のアカマツと海岸生アカマツの間に分類学的な意味での品種の差はないとされているが，実際には耐塩性がかなり異なるようである。

（2）クロマツ

マツ科の常緑大高木で，現在残っているクロマツでは40 ～ 45 m程度が最樹高とされているが，過去には60 mを超える個体もあったらしい。天然分布は青森県から鹿児島県までの海岸と韓国南部の済州島などの島嶼（しょ）とされている。しかし，古くから海岸や社寺境内に植栽されてきたために本当の天然分布か人為的に導入されたものが増えたのかはっきりとしていない。少なくとも砂丘上のクロマツ林のほとんどは，最初は人によって持ち込まれたものと考えられる。

（3）アイノコマツ

アイノコマツはアカマツとクロマツの天然雑種で，クロマツの性質が強いものをアイグロマツ，アカマツの性質が強いものをアイアカマツ，両者の中間をアイマツと呼んでいる。アカマツとクロマツはかなり近縁の種類なので，自然交配が普通に起きる。海岸近くのアカマツ林のほとんどは程度の差はあってもクロマツの血が混じっていると考えられる。真正のアカマツかアイノコマツかの区別は針葉の断面の樹脂道の配置，樹形（アイノコマツのほうがアカマツより幹の曲がりが少ない），成長（アイノコマツのほうがアカマツやクロマツより背が高くなる傾向がある），樹皮（幹下部がクロマツに近いコルク状態になる）などから区別できるとされているが，実際に現場で判別しようとするとかなり難しい。

（4）抵抗性マツ

明治時代に輸入されたアメリカ産木材に潜んでいたマツノザイセンチュウが，何らかの理由で日本原産のマツノマダラカミキリと共生関係をもったため，マツ材線虫病に抵抗性をほとんどもたない日本のアカマツ林やクロマツ林で集団枯損が生じている。マツ材線虫病の激害地をよく見ると，全木が枯れていることもあるが，ときには一部が枯れずに残っていることがある。このような木から接ぎ穂，種子を採取して接ぎ木苗や実生苗を増やし，それに病原性をもつことが証明されたマツノザイセンチュウを接種し（**図10.19**），枯れずに残った個体から再び同様の方法で増殖し，さらに接種試験をくり返して枯損率が一定の数値以下になったものを抵抗性品種としている。抵抗性マツの作出は，アカマツは比較的容易でたくさんの系統が生み出されているが，クロマツは困難で，抵抗性の系統は少ない。人為的な接種では40％程度の生存率でも，自然界で病原性の強い線虫を体内に保持したマツノマダラカミキリに新梢を食害される確率はかなり低いので，80％以上の生存率が見込まれている。たとえいくらかの率で枯損木が発生しても，樹林を適正な立木密度で維持するのに必要な除間伐率よりも大きな枯損率でなければ問題ないという理屈である。

ところが，実際に植林された抵抗性マツ植林地の中にはマツ材線虫病によって枯れるものが続出した場所もあるようであり，また抵抗性ではない原種よりも，ほかの病害虫には弱い傾向が見られる。苗畑での実験的なデータだけで判断することの困難さ

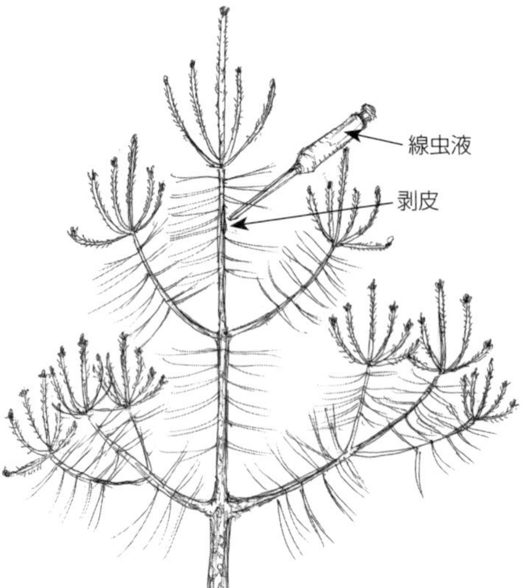

図10.19　抵抗性マツ育種のための接種試験

を物語っている。ちなみに，苗畑での接種試験では抵抗性を明確に示すのに，植林地ではマツノマダラカミキリに食害されてマツノザイセンチュウに感染し枯れてしまうということが起きる原因のひとつとして，接種試験で使われた線虫と自然界でマツノマダラカミキリに媒介されている線虫とが同じ系統ではなく，病原性の強さに差があった可能性が考えられる。また植林された場所がよい立地環境ではなく，マツがいくらか樹勢不良で抵抗性を発揮できなかったという問題があったかもしれない。さらにマツ材線虫病は乾燥が厳しい年に発生が多くなる傾向が見られるので，苗畑のような十分に灌水管理されている条件では枯れる率が低くても，自然の気象条件のもとで強い乾燥条件によって枯損が増えるということも考えられる。また，いくら塩害に強いといっても，葉や新梢がいくらか傷ついた状態で塩分が付着すれば多少の葉の枯損が生じて樹勢低下が起きるので，海岸ではマツ材線虫病に罹りやすい条件がそろっていると考えられる。

いずれにしても，たとえ抵抗性マツを用いての植林であっても根系を深く広く誘導するための土壌改良を行って乾燥害を受けにくい体質とする必要があろう。

9 マツ類の病害虫

1） マツ材線虫病

マツ林が全滅する極めて深刻な状況が各地で生じており，その原因はマツ材線虫病である。マツ材線虫病について詳しく書かれた書籍がすでに数多く出版されているので，ここではごく簡単に紹介するにとどめる。

マツ材線虫病はマツノザイセンチュウという長さ1mm未満の肉眼でかろうじて見ることができる程度の小さな線虫によって引き起こされる病気である。マツノザイセンチュウは北アメリカ原産の線虫で，日本では1905年（明治38年）に長崎市内でマツの集団枯損が記録されたのが最も古い記録である。マツノザイセンチュウは北アメリカでは4種類のヒゲナガカミキリムシ類が“媒介者”として記録されているが，おそらく日本に松丸太がアメリカから輸入されたときに北アメリカのヒゲナガカミキリ類と生態的に似ているマツノマダラカミキリ（ヒゲナガカミキリムシ類の一種）の雌成虫が輸入丸太に産卵し，翌年成虫となって丸太から脱出するときに，その丸太に潜んでいたマツノザイセンチュウが丸太から脱出しようとしたときに線虫がカミキリムシに乗り移って伝播し，マツ枯れが生じるようになった可能性が考えられる。

あるいは次のようなことも考えられる。輸入丸太の中に潜んでいたアメリカ産のカミキリムシの幼虫が成虫となって脱出する際にマツノザイセンチュウが乗り移り，カミキリムシ成虫がマツの新梢を後食する際にマツノザイセンチュウがマツ体内に侵入してマツを枯らしたが，その枯れそうな状態のときにマツが盛んにセスキテルペンを発生し，それに日本産のマツノマダラカミキリが引き寄せられて産卵し，翌年成虫が脱出する際にマツノザイセンチュウがマツノマダラカミキリ成虫に乗り移った。アメリカ産のカミキリは個体数が少なかったか何らかの生態的な理由で日本では繁殖できずに死滅したが，マツノザイセンチュウは新たな共生者を見つけることによって大繁殖を遂げた。

マツノマダラカミキリとマツノザイセンチュウとの巧妙な共生関係を**図10.20**に示す。枯損したマツの枝幹から脱出したマツノマダラカミキリ成虫は成熟するために後食をする。後食の対象となるのはマツの新梢（当年枝と前年枝）であるが，カミキリが新梢の樹皮を齧（かじ）ったときに，カミキリの呼吸孔に潜んでいた線虫がいっせいに這い出して新梢の傷からマツの体内に侵入し，樹脂道を破壊しながら枝幹の下方に移動していく。最初，線虫はマツ材の柔細胞，樹脂細胞と材内にいる菌類を摂食しながら徐々に増えるが，特に気温が高い盛夏期に急激に増殖する。線虫は樹脂道を移動する際に樹脂細胞（エピセリウム細胞）を破壊するので，マツ材を傷つけても樹脂が滲出

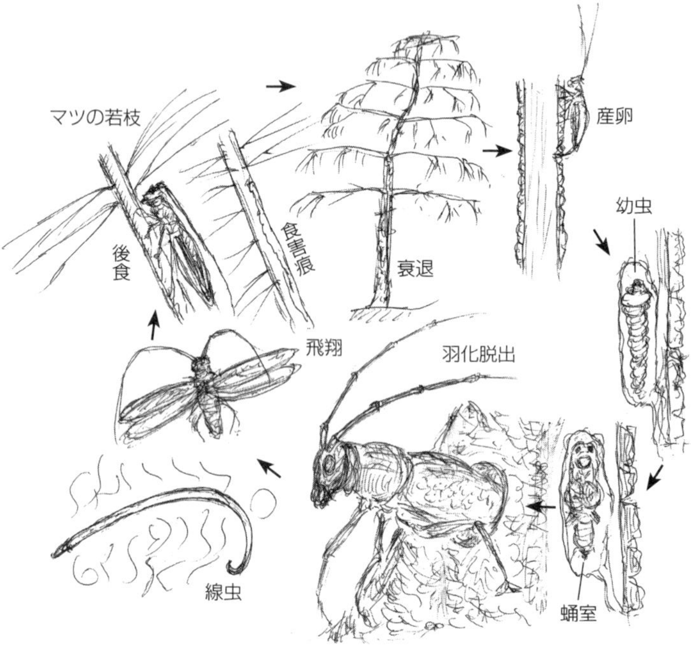

図10.20　マツノマダラカミキリとマツノザイセンチュウの共生関係

しなくなる。外見上はまだ葉が緑色を保っている状態であっても樹脂は完全に出なくなる。樹脂滲出がなくなると，カミキリムシ雌成虫が産卵管を挿し込んで産卵しても樹脂にまみれることがなく，孵化できるようになる。線虫が感染したマツは8月末から10月にかけて葉が赤く枯れた状態に変わっていく。マツは枯れそうな状態になると盛んにテルペン類を発散するが，そのテルペンにマツノマダラカミキリ雌成虫が引き寄せられてマツの枝や幹に産卵する。卵はすぐに孵化して幼虫となり，12月末くらいまでに終齢幼虫となり，蛹室をつくって越冬する。翌年の4～5月頃に蛹となり，5～7月にかけて成虫となって脱出する。幼虫が蛹になったときに蛹室の周りに線虫が集まり，羽化したときにいっせいにカミキリムシの気門から体内に潜り込む。

マツノザイセンチュウはマツが完全に枯れた後はマツ材の生きた柔細胞を利用できなくなるので，餌を青変菌に切り替えて増殖を続ける。マツノザイセンチュウによってなぜマツが枯れるのかははっきりとわかっていないが，最終的には仮導管内に気泡が入って水分の上昇が妨げられて萎凋枯死する。マツ枯れがマツノザイセンチュウによって起きることは明確であるが，マツの樹勢が塩害などで低下していたり土壌の富栄養化によって外生菌根の活性が低下したりしていると，水分吸収力が低下しているためにマツの材線虫の感染によって枯損する確率は高くなる。

個々の木々に対するマツ材線虫病対策としては

- マツノマダラカミキリが後食する時期に樹冠に殺虫剤を散布する
- 樹幹に殺線虫剤を注入する
- 林内の落葉落枝を除去して土壌の富栄養化を抑制する
- マツ類は立木密度が高いと日照不足の枝葉がすぐに枯れて樹勢が低下しやすいので，個々の樹木の樹勢を高めるために適正な密度管理を行い，樹冠が大きい状態を保つ

などが考えられるが，海岸林においては，保護すべき海岸松原の外側900 mほどの幅でマツを徹底的に除去し，マツノマダラカミキリが飛来できないようにするとともに，時折発生する枯損木を速やかに伐倒し，焼却や燻蒸処理する方法がとられている。

2）その他の病害虫

（1）葉の病気

葉ふるい病，すす葉枯れ病，赤斑葉枯れ病，葉さび病などがある。

（2）幹の病気

こぶ病，皮目枝枯れ病などがある。こぶ病はさび菌による病気であるが，さび菌の中間宿主であるナラ類やカシ類がそばにあると発生しやすい。

（3）根株の病気

つちくらげ病，ならたけ病，白紋羽病などがある。いずれも罹病すれば深刻な状況になるが，特につちくらげ病は焚き火などの熱によって土壌中の胞子が活性化して病気を発生させるので，海岸林内での焚き火，石やブロックで囲った竈（かまど）での煮炊きを禁止するなどが必要である。

（4）葉の害虫

マツカレハ，マツノキハバチ，マツノミドリハバチ，マツノクロホシハバチ，マツノキカイガラムシ，マツバノタマバエなどがある。

（5）新梢や若枝の害虫

マツノシンマダラメイガ，マツズアカシンムシ，マツツマアカシンムシ，マツオオアブラムシなどがある。これらの穿孔虫類によって梢端枯れがしばしば発生している。アカマツやクロマツの樹幹が曲がっている原因のひとつが，これらの虫害と考えられている。

（6）幹の害虫

イエシロアリ，ヤマトシロアリ，マツノキクイムシ，ニトベキバチ，マツモグリカイガラムシなどがある。シロアリはほかの樹種よりもマツを好むようで，しばしば生きたマツの根元に巣をつくって幹を空洞化させることがある。イエシロアリは，以前は東海地方以西に分布し関東地方にはいないとされてきたが，近年の気候温暖化あるいは都市のヒートランド現象の影響か，分布を少しずつ北上させており，数年前に東京の臨海部でも生存が確認されている。

海岸のクロマツの幹内部に迷路のように坑道が掘られ，アリが営巣している状態を見たことがある。一見するとアリがクロマツ樹幹内に穿孔したように思われたが，よく観察すると，シロアリの巣をアリが攻撃してシロアリを餌とし，巣を奪った可能性が高い。

第11章 草刈りと除草

1 草本の成長

アフリカのサバンナ，中央アジアのステップ，北アメリカのプレーリー，南アメリカのパンパなど，広大な大陸に分布する大草原は主にイネ科の草本で構成されている。これらのイネ科草本は，そこに棲息する大型草食動物に茎葉を喰われたり踏みつけられたりすることに対する耐性を，もともと茎頂にあった成長点を地際近くまで低くすることによって獲得している（**図11.1**）。草原のイネ科植物は草食動物に食われにくくするために，表皮細胞の細胞壁に非結晶含水ケイ酸体（ガラス成分 $SiO_2 \cdot nH_2O$）を多量に沈着させて体を硬くして簡単に消化できないようにしているが，これが傷口からの病原菌侵入を防ぎ病害抵抗性を高める役割も果たしている。ススキの葉に触れて腕などに擦り傷ができた経験は誰にでもあると思うが，ススキの葉の縁をルーペで見ると，微小な

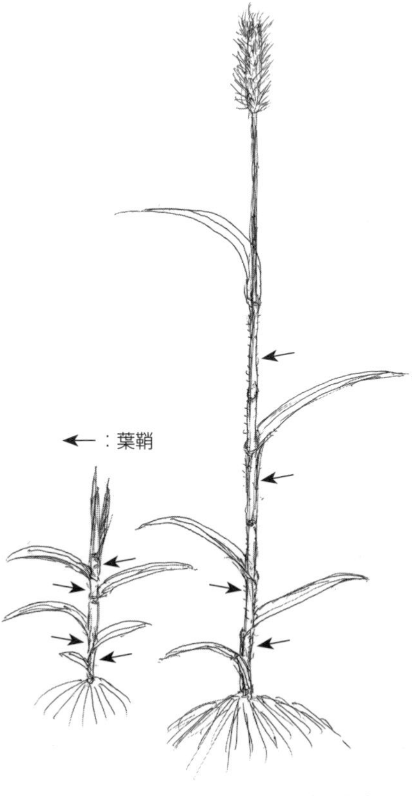

図11.1 イネ科草本における葉鞘基部の白い部分の成長点での伸長

鋸歯が半透明で硬く尖った状態になっているのがわかる（**図11.2**）。これは葉縁の毛の周囲にプラントオパールと呼ばれるケイ酸とカルシウムの複合体が付着したものであり，表皮細胞，水口などから滲出したものである。プラントオペールは葉縁ばかりではなく，茎葉の表面全体に存在する。イネ科草本の籾殻の細胞壁には大量の含水ケイ酸が沈積しており，ウマのような草食動物に摂食されても，歯で磨り潰されずに喉を通過した一部の籾は胃腸内でも消化されずに糞とともに排出され，“肥料つき”で種子が散布されるようになっている。また，動物に食べられなくとも籾には芒があるので，動物の毛などに付着したり風に飛ばされたりして広く散布されるようになっている。大型草食動物のほうも，例えば偶蹄類のように消化しにくい草を効率よく消化するために消化器官を極度に発達させたり，草を低い位置で咬み切れるように口や歯の形を変えたり，肢や首を長くしたりするなどして草原の生活に適応できるように体型を変えてきた。つまり，大型草食動物とイネ科草本は“喰う”“喰われる”の関係の中で相互に影響し合いながら“共進化”をしてきたのである。

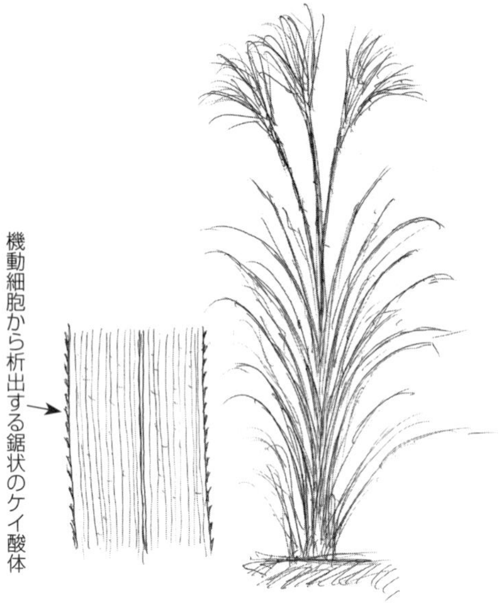

図11.2　ススキの葉縁の棘に沈積するプラントオパール

参考までに述べておくが，成長点とは細胞分裂を行って植物を成長させる組織のことであり，一次的な成長点として茎頂分裂組織と根端分裂組織があり，二次的な成長点として維管束形成層と側根を形成する内鞘があり，三次的成長点としてコルク形成層，皮目コルク形成層，内鞘破壊後の側根原基および不定根原基となる放射組織柔細胞などがある。

大草原のイネ科草本ばかりではなく，湿地のイネ科草本も水面より上に出ている部分が動物に喰われたり刈りとられたりちぎれたりすることに対する抵抗性を高めるように，成長点を低くする方向に進化してきた。秋，穂が垂れ下がるほどに実が充実したイネの茎葉は次第に葉緑体が破壊されて黄土色に変色し最後は枯れるが，イネを刈りとった後の田圃を見ると，青々とした葉が刈りとられた株から伸びている（**図11.3**）のがしばしば観察され，ときには花や籾を着けていることもある。この現象は，春から初夏における，発芽して茎葉を盛んに成長させる栄養成長から，初夏になって十分に成長した段階で，花茎（穂）を伸ばして開花結実する生殖成長に移行し，その生殖成長の最終段階になって枯れようとする寸前に刈りとられることによって，茎葉の地際付近にある成長点が刺激され，再び葉を伸ばす栄養成長に移行したためと考えられる。この再生された葉は北日本の地域では冬の寒さのために枯れてしまうが，あまり寒くならない地方では栄養成長を続け，再び花茎を伸ばす生殖成長に移行していく。この現象の生理学的な解明はまだ十分にはなされていないが，イネ科植物の生態的適応のひとつの現れであることは確かである。この現象にはオーキシン，サイトカイニン，ジベレリンなどの植物ホルモンが深く関与していると考えられている。

一方，キク科，バラ科，マメ科などの双子葉植物の地上部の成長点は茎の先端にあり，その部分が盛んに細胞分裂して成長するので，双子葉植物は上に上にと積み上げるような成長をする。例えば，双子葉草本類の茎を切断すると，残された茎の最

図11.3　刈りとった後のイネからの茎葉の成長

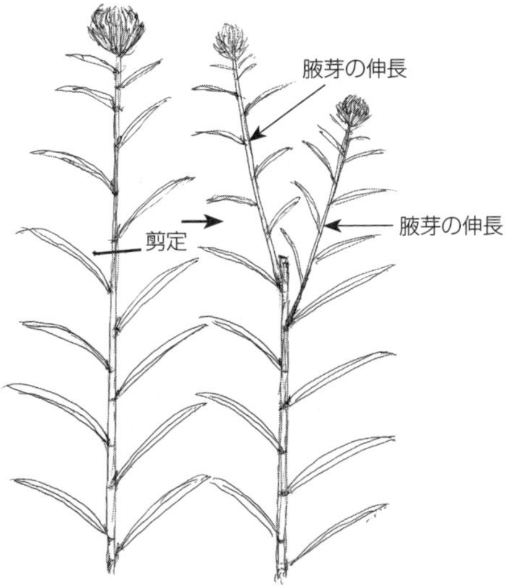

図11.4　双子葉植物では，茎の切断後，残された芽の中の高い位置の芽が新たなシュートを形成

上部の芽あるいは最も活力のある芽から新たなシュート（枝茎）が形成されて上方に向かって伸長し，回復を図ろうとする（**図11.4**）。しかし，茎頂に新たに成長点をつくって盛んに伸長成長するには多大なエネルギーを消費するので，地際近くに芽がないか，あっても活力のない痕跡的な芽しか残されていない場合，あるいは一成長期（一年の中の植物の成長に適する期間，おおむね関東地方では3～11月までの9か月間，北海道南部では4月中旬～10月中旬までの6か月間，沖縄では通年の12か月間であるが，植物の種類によって異なってくる）の間に何度も刈り込まれた場合，枯れてしまうことになる。このような状況が長く続いても生き残ることができる双子葉植物は，ヨモギ，セイヨウタンポポ，オオバコなどのように，地表にへばりつくロゼット型（**図11.5**）の茎葉をもつことが可能な種類か，根株あるいは地際の茎に多くの活力ある芽をもっている種類にほぼ限定される。

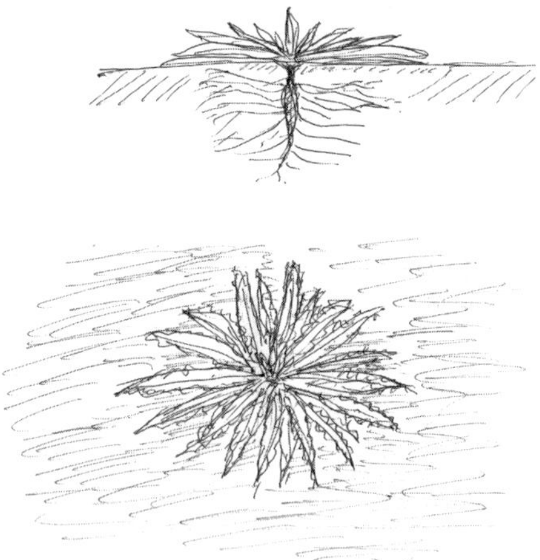

図11.5　ロゼット型の草本

　イネ科牧草類の葉の上部を切断すると，地際近くあるいは茎を包み込むように節（せつ）から発生している葉鞘の基部にある成長点が活発に細胞分裂して下から持ち上がるように成長するので，切断部分は次第に上昇していく（**図11.6**）。そして，地際近くの節にある成長点を傷めず，さらに光合成機能もある程度残されている位置で刈り込みを続けている場合は栄養成長がいつまでも続き，耐寒性のある種類であれば寒風に曝されている状態でも枯れたりすることはほとんどない。イネ科牧草類を刈り込まないでおくと，

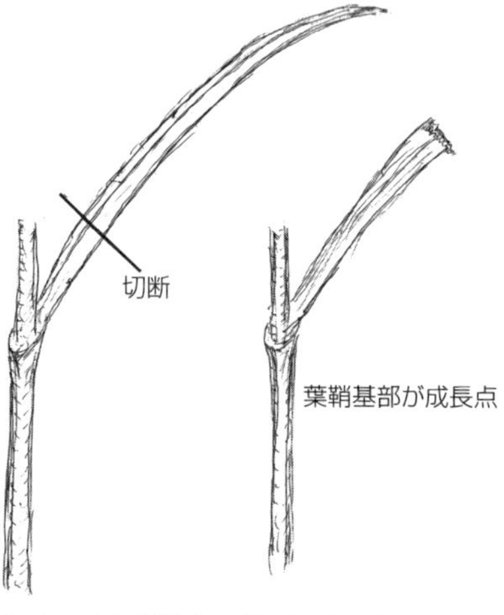

図11.6　イネ科草本は葉が途中で切断されると地際近くの節から発生する葉鞘部分の成長点が盛んに細胞分裂し，葉が伸長成長する

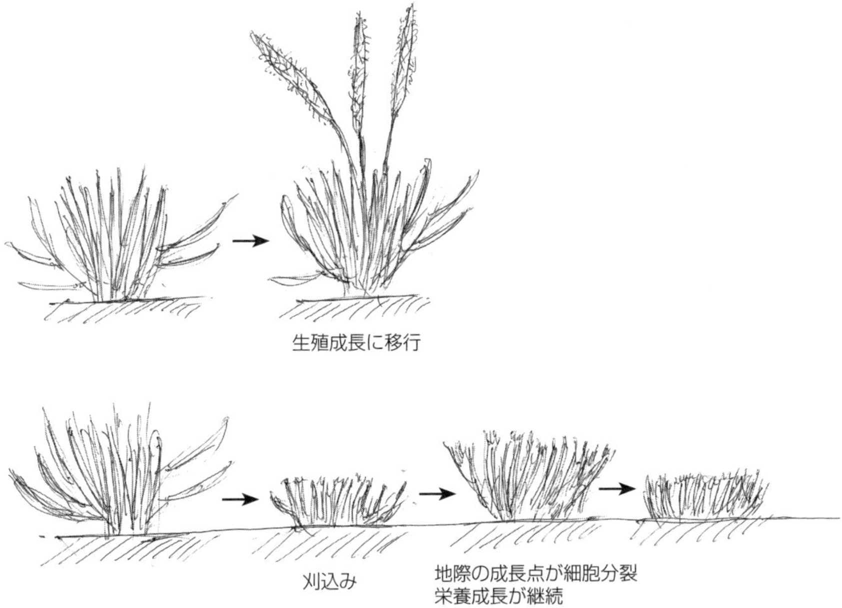

図11.7　イネ科牧草を刈らずにおくと生殖成長に移行して穂を出し，成熟後に枯れる

草丈が高くなって地際近くに光が入らなくなるので成長点の位置が次第に高くなり，次に低く刈り込むと成長点が傷んで回復できなくなってしまう。また，刈り込まずにしばらくの間放置しておくと，夏至の頃に茎葉を伸ばす栄養成長から花茎を伸ばす生殖成長に移行し（**図11.7**），秋の結実後に枯れてしまうのが普通である。例えば牧草地では，ウシやウマが絶えず牧草の葉を食べつづけていると，いつまでも栄養成長のままで生殖成長に移行せず，青々とした状態を保つが，放棄された牧草地を観察すると穂が立ち黄土色に枯れ，すぐにギシギシなどの広葉雑草やアカマツ，ヤナギ類，ドロノキ，カンバ類，ナラなどの樹木に置き換わっていくのがわかる。近年の厳しい経済情勢の中で，日本では牧畜経営を諦めて離農する畜産農家が多数出ており，放置された採草地や放牧地に行ってみると，高く伸びた穂が黄土色に枯れてギシギシ群落に変わったり，草の間から樹木の実生苗が無数に成長したりしている様子を頻繁に見ることができる。

阿蘇の大草原では毎年３月の初旬に野焼きを行って植生遷移の進行を阻止し，樹林化したり藪化したりしないように草原を維持しているが，ダニの駆除とウシやウマに新鮮な草を食べさせることも野焼きの目的のひとつである。阿蘇の草原では野焼きやウシやウマの摂食あるいは刈り込みによって，本来ならば３mほどの丈になるネザサが，遠くから見ると芝生のように見える状態になっている。フィリピンなど東南アジア諸国でも，成熟し茎葉が硬くなったチガヤ草原（アランアラン草原）に火を放って地際から軟らかい草を出させ，家畜に食べさせることがしばしば行われている。

日本では草は夏に生い茂り冬に枯れるものと決まっているが，地中海諸国に行くと様相は一変する。最近，仕事で訪れたギリシャでは，ちょうど夏の真っ盛り（7月）であったので，ほとんどの草本類が茶色に枯れており，ごく一部の双子葉草本や外来草本のみが緑色を保っていた。しかし，このような草本も，冬になると青々とした葉を伸ばす。これは地中海地域が冬に雨が降り夏に厳しい乾期となるため，夏季は土壌が極度に乾燥し，根系の浅い草本類は水分吸収ができず，冬は雨が降って土壌が湿潤になり，寒さもあまり厳しくないので，緑葉を保てるのであろう。地中海地域でも，根系の深いプラタナスなどの落葉広葉樹は夏に緑葉を保ち，冬に落葉する。樹木は地下水から上昇してくる毛管孔隙水を吸収していると考えられる。

2 草刈りと除草

日本のように降水が多く比較的温暖な気候のもとでは，植物を生えるに任せておくと，基本的に森林になる。しかし，人々が生活を営む場所で植物を自由に生い茂らせることは困難であるので，何らかの方法で植物の成長を抑制しなければならない。そのために最も普通に行われているのが，樹木に対しては剪定や刈り込み，草本に対しては草刈りと除草であるが，この“草刈り”と“除草”はまったく異なる概念および手法であるにもかかわらず，一般的にはしばしば混同されている。

除草とは，草を根株ごと刈りとったり抜きとったり除草剤を撒いたりして，生えてくる植物を絶滅させ，地表を絶えず裸地状態にするか，目的とする植物以外の植物の生育を拒絶する行為である。しかし，いくら草を絶滅させようとしても，日本では周囲から絶えず多様な種子が供給されるので，常に草木を根ごと抜きとるなどの作業をしつづけなければならないが，それによって豪雨のときなどに表層の土壌が流亡して樹木の根がむき出しになったり，土砂が河川に流れ込んで水質を低下させたり，強風のときに砂塵が舞い上がりやすくなったりする。昔，筆者がアフリカのニジェールやエチオピアで青年海外協力隊の隊員に乾燥地での緑化技術について指導をしていたとき，その土地の牧畜民に話を聞いたことがある。彼らは次のようなことをいっていた。

「ウマやウシは少々数多く放してもあまり草は傷まないが，ヤギやヒツジは多く放しすぎるとすぐに土地が荒れて使えなくなってしまう。なぜならウマやウシは葉や茎しか食べないが，ヤギやヒツジは地表に草がなくなると根っこまで食べてしまうから

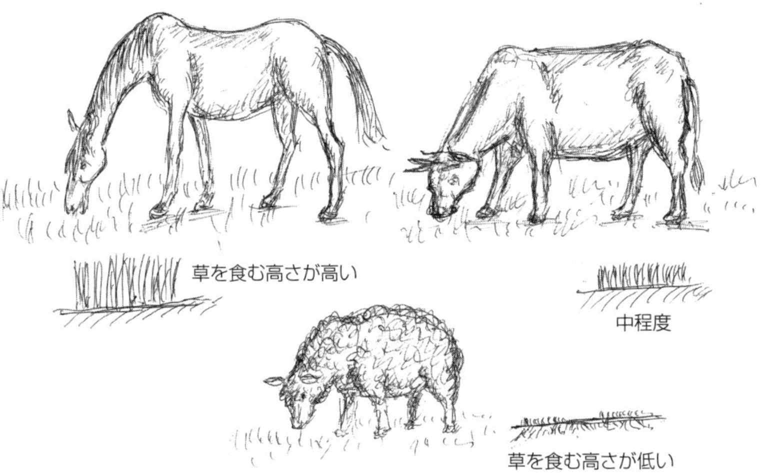

図11.8　草の高さによる放牧可能な家畜の種類

だ。だからウマやウシは自由に放し飼いできるが，ヤギやヒツジは常に放牧場所を変えなければならない」

このような理由によって，農民は最初にウマを放ち，次に牛を放ち，草丈がウシの口では食べることができないほど低くなるとヤギやヒツジを放すという順番ができているという（**図11.8**）。

ある地域で自然に生えてくる植物を刈りつづけていると，次第に一定の種類および種数に収斂し安定した植生状態になる。日本の暖温帯気候下の，土壌が豊かで日当たりのよい場所では，自然に生えてくる草や木の種類は極めて多様で背丈も高くなるが，これらの植物を一年の間に数回，一定の高さで刈りつづけていると，その高さに応じて生き残る植物の種類が決まり，一般的に刈り込む高さが低ければ低いほど種数は少なくなる。例えば，地際から5 cmほどの高さで刈り込みを続けていると，多くの双子葉草本や木本類は生き残れず，関東地方などではメヒシバ，オヒシバ，スズメノヒエ，イヌビエなどのイネ科草本が優占する植生状態になり，全体の種数は20～30種類の間で安定するようになる。このような植生状態を遠くから見れば，芝生とほとんど見分けがつかない。笹類でも刈り込みに耐性の高い種類，例えば西日本に多いネザサ類はかなり低く刈っても芝生のような状態で生きつづけることができる（**図11.9**）。

草刈り後も，丈は低くなっても地表が植生で覆われているので，雨滴や表面流あるいは強風によって地表の土壌粒子が流亡することは少なく，雨水も草の根系を通じて地下に浸透していく。さらに，裸地と草地では夏の地表面の温度に極めて大きな差が

丈の低いネザサ草原

図11.9　遠見には芝生のようなネザサ草原

生じる。草の葉から蒸散される水分の気化熱によって地表近くの温度は裸地に比べて20～30℃も低くなることがある。真夏の日中，直射日光のもとでは乾いた裸地の表面温度は50℃近くにも達するが，草の葉の表面温度は25℃程度である。また，そこに棲息する昆虫類，土壌動物，微生物などの種類と数も裸地と草地では大変な差が生じ，生態学的に見ても大きく異なる。

つまり，草刈りは一定の状態で多様な植物の共存を認め，成長を抑制しながらもその機能を有効に利用しようとする方法であるが，除草は目的とする植物以外の植物の生育を拒否し，結果として植物がもつ環境保全機能も失ってしまうことになる。前述の草原における火入れは，根株や地際近くの成長点にはほとんど傷害を与えないので，草刈りの一種と考えることができる。人々が生活を営んでいくためには土地の管理と草の制御は必要であるが，その際，可能な限り除草ではなく草刈りを，しかもゴルフ場のグリーンのような低さではなく，5cm以上の高さで維持管理してもらいたいものである。

参考図書（著者名アルファベット順）

以下に，筆者の手元にあって，本書の内容に対する読者の理解をいっそう高めるための参考となると思われる書籍のいくつかを紹介します。版を重ねている図書は最新の版を記載しました。雑誌掲載論文や報告書の類は膨大な数に及ぶので，ここでは省略します。

・青沼和夫，再考　山武林業，グリーン企画（1993）
・H. de Kroon and E. Visser 編，根の生態学（森田茂樹・田島亮介監訳），シュプリンガー・ジャパン（2008）
・濱谷稔夫，樹木学，地球社（2008）
・原襄，植物形態学，朝倉書店（1994）
・R. Harris , J. Clark and N. Matheny, Arboriculture − Integrated Management of Trees, Shrubs, and Vines 3rd ed., Prentice Hall（1999）
・堀大才，樹木医完全マニュアル，牧野出版（1999）
・堀大才，絵でわかる樹木の知識，講談社（2012）
・堀大才編著，樹木診断調査法，講談社（2014）
・堀大才・岩谷美苗，図解樹木の診断と手当て－木を診る　木を読む　木と語る，農山漁村文化協会（2002）
・堀大才・三戸久美子，木質廃棄物の有効利用，博友社（2003）
・飯塚肇，森林防災学－山地・海岸および森林の保全－，森北出版（1964）
・井上真ほか編，森林の百科，朝倉書店（2003）
・N. James, The Arboriculturalist's Companion − a guide to the care of trees − 2nd ed., Blackwell Publishers（1990）
・樹木医学会編，樹木医学の基礎講座，海青社（2014）
・樹木生態研究会編，樹からの報告・技術報告集，樹木生態研究会（2011）
・亀山章ほか編，最先端の緑化技術，ソフトサイエンス社（1989）
・菊池多賀夫，地形植生誌，東京大学出版会（2001）
・北村文雄ほか編著，芝草・芝地ハンドブック，博友社（1997）
・吉良竜夫，熱帯林の生態，人文書院（1983）
・小橋澄治・村井宏・亀山章編，環境緑化工学，朝倉書店（1992）
・小林裕志・福山正隆編，緑地環境学，文永堂出版（2001）
・黒田哲也・堀大才編，緑化樹木の樹勢回復，博友社（1995）
・久馬一剛ほか編著，土壌の事典，朝倉書店（1993）

・W. Larcher, 植物生態生理学（佐伯敏郎・舘野正樹監訳），シュプリンガー・フェアラーク東京（2004）
・C. Mattheck, Trees - The Mechanical Design, Springer Verlag（1991）
・C. Mattheck, Design in Nature - Learning from Trees, Springer Verlag（1998）
・C. Mattheck，樹木のボディーランゲージ入門（堀大才・三戸久美子訳），街路樹診断協会（2004）
・C. Mattheck，樹木の力学（堀大才・三戸久美子訳），青空計画研究所（2004）
・C. Mattheck，物が壊れるしくみ（堀大才・三戸久美子訳），街路樹診断協会（2006）
・C. Mattheck, Secret Design Rules of Nature, KIT（2007）
・C. Mattheck，最新樹木の危険度診断入門（堀大才・三戸久美子訳），街路樹診断協会（2008）
・C. Mattheck, Thinking Tools after Nature, KIT（2011）
・C. Mattheck, Klaus Bethge and Karlheinz Weber, Die Korpersprache der Baume - Enzyklopadie des Visual Tree Assessment, KIT（2014）
・C. Mattheck and H. Kubler，材－樹木のかたちの謎（堀大才・松岡利香共訳），青空計画研究所（1999）
・C. Mattheck and Karlheinz Weber, Manual of Wood Decays in Trees, Arboricultural Association（2003）
・村井宏・石川政幸・遠藤治郎・只木良ほか編，日本の海岸林－多面的な環境機能とその活用－，ソフトサイエンス社（1992）
・室井綽，竹・笹の話，北隆館（1969）
・中村太士・小池孝良編著，森林の科学－森林生態系科学入門－，朝倉書店（2005）
・中村賢太郎，随想造林学－喜寿翁の造林回顧－，中村賢太郎先生喜寿記念会（1971）
・中村教授還暦記念事業会編，育林學新説，朝倉書店（1955）
・中村武久・中須賀常雄，マングローブ入門－海に生える緑の森，めこん（1998）
・難波宣士編著，緑化工の実際，創文（1986）
・根の事典編集委員会編，根の事典，朝倉書店（1998）
・日本林業技術協会編，森林・林業百科事典，丸善（2001）
・新田伸三・東集成・石井昭夫，環境緑化における微気象の設計，鹿島出版会（1981）
・日本緑化センター編，成木の移植と樹勢回復，日本緑化センター（1977）
・日本緑化センター編，松を守ろう－松のはなし（林野庁監修），日本緑化センター（1998）
・日本緑化センター編，元気な森の作り方－材質に影響を与える林木の被害とその対策，日本緑化センター（2004）

・日本緑化センター編，マツ再生プロジェクト－大敵マツノザイセンチュウに挑む（森林総合研究所監修），日本緑化センター（2005）
・日本緑化センター編，緑化樹木腐朽病害ハンドブック，日本緑化センター（2007）
・日本緑化センター編，樹木診断様式，日本緑化センター（2009）
・日本緑化センター編，松原再生ハンドブック，日本緑化センター（2011）
・日本緑化センター編，最新・樹木医の手引き　改訂4版，日本緑化センター（2014）
・日本芝草学会編，芝生と緑化 新訂，ソフトサイエンス社（1988）
・農業土木学会編，農業土木ハンドブック　改訂4版，丸善（1979）
・岡部廣二，熱帯林の造成と維持管理－国際協力の現場体験から，林業調査会（2003）
・大喜多敏一監修，新版酸性雨－複合作用と生態系に与える影響，博友社（1996）
・太田猛彦ほか編，森林の百科事典，丸善（1996）
・緑化技術研究会編，緑化技術ハンドブック（林野庁監修），全国林業改良普及協会（1974）
・K. Ryugo，果樹の栽培と生理（山本昭平ほか訳），文永堂出版（1993）
・酒井昭，植物の耐凍性と寒冷適応－冬の生理・生態学－，学会出版センター（1982）
・酒井昭，植物の分布と環境適応－熱帯から極地・砂漠へ－，朝倉書店（1995）
・佐々木松男ほか編，高田松原ものがたり－消えた高田松原－，高田活版（2011）
・佐藤敬二ほか，造林学，朝倉書店（1965）
・佐藤彌太郎ほか，スギの研究（佐藤彌太郎監修），養賢堂（1950）
・A. Shigo, A New Tree Biology － Facts, Photos, and Philosophies on Trees and their Problems and Proper Care，Shigo & Trees, Associates（1986）
・A. Shigo, A New Tree Biology Dictionary － Terms, Topics, and Treatments for Trees and their Problems and Proper Care，Shigo & Trees, Associates（1986）
・A. Shigo, Modern Arboriculture － Touch Trees, Shigo & Trees, Associates（1991）
・A. Shigo，現代の樹木医学（堀大才監訳，日本樹木医会訳編），日本樹木医会（1996）
・A. Shigo，樹木に関する100の誤解（堀大才・三戸久美子共訳），日本緑化センター（1997）
・森林水資源問題検討委員会編，森林と水資源，日本治山治水協会（1991）
・森林水文学編集委員会編，森林水文学－森林の水のゆくえを科学する，森北出版（2007）
・F. Shwarze, J. Engels and C. Mattheck, Fungal Strategies of Wood Decay in Trees，Springer Verlag（2000）
・W. Sinclair, H. Lyon and W. Johnson, Diseases of Trees and Shrubs，Cornel University（1987）

・R. Strous・T. Winter，Diagnosis of Ill-health in Trees 2nd ed.，The Stationery Office（2000）
・鈴木和夫編著，森林保護学，朝倉書店（2004）
・竹松哲夫・竹内安智，芝生除草の基礎と応用，博友社（1991）
・只木良也，生活環境保全のための森林，日本林業技術協会（1974）
・寺澤和彦・小川浩正編，ブナ林再生の応用学，文一総合出版（2008）
・P. Thomas，樹木学（熊崎実・浅川澄彦・須藤彰司訳），築地書館（2001）
・東京農業大学環境緑地学科・樹木生態研究会編，樹木の形の不思議，東京農業大学出版会（2014）
・鳥取大学広葉樹研究刊行会編，広葉樹資源の管理と活用（古川郁夫・日置佳之・山本福寿監修），海青社（2011）
・塚本良則，森林水文学，文永堂出版（1992）
・塚本良則，森林・水・土の保全－湿潤変動帯の水文地形学，朝倉書店（1998）
・M. Tyree and M. Zimmermann，植物の木部構造と水移動様式（内海泰弘・古賀信也・梅林利弘訳），シュプリンガー・ジャパン（2007）
・上田弘一郎，竹，毎日新聞社（1968）
・渡辺資仲，クスノキ苗木の植付けに関する研究（1978）
・養父志乃夫，荒廃した里山を蘇らせる自然生態修復工学入門，農山漁村文化協会（2002）
・山中二男，日本の森林植生，築地書館（1979）
・吉田義雄ほか編，最新果樹園芸技術ハンドブック，朝倉書店（1991）
・全国林業改良普及協会編，スギのすべて（坂口勝美監修），全国林業改良普及協会（1969）
・全国林業改良普及協会編，林業技術ハンドブック（林野庁監修），全国林業改良普及協会（1998）
・造林技術編纂会編，造林技術の実行と成果，日本林業調査会（1967）

索引

あ

か

さ

た

な

は

著者紹介

堀　大才

1970年　日本大学農獣医学部林学科卒業
現　在　特定非営利活動法人 樹木生態研究会最高顧問

NDC 653　231p　21cm

絵でわかるシリーズ

絵でわかる樹木の育て方

2015年 3 月 20 日　第 1 刷発行
2021年 7 月 12 日　第 4 刷発行

著　者　堀　大才
発行者　髙橋明男
発行所　株式会社　講談社
〒112-8001　東京都文京区音羽 2-12-21
販　売　(03) 5395-4415
業　務　(03) 5395-3615
編　集　株式会社　講談社サイエンティフィク
代表　堀越俊一
〒162-0825　東京都新宿区神楽坂 2-14　ノービィビル
編　集　(03) 3235-3701
印刷所　大日本印刷株式会社
製本所　株式会社国宝社

ISBN 978-4-06-154776-6